别让借口毁了你

也许借口能帮你开脱责任、掩饰失误，使你从失败的挫折中得到暂时的逃脱；但各种借口造成的消极心态，就像瘟疫一样毒害人们的心灵，极大阻碍人们正常潜能的发挥，使人丧失斗志，消极处世。

BIERANG
JIEKOU
HUI LE NI

别让借口
毁了你

北野◎编著

研究出版社

图书在版编目（CIP）数据

别让借口毁了你 / 北野编著.
— 北京：研究出版社，2013.3（2021.8重印）
ISBN 978-7-80168-769-2

Ⅰ.①别…

Ⅱ.①北…

Ⅲ.①成功心理—通俗读物

Ⅳ.①B848.4-49

中国版本图书馆CIP数据核字（2013）第041464号

责任编辑：之　眉　　责任校对：陈侠仁

出版发行： 研究出版社
　　　　　　地　址：北京1723信箱（100017）
　　　　　　电　话：010-63097512（总编室）　010-64042001（发行部）
　　　　　　网址：www.yjcbs.com　E-mail：yjcbsfxb@126.com
经　　销： 新华书店
印　　刷： 北京一鑫印务有限公司
版　　次： 2013年5月第1版　2021年8月第2次印刷
规　　格： 710毫米×990毫米　1/16
印　　张： 14
字　　数： 185千字
书　　号： ISBN 978-7-80168-769-2
定　　价： 38.00 元

前 言
FOREWORD

现实生活中，我们常常听到各种抱怨："我没有上过大学""我没有资金""我没有关系"……太多太多看似无可指摘的理由，成为没有获得成功的借口。殊不知，能够成就一番事业的人，根本不给自己找借口。

日本"经营之神"松下幸之助只上了4年的小学；美国钢铁大王卡耐基13岁时开始工作，几乎没有受过什么正规教育；全球华人首富李嘉诚只上了2年初中……他们虽没有上过正规的大学，但却都通过自学和不懈的努力成就了大业。

美国前总统富兰克林·罗斯福因患小儿麻痹下身瘫痪，按理说他最应该找借口，可是他从不找借口，而是以信心、勇气和顽强的意志向一切困难挑战，居然冲破美国传统束缚，连任了四届美国总统。

找借口，是问题中的新问题，失败之后的新失败。像上面这些成功者他们都深知，不找借口才能超越自我，远离借口才能走向成功。不找借口找方法的思路，为他们积攒了更多的实力与资本，而那些挖空心思找借口的人，往往把自己毁在借口的手里。

找借口是大多数人面对失败的一种惯性。请记住，也许借口会帮你开脱责任、掩饰失误，使你从失败的挫折中得到暂时的逃脱；但各种借口造成的消极心态，就像瘟疫一样毒害人们的心灵，极大阻碍人们正常潜能的发挥，使人未老先衰，丧失斗志，消极处世。

从古到今，凡成大事者，没有不历经考验，在磨难中成长的。困境可以检验品质，提升能力。如果一个人敢于直面困境，积极主动寻求解决问题的办法，能在逆境中始终充满热情，坚定的信念，那么他迟早会成功。

每个人都应该明白，如果你正在遭受困苦，这并不完全是件坏事，"天将降大任于斯人也，必先苦其心志，劳其筋骨，饿其体肤，空乏其身，行拂乱其所为"。如果在遭遇苦厄时，只有抱怨，只找借口，停滞不前，如何走出困顿？唯有方法与行动，才是突破的关键。

如果和失败者面谈，你就会发现，他们之所以失败，常常是因为他们从来不曾走进足以激励自己的氛围中，总是沉浸在自己找的各种借口中，自我催眠，自我束缚，自我沉落。成功最重要的一点就是：无论什么时候，都不要找借口。要找就找方法，找出路。

《别让借口毁了你》采用中外古今的经典案例，深入浅出阐述找借口的严重影响，并从抓住问题关键、控制不良情绪、充分正确评估自己、保持积极心态与行动等方面，提出近百则成功理念与实用智慧，为读者提供切实有效的行动指南，帮助读者彻底踢开成功路上的绊脚石，成为不找借口找方法的实干家与成功者。

目 录
CONTENTS

第一章　别让借口成为失败的酵母

借口是失败的温床，成功的大敌。它能够瓦解一个人成功的意念，削弱胜利的欲望，消减人的耐心。在成功的道路上，缺乏耐性的人总会为自己找到借口："这件事肯定不可能，对我来说它太漫长了。"正是这种借口让人心安理得地放弃努力去做的想法。

第二章　抓住关键问题远离借口

在工作与生活中，人人都希望能用最快、最有效的方法来解决问题以获得成功。有的人能做到，但有的人却做不到。这其中原因有很多，而是否懂得抓要点、抓根本，是能否成功的关键。

第三章　末流借口往往就是一流方法

日常工作中常常有这样两种人：一种是碰见困难避而远之的人；另一种则是迎难而上，主动寻求方法的人。主动寻找方法解决问题的人，是职场中的稀有资源，更是经济社会的珍宝。

第四章　与其徒自抱怨，不如积极自我反省

喜欢抱怨的人很多，人们因为抱怨而徒增的烦恼、造成的不利则更多。永远不要抱怨，如果能够改变就努力地改变，如果不能改变就欣然地接受；我们越是不愿忍受，就往往越难以忍受，越难以忍受也就越不愿忍受，如此恶性循环，极易导致心理或者行为的出轨。

第五章　控制不良情绪，免得滋生借口

在现实生活中，人们总会发现抱怨的人远比乐观快乐的人多。可能没有多少人愿意与喜欢抱怨的人做朋友，因为这些人在抱怨的时候，也在伤害着身边的人，为他人招惹麻烦。世界上几乎没有人因为抱怨而得到快乐。

第六章 积极高效，不给借口留余地

正如一句话说的：你的心态决定你的成败，心态的高度决定你成功的高度。不管是在工作中还是生活中，如果把自己的心态摆正了、摆好了，用积极的心态去迎接每一件事情，那么你将取得想要的好结果，好人生。

第七章 遇事杜绝借口，在问题中发现方法

为问题找借口，便错过了在解决问题的过程中提升自己的机会，所以不要为问题找借口，而要积极地开动自己的脑筋，努力寻找解决问题的方法，从而使自己在磨炼之中不断成长。

第八章 充分评估自己，正确调整自己

世界上无数的失败者之所以没有成功，主要不是因为他们才干不够，而是因为他们不能集中精力、不能全力以赴地去做擅长的工作，他们浪费掉了大量的精力，却从未觉悟。

第九章 要有积极心态，希望总会大于失望

成功始于"零"。即要放下成功带来的光芒，迎接新一轮的挑战；归零心态，就意味着从今天开始，以新的起点，新的希望，等待着新的收获；心态归零，并不意味着结束，而是更新的开始，让自己以轻松快乐的心情来生活，勇敢地迎接

新一轮的曙光。

目 录

别让借口毁了你

第一章 别让借口成为失败的酵母

借口是失败的温床，成功的大敌。它能够瓦解一个人成功的意念，削弱胜利的欲望，消减人的耐心。在成功的道路上，缺乏耐性的人总会为自己找到借口："这件事肯定不可能，对我来说它太漫长了。"正是这种借口让人心安理得地放弃努力去做的想法。

1.借口会助长失败的气焰

每个人应该充分发挥自己的主观能动性去努力地工作以获得成功，而不是浪费时间去为失败寻找借口以博取别人的同情和理解。因为公司为你安排职位，是为了解决工作中的问题，为公司谋求利益，而不是来听你对困难连篇累牍的分析的。

借口是失败的温床，而习惯性的拖延者通常是制造借口与托词的专家。他们经常会为没有做成某些事而去想方设法寻找借口，或想出各种各样的理由为任务未能按计划完成而辩解。"这项工作太困难了。""我不是故意的。""我太忙了，忘了还有这样一件事。""老板规定的完成期限太紧。""本来不会是这样的，都怪……"等。

找借口是世界上最容易办到的事情之一，只要存心拖延逃避，总能找出足够多的理由。因为把"事情太困难、太复杂、太花时间"等种种理由合理化，要比相信"只要我们更努力、更聪明，信心更强，就能完成任何事情"，进而通过努力去获得成功要容易得多。

找借口是一种不好的习惯。遇到问题后不是积极主动地去想方法加以解决，而是千方百计地寻找借口，工作就会变得越来越拖沓，更不用说什么高效率。一旦事情办砸了，人总能找出一些看似合理的借口来安慰自己，同时也以此去换得他人的理解和原谅。找到借口只是为了把自己的失败或过失掩盖掉，暂时人为制造一个安全的角落。长期这样下去，借口就会变成一种习惯，就会成为失败的温床，人就会疏于努力，不再想方设法争取成功了。

现实工作中，不知有多少人把自己宝贵的时间和精力放在了如何寻找一个合适的借口上，而忘记了自己应尽的职责！可以这么说喜欢为自己的失败找借口的员工肯定是不努力工作的员工，至少，他没有端正他的工作态度。他找出种种借口来掩饰失败，欺骗公司。他不是一个诚实的人，也不是一个负责任的人。这样的人，在公司中不可能是非常称职的好员工，也绝不可能是公司信任的好员工，也由此很难得到大家的信赖和尊重。无数人就是因为养成了轻视工作、马虎拖延、惯于找借口的习惯，终致一生处于社会或公司的底层，不能出人头地，获得成功。

借口是对惰性的纵容。每当要准备工作或要作出抉择时，总要找出一些借口来安慰自己，总想让自己轻松些、舒服些。也许很多人都有这样的经历：当清晨闹铃将你从睡梦中惊醒后，心里想着该起床上班了，但同时却又享受着被窝的温暖，所以常常会一边不断地对自己说该起床了，同时一边又不断地给自己寻找借口："没关系，今天不急，再躺一会儿。"于是又躺了5分钟，10分钟……

对付惰性最好的办法就是根本不让惰性出现，在事情开始的时候，一定要有积极的想法在先，否则当头脑中冒出"我是不是可以再等会儿……"这样的问题时，惰性就出现了，"战争"也就开始了。

一旦"开战"，结果就很难说了。所以，要在积极的想法一出现时就马上行动，让惰性没有乘虚而入的任何机会。

千万不要在工作中找借口，不要把过多的时间和精力花费在寻找借口上。失败也罢，做错了也罢，再美妙的借口对事情的改变没有任何作用，还不如再仔细去想一想，想想下一步究竟该怎样去做。在实际的工作中，我们每一个人都应当贯彻这种"没有任何借口"的思想。对于出现的问题，多花时间去寻找解决方案，反复试验，用平和的心态，多做实事，相信总可以找到解决的方法。

那些把"没有任何借口"作为自己行为准则的人，他们拥有毫不畏惧的决心、坚强的毅力、完美的执行力及在限定时间内把握每一分每一秒去完成任何一项任务的信心和信念。

借口是失败的温床，成功也不属于那些惯于寻找借口的人。所以我们要学会给自己加码，始终以行动为见证，而不是编一些花言巧语为自己开脱。哪里有困难，哪里有需要，我们就要义无反顾地努力拼搏，直到成功。

2.赢得胜利才有傲人资本

正如比尔·盖茨所说："这个世界不会在乎你的自尊，这个世界期望你先做出成绩，再去强调自己的感受。"

中国改革开放的总设计师邓小平同志曾有句名言："不管白猫还是黑猫，只要能抓到老鼠就是好猫。"在现代市场经济中，任何个人、企业、团队在市场竞争中如果没能获胜或保持领先优势，要想实现基业长青或获得成功是不可能的，最终的结果自然是被市场和社会淘汰。

以美国硅谷为例，在这块弹丸之地分布着数千家科技公司，均从事IT技术的研发、生产和销售，竞争异常激烈。不仅如此，每年还有数百家新公司诞生，与此同时又有几百家公司如过眼烟云般消逝。正是这种残酷无情的竞争环境，逼迫硅谷人不断拼搏、不断奋进、不断创新，从而使一些极具竞争意识和竞争优势的企业快速崛起，并推动了IT产业的迅猛发展。

一个总是打败仗的团队，它的命运只能是被他人整编、变卖或并购，或者在竞争的挤压下，失去生存空间，破产直至消亡。

如今，百年老店为数不多，而一些存活了两三百年仍保持旺盛生命力，并不断赢得佳绩的企业就更是寥寥无几。大多企业仅有三五年的存活期，随即光华尽失，"香消玉殒"了。生命力之脆弱，生命周期之短暂，无不令人扼腕痛惜。这些企业的"死因"或许有多种，但有一点是共同的，那就是都忽视了每一项投资、每一次并购、每一个计划、每一步行动所要达成的结果。许多企业管理者热衷于行动，却无视结果；迷恋于行动的过程，却忽视了结果才是行动的根本；本末倒置，只能导致无人关心结果，无人对结果负责。

结果是什么？结果是行动的落实、目标的实现、任务的完成，是赢得胜利、取得成功的标志。一次没有结果的行动是无效的，是没有价值的；而一次与目标结果相反的结果，则是具有破坏性和毁灭性的，会毁掉一个企业。以结果为导向，才能确保每一次任务、每一个行动，都具有实际效用和价值。

有些企业管理者雄心勃勃，制订了一些非常宏伟的战略计划，却在实际运作中屡屡受挫，不仅战略计划无法实现，员工的自信心大受打击，企业也陷入市场和财务双重窘境，难以自拔。究其原因，就是他们将行动与结果分离，甚至将结果抛至一边，一味地为了行动而行动。

塔费奇公司是美国一家生产精细化工产品的企业，经过五年打拼，逐渐发展为年产值为数亿美元的企业。为了快速扩张，该公司在养殖、饲料加工、包装等传统项目上闪电出击，又先后投入巨资在医药、软饮料、房地产等多个经营项目上，跨地区、跨行业收购兼并了十多家经营状况不佳、扭亏无望的企业。由于投资金额巨大，经营项目繁杂，经营管理人才欠缺，塔费奇公司背上了沉重的包袱，从而走上了一条自我毁灭之路。

事实上，无论制定何种发展战略，实施何种管理模式，采用何种先进技术，重要的是能产生效果，能为企业创造利润，能使企业业绩和发展有所提升。

20世纪90年代初期，IBM信用公司推出了为客户提供融资服务的项目。具体做法共分五步，而要完成这一流程则需要长达两周的时间。在漫长的等待中，销售代表和客户根本不知此项申请公文"旅行"到了哪个"驿站"，电话询问也不得而知。于是，那些没有耐心的顾客，纷纷弃IBM公司而去……

后来，IBM公司发现了问题的症结，并大刀阔斧地对业务流程进行优化重组，使这项历时漫长的审批工作，仅需4个小时即可完成，从而赢回了客户的心，保持了市场优势。毫无疑问，行动仅是达到目标的手段，获胜才是行动的结果和最高准则。

最近几年来，很多的企业家和管理者都注意到了"执行力"这个问题，并且把"执行力"提升到关系企业生死存亡的高度。那么，执行力到底是什么呢？简单地说，对于员工，执行力就是把想做的事情做成功的能力，也就是事情的结果。

许多人说："结果并不重要，重要的是过程。"人们对于成功的定义见仁见智，而失败却往往只有一种解释，即失败就是一个人没能达到他所设定的目标，而不论这些目标是什么。

在现代社会，很多时候人们以结果为导向和评价标准来对一件事情做出评断。他们认为不论在过程中做得多么出色，如果拿不出令人满意的结果，那么一切都是白费。竞争残酷无情，有时不论你曾经付出了多少心血，做了多少努力，只要你拿不出业绩，那么老板和上司就会觉得他所付薪水是在浪费。相反，只要你有傲人的业绩，老板们就会重视你，认同你，而不管你的过程是否完美，漂亮。

通常情况下，你是因为成就和产出而获得报酬，而不是投入或者工作的钟点数。报酬取决于你在自己的责任领域里所取得成果的质量和数量。

正如比尔·盖茨所说的，"这个世界不会在乎你的自尊，这个世界期望你先做出成绩，再去强调自己的感受"。是的，在现今社会只有获胜才是硬道理，才是你挺胸做人、傲视群雄的资本。

3.避开失误才能做到完美

99%的努力加1%的失误等于零满意度。也就是说，你纵然付出了99%的努力去服务于客户，去赢得客户的满意，但只要有1%的失误、瑕疵或者不周，就会令客户产生不满，对你的印象大打折扣。

在数学计算中，"100-1"是等于99，而企业经营上，"100-1"却等于0。

100次决策，有1次失败了，可能让企业垮掉；100件产品，有1件不合格，可能失去整个市场；100个员工，有1个背叛公司，可能让公司蒙受无法承受的损失；100次经济预测，有1次失误，可能让企业破产……

水温升到99℃，并不是开水，若再添一把火，在99℃的基础上再升高1℃，就会使水沸腾，产生的大量水蒸气就可以用来发动机器，从而获得巨大的经济效益。许多人做到了99%，就差1%，但正是这点细微的区别使他们在事业上很难取得突破和成功。

对企业而言，产品合格率达到99%，失误率仅为1%，质量似乎很不错了，但对消费者而言，1%的失误，却意味着100%的不幸！

曾经有一家电热水器生产厂，声称自己的产品质量合格率为99%，各项指标安全可靠，并有双重漏电保护措施，让消费者放心使用。然而一位消费者购买了该厂的电热水器，却不幸摊上了这1%的失误。

跟往常一样，他未关电源就开始洗澡，没想到，热水器漏电，而漏电保护装置又失效，以至于他被电流击倒。按理说，带电使用电热水器属于正常操作范围，不应出现这一故障；即便发生漏电，漏电保护装置也会立刻断电，以确保使用者的安全。然而，这家企业满足于99%的合格率，却给那位消费者带来了巨大的伤害。

由此不禁令人担心。是不是还会有下一个，再下一个消费者也会摊上这样的不幸呢？如果企业不高度重视这1%的质量失误，不仅消费者的生命安全得不到保障，企业的生存也难以延续下去。试想一下，人们知道后还敢买这样的"危险品"吗？肯定无人购买，那么公司也无法发展下去，只有关门大吉。

优质的产品，是客户选择你的第一理由，否则，客户根本不可能向你"投怀送抱"，更不可能将其"钱包份额"给你。对此，海尔公司深有体会，并有许多令人称道的做法。

一次，海尔公司副总裁杨绵绵在分厂检查工作，在一台冰箱的抽屉里发现了一根头发。她立即召集相关人员开会。有的人私下议论说一根头发丝不会影响冰箱质量，拿掉就是了，何必小题大做。杨绵绵却斩钉截铁地告诉在场的干部和职工："抓质量就是要连一根头发丝也不放过。"

又有一次，一名洗衣机车间的职工在进行"日清"时，发现多了一颗螺丝钉。职工们意识到，这里多了一颗螺丝钉，就可能有一台洗衣机少安了一颗，这关系到产品质量和企业信誉。为此，车间职工下班后主动留下，复检了当日生产的1000多台洗衣机，用了两个多小时，终于查出原因——发货时多放了一颗螺丝钉。

在客户服务中有这样一个公式：99%的努力+1%的失误=0%的满意度。也就是说，你纵然付出了99%的努力去服务于客户，去赢得客户的满意，但只要有1%的失误、瑕疵或者不周，就会令客户产生不满，对你的印象大打折扣。如果这1%的失误，正是客户极为关注和重视的方面，或给客户带来了损失及伤害，就会使你前功尽弃，以往所有的努力将付诸东流，客户将彻底与你决裂，弃你而去。

有这样一个案例：每到节庆日，一位采购人员都会收到与其有业务往来、合作非常愉快的一家公司的贺信，而且每张贺信上都附有该公司的总裁签名。有一次，他遇到产品上的一个技术性的问题，打电话向那家公司的技术人员咨询，结果电话转来转去，最后总算转到一位技术人员那里。但这位技术员既不热情，也无耐心，让他上公司的网站去查看。他的问题仍然未得到解答，技术人员就匆匆挂断了电话。

采购员极其愤怒，打电话请求前台小姐，帮他把电话转给那位在贺信上签名的公司总裁。前台小姐却说总裁很忙，无法接听电话。此时，他已由愤怒、懊恼升级到对该公司十分失望了。没过多久，这位采购人员便将全部的业务转给那家公司的竞争对手了。

虽然那家公司以往都做得很好，关怀客户方面似乎也做得不错，但它仅是从自身利益和角度考虑问题，并未切实关心客户的需要。当客户请求帮助时，工作人员却态度生硬、推三阻四，没有真心实意替客户排忧解难。结果，服务上的这一纰漏，断送了自己的生意。

千万不要得意于99%的成功，只要你还有1%的失误和不足，你的成功就是不完满、有缺憾的，随时可能被他人替代和颠覆。就像特洛伊战场上的阿喀琉斯，纵然有千钧之力和金刚不破之身，但因脚后跟上那一点小小的"破绽"，便使自己横尸疆场，无以复生。

无论是企业还是个人，只满足于99%的成功和优秀，当竞争结构发生变化时，很可能是第一个被市场抛弃、淘汰的。

其实，做到零缺陷、零失误并不难，只要每个员工时刻保持高度的责任心和敬业精神，把永远不向消费者提供劣质的产品和服务作为企业的道德底线，让这一思想深植于心，用做人的准则做事，用做事的结果看人，就能赢得客户的满意和回报。

在工作中应该以最高的标准要求自己。能做到最好，就必须做到最好；能完成100%，就绝不只做99%。只要你把工作做得比别人更完美、更快、更准确、更专注，动用你的全部心血，就能引起他人的关注，实现你心中的愿望。

4.不要把不知道挂在嘴边

在工作中，每当事情办砸、任务没有完成的时候，我们听到最多的就是"我不知道""我不知道怎么会这样""我想尽了办法，但不知道怎样才能改善""都是他们出的主意，我不知道他们的初衷"……或许事情确实像你所说的那样，你真的是什么都不知道，但是这样的态度却不可原谅，可以说这是典型的不负责任的态度。因为不论是一个什么样的组织机构，彼此之间总会有着某些直接、间接的关系，所以在遇到问题和困难时，我们所应该做的就是要想办法怎样去解决问题，而不是两手一摊说"我不知道"，把自己撇得干干净净。

麦克是一家家具销售公司的部门经理。有一次，他听到一个秘密消息：公司高层决定安排他们这个部门的人到外地去处理一项非常难办的业务。他知道这项业务非常棘手，难度非常大，所以便提前一天请了假。第二天，上司安排任务时，恰好他不在，便直接把任务交代给他的助手，让他的助手向他转达。当他的助手打他的手机向他汇报这件事情时，他便以自己身体有病为借口，让助手顶替自己前去处理这项事务。同时他也把处理这项事务的具体操作办法在电话中教给了助手。

半个月后，事情办砸了，麦克怕公司高层追究自己的责任，便以自己已经请假为借口，谎称自己不知道这件事情的具体情况，一切都是助手办理的。他想，助手是总裁安排到自己身边的人，出了事，让他顶着，在公司高层面前还有一个回旋的余地，假若让自己来承担这件事的责任，恐怕有被降职罚薪的危险。但是，纸是包不住火的，当总裁知道事情的真相后，便毫不犹豫地辞退了他。

相反，20世纪末，在美国得克萨斯州的瓦柯镇一个异端宗教的大本营内，发生了邪教徒的父母被杀事件。在这次事件中，有10名正在查案的联邦调查局的探员也惨遭杀害。可以说在当时这是一件震惊美国的大事。也正是因为这次事件，负责该案的美国司法部部长珍纳·李诺在众议院遭到许多议员们的愤怒指责，他们认为她应该为这起惨剧负责。

面对千夫所指，珍纳颤抖地说："我从没有把他们的死亡合理化。各位议员，这件事带给我的震撼远比你们想象的要强烈得多。的确，他们的死亡，我难辞其咎。不过，最重要的是，各位议员，我不愿意加入互相指责的行列。"很明显，她愿意为这次事件担起所有责任，接受谴责，并愿意去积极想办法处理好这次事件。她的这番话也使众多的议员为之折服，大众传媒也深受感动，所以也就没有去过多地责难她。

另外，因为她一人担起所有的责任，没有推卸，也使本来会给政府带来灾难性后果的指责声音减弱了。那些本来对政府打击邪教政策抱有怀疑态度的民众，也转变观念，开始支持政府的工作，所以尽管这是一次不幸的事件，却有了一个满意的处理结果。

面对指责勇于承担责任，显然是处理危机、解决问题的有效途径。现在公司里缺少的正是像珍纳这样高度负责的人，其实老板最赏识的也正是这样的员工。承担起责任来吧，永远不要说你不知道。

5.别以为小错误就不是错误

承认错误、勇担责任应从小错开始。假如你总是无视小错，不去关注它、改正它，那么，失败和低水平表现就会变成理所当然的事。

关注小错误是每一个成功者必备的素质。如果仔细观察会发现，成功者从来不会因为错误小就放过错误，小错误他们也会认真对待。

现实工作中，有很多年轻人常常不愿意踏踏实实地工作，工作中出现一些小问题、发现了一些小错误从不愿深究，听之任之。他们的论点是："假如我所犯的错误性质十分严重，该由我承担责任，我一定会承认也愿意承担所有的责任；但如果是芝麻大的一点小错，去那么认真地计较，难免有点小题大做，根本没有这个必要。"如果你是这样看待错误，那就大错特错了。

要知道，工作中无小事，更无小错，1%的错误往往会带来100%的失败。

在一次登月行动中，美国的飞船已经到达月球但却无法着陆，最终以失败告终。事后，科学家们在查找原因时发现，原来只是一节价值仅30美元的电池出了点问题。起飞前，工程人员在做检查时只重点检查了"关键部位"而把它给忽略了。结果，一节30美元的电池让几十亿美元的投资和科学家们的全部心血都付诸东流。

差之毫厘，谬之千里，任何一个小小的错误都有可能引起严重的甚至致命的后果，造成不可挽回的损失。

史蒂芬是位20多岁的美国小伙子。几年前他在一家裁缝店学成出师后便来到得克萨斯州的一个城市开了一家裁缝店。由于他做活认真，并且价格又便宜，很快就声名远扬，许多人慕名而来找他做衣服。有一天，风姿绰约的哈里斯太太让史蒂芬为她做一套晚礼服，等史蒂芬做完的时候，他却发现袖子比哈里斯太太要求的长了半寸。但哈里斯太太马上就要来取这套晚礼服了，史蒂芬已经来不及修改衣服了。

哈里斯太太来到史蒂芬的店中。她穿上晚礼服在镜子前照来照去，同时不住地称赞史蒂芬的手艺。于是她按说好的价格付钱给史蒂芬。没想到史蒂芬竟坚决拒绝。哈里斯太太非常纳闷。史蒂芬解释说："太太，我不能收您的钱。因为我把晚礼服的袖子做长了半寸。为此我很抱歉。如果您能再给我一点时间，我非常愿意把它修改到您需求的尺寸。"

听了史蒂芬的话后，哈里斯太太一再表示她对晚礼服很满意，她不介意那半寸。但不管哈里斯太太怎么说，史蒂芬也不肯收她的钱，最后哈里斯太太只好让步。

在去参加晚会的路上，哈里斯太太对丈夫说："史蒂芬以后一定会出名的，他勇于承认错误、承担责任以及一丝不苟的工作态度让我震惊。"

哈里斯太太的话一点也没错。后来，史蒂芬果然成了一位世界闻名的服装设计大师。

大错是错，小错也是错。如果觉得小错无关紧要，不去及时地加以改正；那么等小错变成大错时，就已经悔之晚矣。有小错的时候，我们应该早发现，早承认，早治理。只有这样，我们才能在成功的路上稳步前进，我们也才能飞得更高。

6.借口是失败妥协的征兆

一个成功的人士，绝不会向失败和困难投降，更不会给自己的失败找任何的借口。没有打击和困难的人生是不存在的。任何人面对困难和逆境，都可以伤心、悔恨，但唯独不能用"我不行"作为借口，丧失继续前进的勇气和决心。成功者在遇到困难时定会抛弃借口，总结教训，奋勇前行。

为自己找借口，就是向困难屈服。当我们遇到困难，如果先想到退缩，先对伟大的目标望而生畏、自我否定，那等待我们的只有失败。"不可能""我不行"这些最常用的借口，恰恰是取得成就的枷锁。它们禁锢我们的勇气、信心和智慧，左右我们的情绪，最终让可能的光荣永远与我们无缘。在生活中，永远没有绝对的不可能，只有相对的不可能，那就是我们给自己找到的各种各样的借口。借口让我们变成怯弱和懒惰的奴隶。

2002年，一位留学英国的年轻人看到《卫报》上有一则广告，招募两名年轻人进行环球旅行，报社支付3000美元的费用。没有多少人认为这是一项可以完成的任务，"用3000美元环游世界，这简直不可能"。

而这位年轻人就是不服这种"不可能"的说法。通过周密的安排，他不但用3000美元完成了环球之旅，还有40%的夜晚是在星级酒店里度过的。这个年轻人就是现在的畅销书《3000美元环游世界》的作者朱兆瑞。他在面对好奇的读者时，曾这样解答他是如何完成这个看似不可能的任务的：用勇气去开拓，用头脑去行走，用智慧去生活。

很多人在面对艰巨的任务或难以实现的理想时，都会为自己找借口："这对于我来说，太难了，我根本没有天分。""这对我来说，绝对不可能，我没有那么多钱。"人们把自己现存的劣势或缺点作为借口，无非是要为自己的妥协和放弃开脱。

美国成功学专家格兰特纳告诉我们："如果你有自己系鞋带的能力，你就有上天摘星的机会。"不要为自己找借口，哪怕只有万分之一的机会，也决不放弃。成功者总会借助信念的力量，找到最后的星光，并借这希望之光，走向人生的又一个巅峰。

阿伦佐·莫宁是世界上最伟大的篮球运动员之一。在他的篮球职业生涯中，他曾四次入选美国职业篮球联赛全明星阵容，并和队友一起代表美国国家队获得了悉尼奥运会篮球比赛的冠军。然而，2000年，莫宁被查出患有肾病，在他带病坚持比赛几周后，医生命令他离开了他一直以来热爱的赛场，并给他切除了一个肾脏。

莫宁完全可以说，我已经身患重病，应该结束自己的职业篮球生涯了。但是他并没有给自己找借口，而是继续前进。2004年，接受了换肾手术的莫宁重返球场。此时他已是34岁的老将了，但他以永不放弃的精神和精湛的球技征服了世界，并于2006年获得了他职业生涯的第一枚总冠军戒指。

现在，莫宁已经成为美国篮球运动的一种精神象征。他的成功正是源于他的一句名言："在我的职业生涯中，从不对困难屈服。"

世界以其特有的广博和多样性，为我们提供了超出想象的可能性。人类出现的本身就是一个奇迹，而这个奇迹作用在每个具体的人身上就是个体生命不断创造新的奇迹的历程。

从现在开始，不再为自己找借口，做一个永不妥协的成功者。

当我们在为自己找借口前，一定不要忘记想想用3000美元周游世界的朱兆瑞、经历换肾手术仍能挑战人类运动极限的莫宁。面对困难，甚至处于绝望的境地，我们只要平心静气地认真规划一下，拿出人生的勇气与智慧，就会发现，那些困难只是五彩的气泡，而我们为自己找的各种借口，只不过是藏在我们身体中的懒惰和怯弱耍出的小伎俩。因此，只要我们抛弃借口，锐意进取，成功一定能够属于我们。

7.借口会瓦解成功的信念

借口能够瓦解一个人成功的意念，削弱胜利的欲望，消减人的耐心。在成功的道路上，缺乏耐性的人总会为自己找到借口："这件事肯定不可能，对我来说它太漫长了。"甚至有时候，这些人还会嘲笑那些执着努力的人，就像嘲笑愚公移山的智叟。说这些借口的人忽视了一条法则：没有一蹴而就的成功。借口让他们不愿意去脚踏实地走出每一步，而是渴望一步登天。

石匠只有一个铁锤和一把凿子，而石头却坚硬无比。很多过路人看到石匠在硕大的石头面前，一锤锤的费力敲打，敲打了几百下之后，石头依然没有任何的裂痕。很多围观的过路人都在窃窃私语，还有人嘲笑石匠太自不量力。然而石匠兀自埋头苦干，在几千下敲击之后，巨大的石头轰然破裂。对于石匠而言，每一次敲击都是有价值的，正是这些细微的积累，才有了最后破裂巨石的力量。

借口会让人失去成功的机会，一次微小的成功，都可能对人生产生重大的影响。不要让借口毁掉成功的可能性，人生的辉煌正是由一次次的小成功筑就而成的。有人经常会这样对自己说："这件事太微不足道了，我何必费心去做呢？"正是这种借口让人心安理得地放弃了努力去做的想法。而找借口的人却不知道，解决大问题时所需的能力与经验，正是在解决这些小任务的过程中，不断历练出来的。

美国橄榄球史上伟大的教练——锋士·隆巴蒂，曾经带领美国绿湾橄榄球队取得了令人难以置信的辉煌成绩。隆巴蒂训练球员的要诀很简单，就是要球员都牢记："一定要取得比赛的胜利。如果不把目标定在非胜不可上，那比赛就没有丝毫的意义。不管打球、工作、思想，一切的一切，都应该'非胜不可'。"他告诫球员，比赛就是不顾一切，不找任何借口地往前冲，无论横在你面前的是一辆坦克还是一堵墙，都不能成为你停下脚步的借口。在绿湾球员的心目中，只有胜利的欲望，没有其他的杂念，为了胜利，他们藐视一切，无视所有的困难。

放弃努力的人，总是给自己找借口；成功者却认真对待每一天的生活，正是每天的小成功，才积累起了不起的大收获。

张立勇因为家里贫穷，从江西老家辍学，到北京在清华大学做厨师。他带来的只有初中的英语学习课本，但是他在清华开始了从不间断的自学。他住在4平方米的小屋内，利用学生废弃的二手磁带和资料，每天坚持自学英语7~8个小时，有时学到凌晨两三点钟。他还把所有的生活和工作用品都贴上了英文。就是凭借这种水滴石穿的精神，2001年，张立勇参加了托福考试，并获得当年630分的最高分（670分满分），超过了所有接受过高等教育的大学生。

在成功的道路上，绝没有小事，任何大的成功都源自小的积累。那些以为事情太小不值得一做的人，正是忽略了每一个小进步都有其不可替代的意义。

凭空建不起楼阁，那些埋藏在地下的石块并不为人所识，但却是恢宏建筑的根基。

要在成功的道路上不断前进，首先要耐得住寂寞。那些小的进步，就算别人看不到，没有得到他人的赞赏，我们也应该为自己高兴，有小成功才会有大发展。只有不断地自我鼓励，才能让我们不放弃，不被"过程太漫长"的不良情绪困扰。我们应该给自己一个每天都在进步的生活，而不是眼高手低，小事不肯做，大事做不了，只能浑浑噩噩地混日子。

不给自己找借口，不错过任何一次成功的机会，要珍惜每一天所取得的进步，并时刻提醒自己应该寻找成功的机会，绝对不要用"这件事成功的概率太低"为借口，让懒惰占上风，让机遇从身边溜走。要抓住机遇，首先要敢于实践，不要害怕失败，同时也要勤于思考。一旦发现机会，就必须抓紧迅速采取行动；停滞、犹豫、观望、徘徊都有可能让机会稍纵即逝，让自己后悔莫及。

无论是生活还是工作，我们都不要给自己找借口，在困难与失败面前要毫不懈怠，坚持每天进步一点点，在发现机会的时候，全力出击，相信非凡的成就必将属于我们。

8.借口会导致养成拖延的恶习

很多人都有拖延的毛病，《明日歌》中写道："明日复明日，明日何其多，我生待明日，万事成蹉跎。"由此可见，拖延是要不得的。无论干什么工作，都不能找借口，借口最容易滋生拖延的恶习。

寻找借口的目的是想进行某种开脱，进而有所缓和。拖延的背后是人的惰性在作怪，而借口则是对惰性的纵容。对付惰性最好的办法就是根本不让惰性出现，千万不能让自己拉开和惰性开仗的架势。在事情的开端，往往是积极的想法在先，然后当头脑中冒出"我是不是可以……"这样的想法时，惰性就出现了，"战争"也就开始了。一旦开仗，结果就难说了。所以，要在积极的想法出现时不找任何借口，马上行动，让惰性没有乘虚而入的可能。

要想改变自己平庸的生活，就需要丢掉借口，立刻把自己的想法付诸实践。那些抱怨自己生活不如意的人并不知道，让他们无法改变现状的不是别人，正是他们自己。那些成就卓越的人，并非在智商上高出平凡的人很多。人的成功并不取决于智商的高低，而是取决于对待事情的态度。

科学研究表明，人的大脑是一台非常精密的仪器，它的创造力远远高于我们的预期。大脑时常会呈现出富有灵感的想法，但甘愿失败的人则会找出无数个借口，来和大脑的灵感对抗。有的人会说："反正不着急，这个想法等到明天再说吧。"可是到了明天，他早就把点子抛到了脑后。有的人还可能说："现在条件还不成熟，等条件成熟了，再做也不迟。"可等条件成熟了，好的主意早就变成别人的行动了。有的人还会说："这算什么，我要做就做一个最完美的，一鸣惊人。"可不付出实际行动，"完美"从何而来呢？

丢掉这些为自己辩护的借口，立刻采取行动，从当下开始，彻底改变慵懒的生活状态。

美国混合保险公司的创始人斯特隆曾说："对我的人生影响最大的一句话就是：'马上去做。'"这是斯特隆的母亲从小教导斯特隆的话，也是斯特隆一生的行为准则。

第二次世界大战后，美国经济大萧条使原本生意兴隆的宾夕法尼亚伤亡保险公司濒临破产。该公司归属巴尔的摩商业信用公司，信用公司决定以160万美元的价格出售保险公司。当时的斯特隆已经拥有了一支非常优秀的保险推销队伍，这让他突然想到一个主意，并立即付诸了实践。他找到了商业信用公司的负责人，并告诉他自己要购买他们旗下的这家保险公司。公司的负责人告诉他："当然可以，需要160万美元。"斯特隆说："我没有这么多钱，但我可以向你们借。"这个想法让负责人惊呆了。斯特隆解释道："你们商业信用公司不就是给别人做信用贷款的吗？我完全有把握把保险公司做好，然后再把借来的钱还给你们。"斯特隆的建议意味着，商业信用公司不

别让借口毁了你

第一章·别让借口成为失败的酵母

但拿不到一分钱，还要借钱给斯特隆经营保险公司。但商业信用公司通过全面的调查，了解了斯特隆以及他的优秀的保险团队，对他们的经营能力充满了信心。最后，斯特隆没有花一分钱，就获得了这家保险公司，并把它经营成了美国著名的保险公司。

"马上去做"就是不要给借口任何可乘之机，不要去追究自己现在心情如何，身体如何，这个想法的成功概率到底有多大，等等。只有把想法付诸实践，才有可能成功。彻底丢掉借口，立刻处理手边的事情，不要只用"我知道""我会尽快处理"作为口头禅，却把事情丢在一边。我们经常会说："您放心，我马上去做。"但随后又会告诉自己"我得先去吃饭"或"我得下班了，明天再说吧"。

某一天，列宁收到了一份来自前线的急电，内容是："冬天到了，士兵缺少衣服，弹药也快用完了，十万火急，但总部机关迟迟未予回复。"列宁让通讯员把电报送到了总部。一个小时后，列宁打电话给部长，询问电报是否收到了。部长说："没有收到。"列宁请部长去查邮件，部长回答："我马上去，然后给您电话。"

"不，不，我等着。"列宁说。

部长立刻检查了电报，发现电报已经送达。他告诉列宁："电报收到了，我和同志们研究一下，再回您电话。"

"不，不，我等着。"列宁说。

部长很快就回来汇报说："一切都安排好了，正在和服装管理处联系，我随后告诉您消息。"

"不，不，我等着。"列宁仍然坚持说。

部长于是马上联系了服装管理处。拖延了一个月的问题，在列宁的督促下，只用了不到半个小时就解决了。

借口会让很多本可以立刻得到解决的问题拖延很久。找借口的人总认为时间还很多，手边的事情可以暂时不用做，因为他们内心并不愿意立刻付出行动。如果每一件事情都可以暂时搁置起来，也就可以无所事事了。所以，要想成就一番事业就应该勇于战胜自我，大胆地摒弃借口，把行动放在首位，拒绝拖延，向成功迈进。

9.不要为自制力差找借口

所谓自制力，就是人们能够自觉地控制自己的情绪和行动。既善于激励自己勇敢地去执行采取的决定，又善于抑制那些不符合既定目的的愿望、动机、行为和情绪。

如果说，自制力是征服放任、杜绝借口的有效武器；那么反过来，借口、盲目纵欲又是自制力的腐蚀剂。借口不仅可以让人丧失自制力，放任自我的沉迷，甚至养成各种不良嗜好；还会让人过度地关注自己的情绪，把大好时光花费在无谓的感叹上。不找借口，让自己成为一个拥有自制力的人，而不是变成"少壮不努力，老大徒伤悲"的类型。

在生活中，有些人总是会发出这样的感叹："这个时代变化太快，我们的生活压力太大。"现代人，享受着高科技所带来的一切便捷，却还总是会生出很多的抱怨，一些抱怨最后都演变成了借口。这些给自己找借口的人，最后很多变成了终日沉迷于肥皂剧、网络游戏、麻将、扑克的人。因为他们认为在工作之余，不能再忍受任何的工作，需要彻底的放松。有些人甚至因此养成了恶习，比如酗酒、赌博等，最后只能依靠心理医生的帮助，以摆脱这些生活陋习。

事实上，我们的社会并没有这些心理孱弱的人想得那么可怕。现代科技让人们的工作效率更高了，也为人们提供了更多的生活服务：生活前所未有的便捷，娱乐消遣的方法不计其数，居住与工作的环境舒适宜人。只要仔细想想，稍微有点理性的人都知道，因"生活压力大"而自我放纵，只不过是因为缺乏自制力找的借口罢了。

富兰克林·班吉尔是美国最成功的保险推销员之一，他的成功秘籍就是：

一旦投入工作就全身心地去做，绝不拖延或遗落任何可能成功的机会。他每天都在下班前就把第二天必须完成的工作列成清单，如果当天不能完成，就决不下班。

推销员是工作业绩考核压力最大的职业之一，他们不停地和客户交谈，解答客户的各种疑问，几乎需要马不停蹄地工作。如果班吉尔也为自己的忙碌找借口，告诉自己可以把今天的事情拖到明天或者后天，今天就到此为止，该下班轻松轻松了，那么他就永远不可能成为美国最成功的推销员之一。

丧失自制力的人很容易激化矛盾，因为在面对不理性的人时，他们更容易产生对抗情绪，这样的情绪只会让事态越加糟糕。

在美国某一家公司的投诉接待处，曾经有过这样一段佳话。这家公司是销售服装的，每天都有很多气势汹汹的女人跑到这里来投诉："我买的衣服缩水了。""我买的衣服变形了。""我买的衣服掉色了。""我明明买了L号的，拿回家却变成了M号。"几乎每一位进来的女士都是怒气冲天的，但她们出去的时候，都会面带满意的笑容。是谁让这些看上去怒不可遏的女士们又变回了淑女的样子？很简单，公司的总经理请了一位笑容可掬的女士作为接待，她会认真地记录下问题，并告诉女士们应该如何处理这些出了问题的衣服。这位接待员其实是一位聋人，她永远听不到顾客的抱怨以及谩骂，只能通过助手传过来的纸条，看到顾客需要处理的问题。公司的经理说："这些需要解决的问题通常都非常简单，但是由于顾客的怨气和不满，让一般的接待员非常容易和她们发生争执。这些接待员都有同一个借口，那就是顾客先辱骂了她们。后来，我们聘请了听不到抱怨的员工，这些问题就都解决了。顾客看到我们的接待员总是温文尔雅、笑容可掬，就会对自己不理智的行为感到惭愧，所以小问题很快解决了，她们的怒气也很快得到了平息。"

以非理性对抗非理性，只能导致冲突升级。只要就事论事，问题就非常容易地解决了。"那些顾客都疯了，她们对我大喊大叫。"这是接待员们为自己找得最多的借口。借口让她们丧失了自制力，完全忘记了本职工作，而是投入到和顾客的激烈争辩中。

从古到今，哲人颂扬人的自制能力，道德学家宣讲自制力的伟大，政治家鼓励个体的自制力，以促进社会的整体发展。自制力是人类最为重要的美德之一。借口会从根本上瓦解人的自制力，想想那些"一失足成千古恨"的犯人，我们就能知道借口的危害。那些或面带愧色或毫无悔意的犯人对着记者的话筒，几乎总会用一半的时间来表述自己犯罪的借口，诸如"我当时恼羞成怒""我已经走投无路"，等等。其实，他们的根本问题就是丧失了自制力，不能控制自己的情绪，调动自己的理智。美国的社会学者曾在约19万名青少年罪犯中进行了问卷调查，结果有90%的犯人认为他们缺乏必要的自制能力，如果他们能够拥有一些自制能力，也许就不会犯罪。

为什么一个人最后沦落到了缺乏必要自制能力的地步？因为他把自己的人生交给了借口。没有钱的时候去偷窃，他们对自己说"我太穷了，没有办法"，但却忘记了最贫穷的人也能凭借做苦力维生。身居要位的人挪用公款，因为他们告诉自己"这万无一失，我不会被发现的"。酒后开车酿成大祸的人，当初也是借口占了上风，"我没喝多少，绝对没有问题"，等等。一些无法弥补的错误，都是由于一个人习惯了给自己找借口，逐渐对自己的行动丧失了判断力，对法律和道德体系视而不见。他在借口的纵容下，已经不能掌控自己的人生之船，最终脱离了人生的正常轨道。

不给自己找借口，就能杜绝丧失自制力的可能性。让自己的理性占据上风，能够自觉地控制自己的情绪，善于激励自己勇敢地去执行决定，去抑制那些不符合既定目的的愿望，如此，你必定能够具备战胜失败不可或缺的良好自制力。

10.对自己的选择负起责任

既然选择了这个职业，选择了这个岗位，就必须接受它的全部，而不是只享受它带给你的益处和快乐。就算是屈辱和责骂，只要是这个工作的一部分，你也得接受。

其实每个人一生下来都会有自己的责任，不同时期的责任则不一样。在家里要对家人负责，工作中要对工作负责。

也正因为存在这样或那样的责任，我们需要对自己的行为有所约束。遇到问题便找寻各种借口将本应由自己承担的责任转嫁给社会或他人，是极为不负责任的表现。更为糟糕的是，一旦养成这样的习惯，那么人的责任心将会随之烟消云散，而一个没有责任心的人，是很难取得成功的。

负责任也是相对的，特别是工作中。如果你对你的工作不负责任，那最终也就是对你的薪水和前途不负责任。可以说工作中并没有绝对无法完成的事情，如果你相信自己比别的员工更出色，你将能够承担起正常职业生涯中的责任。只要你不把借口摆在面前，就能做到对工作尽职尽责。

"记住，这是你的工作。"这是每位员工必须牢记的。

美国独立企业联盟主席杰克·法里斯年少时曾在父亲的加油站从事汽车清洗和打蜡工作。工作期间他曾碰到过一位难缠的老太太。每次当法里斯给她把车弄好时，她都要再仔细检查一遍，让法里斯重新打扫。直到清除每一点棉绒和灰尘，她才满意。

后来法里斯受不了了，便去跟他父亲说了这件事。他的父亲告诫他说："孩子，记住，这是你的工作！不管顾客说什么或做什么，你都要记住做好你的工作，并以应有的礼貌去对待顾客。"

查姆斯在担任国家收银机公司销售经理期间，该公司的财政发生了困难。这件事被驻外负责推销的销售人员知道了，工作热情大打折扣，销售量开始下滑。到后来，销售部门不得不召集各地的销售人员开一次大会。查姆斯亲自主持会议。

首先是由各位销售人员发言，似乎每个人都有一段最令人同情的悲惨故事要向大家倾诉：商业不景气，资金短缺，人们都希望等到总统大选揭晓以后再买东西等。

当第五位销售员开始列举使他无法完成销售配额的种种困难时，查姆斯再也坐不住了。他突然跳到了会议桌上，高举双手，要求大家肃静。然后他说："停止，我命令大会停止10分钟，让我把我的皮鞋擦亮。"

然后，他叫来坐在附近的一名黑人小工，让他把擦鞋工具箱拿来，并要求这位工友把他的皮鞋擦亮，而他就站在桌子上一动不动。

在场的销售员都惊呆了。人们开始窃窃私语，觉得查姆斯简直是疯了。

皮鞋擦亮以后，查姆斯站在桌子上开始了他的演讲。他说："我希望你们每个人，好好看看这位小工友，他拥有在我们整个工厂和办公室内擦鞋的特权。他的前任是位白人小男孩，年纪比他大得多。尽管公司每周补助他5美元，而且工厂内有数千名员工都可以作为他的顾客，但他仍然无法从这个公司赚取足以维持他生活的费用。"

"这位黑人小工友不仅不需要公司补贴薪水，而且每周还可以存下一点钱来。可以说他和他的前任的工作环境完全相同，在同一家工厂内，工作的对象也完全一样。"

"现在我问诸位一个问题：那个白人小男孩拉不到更多的生意，是谁的错？是他的错还是顾客的错？"

那些推销员们不约而同地说："当然了，是那个小男孩的错。"

"是的，确实如此，"查姆斯接着说，"现在我要告诉你们的是，你们现在推销的收银机和去年的完全相同，同样的地区、同样的对象以及同样的商业条件。但是，你们的销售业绩却大不如去年。这是谁的错？是你们的错还是顾客的错？"

同样又传来如雷般的回答："当然，是我们的错。"

"我很高兴，你们能坦率承认自己的错误，"查姆斯继续说，"我现在要告诉你们，你们的错误就在于你们听到了有关公司财务陷入危机的传说，这影响了你们的工作热情，因此你们就不像以前那般努力了。只要你们回到自己的销售地区，并保证在以后30天之内每人卖出5台收银机，那么，本公司就不会再发生什么财务危机了。请记住你们的工作是什么。你们愿意这样去做吗？"

推销员们异口同声地回答："愿意！"

后来他们也果然办到了。那些曾被推销员们强调的种种借口如商业不景气，资金短缺，人们都希望等到总统大选揭晓后再买东西等，仿佛根本不存在似的，统统消失了。

工作中不要求自己尽职尽责的员工，永远算不上是个好员工。

假如说一个清洁工人不能忍受垃圾的气味，那他怎么能成为一个合格的清洁工呢？

假如说一名车床工人时常抱怨机器的轰鸣，那他还会成为优秀的技工吗？

记住，这是你的工作！

第二章 抓住关键问题远离借口

在工作与生活中，人人都希望能用最快、最有效的方法来解决问题以获得成功。有的人能做到，但有的人却做不到。这其中原因有很多，而是否懂得抓要点、抓根本，是能否成功的关键。

1.对目标要做到有的放矢

没有目标，我们的梦想便是无的放矢，无处依归。有了目标，才有斗志，才能开发我们的潜能，也才能去为之寻找到达的方法。

但是，有了目标之后，必须要明确它。因为模糊不清的目标不但帮助不了你到达成功的彼岸，反而会让你陷入迷惑之中，让你觉得成功太遥远，可望而不可即。

大家是否知道出租车行驶最危险是在什么时候？

答案是：没有乘客的时候。

为什么呢？因为有乘客的时候，司机有目标，他就会全神贯注地驾驶，同时想方设法尽快到达目的地；而没有乘客的时候，他是盲目的，走到十字路口左转右转犹豫不定，同时左顾右盼精力分散。

有一句英国谚语说得好："对一艘盲目航行的船来说，任何方向的风都是逆风。"

人生的目标，不仅是理想，同时也是约束。有约束，才有超越，才有发展。

就像一位跳高运动员，如果他的前面没有一根横竿，让他漫无目的自由地跳高，可以肯定，他永远也跳不出好成绩来。正确的方法是，在他面前设定目标，放置一根横竿约束他，让他不断地超越，横竿也就不断升高。甚至会有这样的情况，在一定范围内，横竿越高，跳得就越高；横竿很低时，他也跳不起来。因为，没有目标（横竿很低）时，会产生强烈的"失落"感。

拿破仑·希尔告诉我们，目标必须是长期的、特定的、具体的、明确的。

他说曾经有一个年轻人由于职业上的事情特地来找他帮忙，这位先生举止大方，聪明，未婚，大学毕业已经4年了。

希尔先从年轻人目前的工作谈起，并了解了他所受的教育情况、家庭背景以及对事情的态度。然后希尔问他："你找我，目的是不是让我帮你换份工作呢？"

年轻人答道："是的。"

希尔又问："你想要一份什么样的工作呢？"

年轻人回答说："问题就在这里，我真不知道自己该做什么。"

这个问题其实很普遍，特别是在一些年轻人当中。后来，希尔帮他和几个老板进行了接洽，但帮助都不大，这说明这种误打误撞的求职方法并不高明。拿破仑·希尔让他静下心来，先想明白自己适合哪项工作。希尔说："不妨让我们换个角度想一下，10年以后你希望自己是个什么样子呢？"

年轻人沉思了一会儿，说："我希望我的工作和别人一样，待遇很优厚，并且买下了一栋好房子。当然，更深入的问题我还没考虑好。"

希尔对年轻人说这是很自然的现象，他接着解释说："你现在的情形就好比是跑到航空公司里说：'给我一张机票'一样，除非你说出你的目的地，否则人家无法卖给你。同样道理，除非我知道了你现实的人生目标，否则我无法帮你找到合适的工作。只有你自己知道你的目的地。"

这使得年轻人不得不开始认真地思考。两个小时过后，那名年轻人满意地离开了。希尔相信他已经学到了重要的一课：出发以前，先要有目标！

一些人希望命运之风能够把他们吹入某个富裕又神秘的港湾。他们盼望在未来的"某一天"退休，在"某地"一个美丽的小岛上过着无忧无虑的生活。倘若问他们将如何达到这个目标，他们会很茫然地回答，或许会有"某种"方法的。

他们很难实现自己的理想。其原因在于他们从来没有真正定下生活的目标。

一个没有目标的人，无异于盲人骑瞎马，其前景绝对不容乐观！

拿破仑·希尔告诉我们，有了目标才会成功。

目标是一个人对所期望成就的事业的真正决心。目标不是幻想，一个切实可行的目标可以给人带来实现的满足感！

没有目标的人生，很难成就事业。没有目标促使你采取任何实际的行动步骤，那么你就只能在人生旅途的十字路口上徘徊，永远抵达不了成功的彼岸。

就如空气对于生命一样，目标对于成功也绝对重要。如果没有空气，没有人能够生存；如果没有目标，没有人能够获得成功。

有了目标后，必须要明确它。模糊不清的目标不但无法帮助你到达成功的彼岸，反而会让你陷入迷惑之中，让你觉得成功太遥远，可望而不可即；或者因为目标是没有确切的事情，从而成为无法去实现的一纸空文。

前美国财务顾问协会的总裁刘易斯·沃克，曾接受一位记者采访。记者问道："一个人不成功的主要因素是什么呢？"

沃克回答："模糊不清的目标。"

记者请沃克做进一步的解释。沃克说："我在几分钟前就问你，你的目标是什么，你说希望有一天可以拥有一栋山上的小屋，这就是个模糊不清的目标。问题就在你所希望的'有一天'不够明确。因为目标不够明确，成功的机会也就不会大。"

"如果你真的希望在山上买一栋小屋，你必须先找到那座山，计算出那间小屋的价格，然后考虑通货膨胀等因素，计算出若干年后这栋房子值多少钱。接着你必须决定，为了达到这个目标每个月要存多少钱。如果你真的这么做了，你可能在不久的将来就会拥有山上的那栋小屋。但你如果只是说说而已，梦想就不可能会实现。梦想是愉快的，但没有配合实际行动计划的模糊梦想，说白了也只是妄想而已。"

有一个有趣的现象常常被人们忽略掉，更把它蕴含的深刻道理给遗忘掉！在阳光底下将放大镜放到报纸的上方，距报纸有一小段距离。如果放大镜是移动的话，报纸永远也不会被点燃；而将放大镜的焦点对准报纸的某一部位，用不了多久，报纸就会被点燃。

同样道理，不管你具有多少能力或是才华，如果你无法管理它，不是将它聚集在特定的规划上，那么你永远无法取得成功。

许多优秀的成功人士都有过这样的切身感受：明确的目标会带给自己创造的激情火花，它就像成功的助推器，会推动自己向理想靠近或飞跃。一个人如果没有明确的目标，就容易失去使命感，也会丧失进取的活力。

对个人而言，在你决定了你所追求的明确目标之后，你就等于作出了人生最大的选择！

有了美好的理想，你就会看清自己想要获取什么样的成功；有了明确的目标，你就会有一股无论顺境还是逆境都勇往直前的冲劲。

2.积极态度打造竞争优势

如果没有更多更明显的优势，那么积极的人生态度和做事的态度就是我们最大的资本和优势，就是竞争力。我们比别人多投入一些，更积极一些，再耐心一些，在这个基础上，我们终将会走向成功。

无论做什么样的职业，要想成功，都会有一个共同的要求：积极的工作态度和一流的敬业精神。

海尔集团总裁张瑞敏曾说过这样一番话："如果让一个日本人每天擦六遍桌子，他一定会始终如一地做下去；而如果是一个中国人，一开始他会按要求擦六遍，慢慢地他就会觉得五遍、四遍也可以，最后索性不擦了。中国人做事的最大毛病是做事不认真、不到位。每天工作欠缺一点，天长日久就成为落后的顽症。"

希望集团总裁刘永行一次访问韩国，被安排去一家面粉企业参观。这次普通的参观，给了他很深的刺激，回国后好几个晚上都难以入眠。

这家面粉厂属于西杰集团，每天处理小麦的能力是1500吨，却只有66名雇员。一个只有几十名员工的小厂，其工作效率之高令刘永行惊叹不已。在中国，相同规模的企业一般日生产能力只有几百吨，但员工人数却高达上百人。希望集团的效率相对高于国内同行业标准，但250吨日处理能力的工厂也有七八十名员工，就算高出国内同行业水平日生产能力却仅有韩国工厂的六分之一。

为了弄清楚其中的奥秘，刘永行与这家工厂的管理层进行了深入的交谈，了解到他们也在中国投资办过厂，地址在内蒙古的乌兰浩特。当时的日处理能力为250吨，员工人数却高达155人。同样的投资人，设在中国的工厂与韩国本土生产效率居然相差10倍之遥，效益自然也就不会太理想。磨合了一段时间，觉得没有改善的可能性，他们就将工厂关闭了。

两家工厂的效率为什么有如此大的差距呢？是设备的先进程度不同？不是。相反，韩国本土工厂是20世纪80年代投入生产的，而内蒙古的合资厂却是在20世纪90年代建起来的，设备比原厂还先进。是管理方法的问题？也不是。工厂的主要管理层基本上都是韩国人。恰好，刘永行遇到了那位曾在内蒙古负责的韩国厂长。

怀着极大的好奇心，刘永行特意请教这位厂长："为什么同样的设备、同样的管理，设在中国的工厂却需要雇用那么多人呢？"

那位厂长回答很含蓄："也许是中国人做事不到位吧。"这么一句轻描淡写的话，让刘永行回国后彻夜难眠。他知道，当着一群中国企业家的面，那位厂长的话已经是十分客气了。在这句平淡的话背后，一定有许许多多不为人知的管理问题。

仔细想一想，与韩国人相比，中国人做事的态度确实存在很大的差距。韩国人做事总是手脚不停，无论是工人还是管理人员，手头的工作做完了，就一定安排别的事做。他们是一专多能。比如说一个厂长，如果他觉得自己的岗位比较空闲，就会做其他一些事情，以节省人力。在中国大部分企业中，则存在许多把自己的事情做得差不多就够了的想法，所以我们的效率就低了。

来自哈佛大学的一个研究发现：一个人的成功，85%取决于他的态度，而只有15%取决于他的智力和所知道的事实与数字。

人们常常抱怨自己的薪水太低，感叹中国企业无法跨入世界顶级行列，希望中国经济更加强大，但却很少意识到，差之毫厘，谬以千里，这巨大的距离正是由于我们每个人的一点点差距造成的。

任何一个公司都需要把事情做到位的员工。能够做好自己的工作，是成功的第一要素。各行各业，人类活动的每一个领域，无不在呼唤能自主做好手中工作的员工。齐格勒说："如果你能够尽到自己的本分，尽力完成自己应该做的事情，那么总有一天，你能够随心所欲从事自己想要做的事情。"反之，如果你凡事得过且过，从不努力把自己的工作做好，那么你永远无法达到成功的顶峰。

3.只有合作才能获得成功

合作让人得到生存、发展和成功，有了合作之后，原本的困境就不再是问题，原本的困难都将得到解决。合作能优势互补，凝成合力，发挥了1+1＞2的绩效。

21世纪是一个高科技信息时代。要想成功，单凭一己之力很难达到。从无数经验和教训中，我们得出结论：很少有人能独自成功，成功呼唤合作。大雁南飞时是成群结队以"人"或"一"字形飞行，而且领头的大雁累了会不断地更换。因为为首的雁在前头开路，能帮助在其左右的雁群避开一定的气流。科学家曾在风洞实验中发现，成群的雁以"人"或"一"字形飞行时，比一只雁单独飞行能多飞12%的距离。人类亦如此，只要懂得合作，就会"飞"得更高、更快、更远。

很多情况下，我们并非孤身一人，我们能够寻找到能给予帮助的人，我们是可以借助别人的帮助、与别人合作获得成功的。

一个星期六的上午，一个小男孩在他的玩具沙箱里玩耍。不一会儿他在沙箱的中部发现一块大的岩石。

小家伙开始挖掘岩石周围的沙子，他手脚并用，似乎没有费太大的力气，岩石便被他连推带滚地弄到了沙箱的边缘。不过，这时他发现，他无法把岩石向上滚动，翻过沙箱边板。

小男孩手推、肩挤、左摇右晃，一次又一次地向岩石发起冲击，可是，每当他刚刚觉得取得了一些进展的时候，岩石便滑脱了，重新掉进沙箱，岩石再次滚落回来，有一次还不小心砸伤了自己的手指。

最后，他伤心地哭了起来。整个过程，男孩的父亲透过起居室的窗户看得一清二楚。当泪珠滚过孩子的脸庞时，父亲来到了他的跟前。

父亲的话温和而坚定："儿子，你为什么不用上所有的力量呢？"

垂头丧气的小男孩抽泣道："但是爸爸，我已用尽了我所有的力量！"

"不对，儿子，"父亲亲切地纠正道，"你并没有用尽你所有的力量。你没有请求我的帮助。"

父亲弯下腰，抱起岩石，将岩石搬出了沙箱。

故事中的小男孩，虽然用尽全力，并想方设法自己去解决问题，但是在一次一次的挫折中，始终没有向身边的父亲寻求帮助，不仅浪费了身边的资源，问题也没有得到解决。

合作不单是一种精神，更是一种生存与发展的需要。在通往成功的路上有无数的困难和挑战在等待着我们。在工作中，有许多才华出众的年轻人不懂得合作的重要，他们不明白如果他们在一个组织或集体中同其他人合作不仅能解决遇到的困难，而且还能制造出个人无法创造的奇迹。

阿基米德说："给我一个支点，我可以撬动整个地球。"但是，前提是必须有这个支点，还要有足够长的杠杆。解决问题的时候，任何对我们有帮助的信息、能量、金钱、行为、经验、关系等都能够成为帮助我们解决问题的杠杆，都是可以借鉴的，也都是可以合作的。

从前，有两个饥饿的人得到了一位长者的恩赐：一根钓竿和一篓鲜活硕大的鱼。其中一个人要了一篓鱼，另一个人要了一根钓竿。于是，他们分道扬镳了。

得到鱼的人在原地用干柴搭起篝火煮起了鱼。他狼吞虎咽，很快连鱼带汤就被他吃了个精光。不久，他便饿死在空空的鱼篓旁。

另一个人则提着钓竿继续忍饥挨饿，一步步艰难地向海边走去。可当他已经看到不远处那蔚蓝色的海洋时，他的最后一点力气也使完了。他只能眼巴巴地带着无尽的遗憾撒手人寰。

另外有两个饥饿的人，他们同样得到了长者恩赐的一根钓竿和一篓鱼。只是他们并没有各奔东西，而是商定共同去寻找大海。他俩每次只煮一条鱼，经过遥远的跋涉，终于来到了海边。从此，两人开始了捕鱼为生的日子。几年后，他们盖起了房子，有了各自的家庭、子女，有了自己建造的渔船，过上了幸福安康的生活。

"一个篱笆三个桩，一个好汉三个帮""桃园三结义"一展刘备霸业，马、恩友谊共画时代一笔，居里夫妇的结合共入诺贝尔奖殿堂，此等实例，比比皆是。

人与人之间的联系是紧密的，可以说很少有人能够离开别人而独自取得成功。孤岛生存只不过是一个美丽的童话。

合理地、有效地借助他人的力量完全是必要的，甚至是一种智慧的体现。当我们觉得问题不可能得到解决的时候，我们必须审视自己是否将视线局限在了自己的能力范围之内。因为很多情况下，我们过分关注问题和自身的能力，不愿意被他人掩盖自身的光华，而忽视了别人可以帮助自己，不懂得合作。

古希腊时期的塞浦路斯，曾经有一座城堡里关着一群小矮人。传说他们是因为受到了可怕咒语的诅咒，而被关到这个与世隔绝的地方。他们找不到任何人可以求助，没有粮食，没有水。7个小矮人越来越绝望。但小矮人们没有想到，这只是神灵对他们的考验。

小矮人中，阿基米德是第一个收到守护神雅典娜托梦的。雅典娜告诉他，在城堡里，除了他们呆的那间阴湿的储藏室以外，其他的25个房间里，有1个房间里有一些蜂蜜和水，够他们维持一段时间；而在另外的24个房间里有石头，其中有240块玫瑰红的灵石，收集到这240块灵石，并把它们排成一个圆的形状，可怕的咒语就会解除，他们就能逃离厄运，重归自己的家园。

第二天，阿基米德便迫不及待地把这个梦告诉了其他的6个伙伴，其中有4个人不愿意相信，只有爱丽丝和苏格拉底愿意和他一起去努力。开始的几天里，爱丽丝想先去找些木柴生火，这样既能取暖又能让房间里有些光线；苏格拉底想先去找那个有食物的房间；而阿基米德想快点把240块灵石找齐，好快点让咒语解除。3人无法统一意见，于是决定各找各的，但几天下来，3个人都没有成果，倒是耗得筋疲力尽了，更让其他的4个人取笑。

但是3个人没有放弃，失败让他们意识到应该团结起来，一起合作。他们决定，先找火种，再找吃的，最后大家一起找灵石。这个方法使得3个人很快在左边第二个房间里找到了大量的蜂蜜和水。

在经过了几天的饥饿之后，他们狼吞虎咽了一番，然后带了许多食物分给特洛伊、安吉拉、亚里士多德和梅丽沙。温饱的希望改变了其他4个人的想法，他们后悔自己开始时的愚蠢，并主动要求要和阿基米德他们一同寻找灵石，解除那可恨的咒语。

小矮人们从这件事中，发现了一个让他们终身受益的道理：只有通过人与人之间沟通、互补、合作，才能发挥它的全部能量。

为了提高效率，阿基米德决定把7个人兵分两路：原来3个人继续从左边找，而特洛伊等4人则从右边找。

在7个人的通力合作下，他们终于找齐了240块灵石。在神灵的眷顾下，小矮人们最终胜利了。

每个人的能力构成都是不同的，也是具有互补性的。没有人是十全十美的，人总是有部分欠缺或是不了解的领域。适当与他人合作，发挥各自的长处，这样不仅能解决问题，更能节省时间，提高效率。

我们的人际关系、金钱、拥有的能力等都是我们的资源。遇到问题的时候，何不让这些资源整合起来共同帮助我们呢？孤立并不代表独立，独立并不代表不借鉴他人，不借鉴他人不代表不需要他人的启发或是帮助。所以当我们遇到困难时，利用合作的方法，问题往往就能轻易地得到解决，从而取得成功。

4.分解目标，实现大未来

我们也许没有能力一次就取得一个大的成功，但我们可以积累无数个小成功。一个小成功并不能改变什么，但无数的小成功加起来就可以让我们成为巨人。

中国有句俗话："一口吃不成个胖子。"同样，成功也如此。我们常常十分急躁地埋头于解决问题的过程中，希望尽快地摆脱困境，获取成功。但是，当我们并没有认真了解问题，只是一心想着要快速解决问题的时候，是很难获得巨大成功的。

我们常常被一些问题的复杂和棘手所吓倒，认为解决它几乎是"不可能完成的任务"。但你是否尝试过将这个吓倒了你的大问题分解成一个个小问题来解决呢？

在《约翰·冯·诺伊曼传》中有这样一段话：

1954年10月，总统任命诺伊曼为美国原子能委员会成员。他多年的老朋友施特劳斯是这样评价他为该委员会服务的情况的：

"从被任命到1955年秋，约翰干得很漂亮。他有一种使人望尘莫及的能力。最困难的问题到他手里，都会被分成一件一件看起来全是十分简单的事情。而我们所有的人都奇怪为什么自己不能像他那样清楚地看透问题的答案。用这种方法，他大大地促进了原子能委员会的工作。"

当一个人无法将整块牛排吞下去的时候，该怎么办？认为我们根本无法吃下那块牛排吗？当然不是。我们可以使用工具，将牛排切成小块，这样我们便能顺利进食了。

现实中的问题常常是错综复杂的，我们很难将问题一下完美解决。这时，我们就可以尝试将一个大问题分割成不同的小问题，逐个击破。这样远比毫无头绪地寻找一个一次就可以解决的方法要来得实际和有用得多。

1983年，伯森·汉姆徒手登上纽约帝国大厦，在创造了吉尼斯纪录的同时，也赢得了"蜘蛛人"的称号。

美国恐高症康复协会得知这一消息后，致电"蜘蛛人"汉姆，打算聘请他做康复协会的心理顾问。因为在美国，有数万人患有恐高症，他们被这种疾病困扰着，有的甚至不敢站在椅子上换一只灯泡。

伯森·汉姆接到聘书，打电话给协会主席诺曼斯，让他查一查他们协会里第1042号会员的情况。这位会员的资料很快被调了出来，他的名字叫伯森·汉姆，就是"蜘蛛人"自己。原来，这位创造了吉尼斯纪录的高楼攀登者，本身就是一位恐高症患者。

诺曼斯对此大为惊讶。一个站在一楼阳台上都会心跳加快的人，竟然能徒手攀上300多米高的大楼，这确实是个令人费解的谜。他决定亲自去拜访一下伯森·汉姆。

诺曼斯来到费城郊外汉姆的住所。这儿正在举行一个庆祝会，十几名记者正围着一位老太太拍照采访。原来伯森·汉姆94岁的曾祖母听说汉姆创造了吉尼斯纪录，特意从100公里外的葛拉斯堡罗徒步赶来。她想以这一行动为汉姆的纪录添彩。谁知这一异想天开的想法，无意间竟创造了一个94岁老人徒步行走的纪录。

《纽约时报》的一位记者问她："当你打算徒步而来的时候，你是否因年龄关系而动摇过？"

老太太神神奕奕，朗朗地笑着说："小伙子，打算一口气跑100公里也许需要勇气，但是走一步路是不需要勇气的。只要你走一步，接着再走一步，然后一步接一步，100公里也就走完了。"

恐高症康复协会主席诺曼斯紧接着问伯森·汉姆："你的诀窍是什么？"

伯森·汉姆看着自己的曾祖母说："我和曾祖母一样，虽然我害怕300多米高的大厦，但我并不恐惧一步的高度。所以，我战胜的只是无数个'一步'而已。"

我们也许没有能力一次就取得一个大的成功，但我们可以积累无数个小成功。一个小成功并不能改变什么，但无数的小成功加起来就可以让我们成为巨人。对于故事中那对祖孙来说，300多米的大厦和100公里就是他们的成功目标。当别人绞尽脑汁想要如何如何的时候，他们却将实现这远大目标的困难分解成了无数个"一步"，通过无数个"一步"的完成，最终解决了问题，获得了成功。

在我们的工作中，也有许多通过将大问题分解成小问题，然后一一解决的实例。例如编写一个计算机软件程序，这个软件可能要有非常巨大的功能，但是再强大的软件都是通过分成一个个小部分编写来实现的。

曾经有一位名叫希瓦勒的乡村邮递员，每天徒步奔走在各个村庄之间。有一天，他在崎岖的山路上被一块石头绊倒了。

他发现，绊倒他的那块石头的样子十分奇特。他捡起那块石头，左看右看，有些爱不释手。

于是，他把那块石头放进自己的邮包里。村子里的人们看到他的邮包里除了信件之外，还有一块沉重的石头，都感到很奇怪，便好意地对他说："把它扔了吧，你还要走那么多路，这可是一个不小的负担。"

他取出那块石头，炫耀着说："你们看，有谁见过这样美丽的石头？"

人们都笑了："这样的石头山上到处都是，够你捡一辈子。"

回到家里，他突然产生一个念头，如果用这些美丽的石头建造一座城堡，那将是多么美丽啊。

后来，他每天在送信的途中都会找到几块好看的石头。不久，他便收集了一大堆，但离建造城堡的数量还远远不够。

于是，他开始推着独轮车送信，只要发现中意的石头，就会装上独轮车。

此后，他再也没有过上一天安闲的日子。白天他是一个邮差和一个运输石头的苦力，晚上他又是一个建筑师。他按照自己天马行空的想象来构造自己的城堡。

所有的人都感到不可思议，认为他的大脑出了毛病。

二十多年以后，在他偏僻的住处，出现了许多错落有致的城堡。当地人都知道有这样一个性格偏执的邮差，在做一些如同小孩子们建筑沙堡的游戏。

1905年，法国一家报社的记者偶然发现了这些城堡。这里的风景和城堡的建造格局令他慨叹不已，为此他写了一篇介绍希瓦勒的文章。文章刊出后，希瓦勒迅速成为新闻人物。许多人都慕名前来参观，连当时最有声望的大师级人物毕加索也专程参观了他的建筑。

现在，这个城堡已成为法国最著名的风景旅游景点之一，它的名字就叫作"邮递员希瓦勒之理想宫"。在城堡的石块上，希瓦勒当年刻下的一些话还清晰可见。

有一句话刻在入口处的一块石头上："我想知道一块有了愿望的石头能走多远。"

据说，这就是当年绊倒过希瓦勒的第一块石头。

看似是无法解决的困难，被分解之后，解决起来就轻而易举了。用捡来的石头建造一座座城堡的确是十分困难的，是一个几乎无法解决的大问题，所以当年有许多人嘲笑那位邮差。但是当邮差将困难分解到每日的行动中去的时候，他所要做的仅仅就是每天捡些石头，将它放在自己认为最合适的地方而已。

分解问题有助于解决问题，获取成功。当一个原先令你畏惧的问题被分解成一个个小问题放在你面前时，你就能够轻而易举地征服它们。所以，尝试用吃牛排的方法来对待你的问题，你会发现获得成功要容易得多。

5.创新才能把握成功机会

创新是一种非常美妙的方法，它会让你拥有无数的梦想，让你渴望自己的生活变得与众不同；它会鼓励你去尝试做一些新事情，从而把一切变得更美妙、更有效、更方便。

也许对大多数人来说，创新、创造仍是陌生而神秘的，似乎它只是少数天才的专利。熊彼得先生在给学生上课的时候，就曾经责怪爱因斯坦创造了天才的物理学理论，但没有给后人留下他如何思考问题的方法，因而后人很难向他学习。创新有大有小，内容和形式也可以各不相同。特别是在当今社会，创新活动已经不仅是科学家、发明家在实验室里的工作，它已经深入到普通人的生活、工作、学习之中，是人人都可以进行的社会实践活动。任何人在生活、工作的各个方面随时随地都可能碰撞出创新的火花。

在工作中，许多员工由于害怕承担责任，一味地墨守成规，惧怕改变，不愿意尝试用新的方法做事，也从不去想新的方法。

海尔公司在开拓海外市场时，并没有一味地依照国内的老方法，而是针对当地的学生，专门请了美国当地人来设计电器。

美国的学生大多是租房子住，而在美国的很多地方，特别是在纽约，房价十分贵，寸土寸金，所以学生们租的房子都非常小。于是海尔公司根据这个特点，把冰箱台面设计成一个小桌子，这样就节约了很大一部分空间。

后来，设计师又把小桌子改装成一个折叠的台面，可以把电脑放在上面。这种设计迎合了学生的需求，所以特别受学生欢迎。

每一次成功的背后，都会有一个精美的创意。它就像火箭上的加速器一样，推动你迈向成功！

如果你创新的点子，适合公司的发展，那么你的这个创新就可以得到公司的认可，公司就会帮助你将这个创新的点子转化为行动，你也会因此得到发展。创新的点子成为你迈向成功的开端。

创新就像一颗在你头脑里发了芽的种子，这颗种子一旦遇到合适的土壤就会飞速成长，成为参天大树。

牛根生刚开始打造"蒙牛"这个品牌的时候，市场上的内蒙古牛奶第一品牌"伊利"早已雄霸市场，牢不可破。怎么才能把这个对台戏唱得漂亮又出彩呢？牛根生想出了一个谁也没想到的创新方法——借势腾飞。

在宣传上，牛根生带领团队做的第一个广告牌子上写的就是"做内蒙古第二品牌"。在冰激凌的包装上，他们也打出了"为民族工业争气，向伊利学习"的字样，将蒙牛和伊利绑在了一起，用伊利的知名度，无形中提升蒙牛的品牌。

牛根生还利用了雄浑苍茫的草原文化，利用内蒙古大草原奶源的优势，提出了"中国乳都"的概念。他提倡全民喝奶，但不一定喝蒙牛品牌的奶，只要喝奶就行。

就这样，大家不仅记住了内蒙古这片大草原，更记住了"蒙牛"。牛根生聪明地为"蒙牛"赢得了知名度，赢得了成功。

柯特大饭店是美国加州圣地亚哥市的一家老牌饭店，由于原先配套设计的电梯过于狭小老旧，已无法适应越来越多的客流。于是，饭店老板准备将其改造。他重金请来全国一流的建筑师和工程师，请他们一起商讨该如何进行改建。

建筑师和工程师的经验都很丰富，他们讨论的结果是：饭店必须新换一个大电梯，为了安装好新电梯，饭店必须停止营业半年时间。

"除了关闭饭店半年就没有别的办法了吗？"老板的眉头皱得很紧，"要知道，这样会造成很大的经济损失……"

"必须得这样，不可能有别的方案。"建筑师和工程师们坚持说。

这时候，饭店里的清洁工刚好在附近拖地，听到了他们的谈话，他马上直起腰，停止了工作。他望望忧心忡忡、神色犹豫的老板和那些一脸自信的专家，突然开口说："如果换上我，你们知道我会怎么来装这部电梯吗？"

工程师瞟了他一眼，不屑地说："你能怎么做？"

"我会直接在屋子外面装上电梯。"

"多么好的方法啊。"工程师和建筑师听了，非常诧异。

很快，这家饭店就在屋外装设了一部新电梯。在建筑史上，这是第一次把电梯安装在室外。

一件事，不要因为别人都这样做，我们也一定要这样做；不要因为过去是这样做，现在就得这样做。换一种思路，换一种方法，在解决问题的同时，你会发现结果可能更好。

瑞士以手表和巧克力闻名世界，尤其是手表，以其性能精准、持久耐用和款式经典雄踞世界100多年。但总有一些其他国家的手表制造者想尝试与手表王国一争高下。

"西铁城"手表就是其中的一个。当时，日本研制出了性能良好的"西铁城"手表，准备向钟表王国发起冲击。

但是，想要在几乎垄断了手表业的瑞士打开产品销路，谈何容易。刚上市的时候，"西铁城"手表并不受人赏识，无法打破瑞士控制手表行业的局面。连续的亏损让"西铁城"的经营者愁眉不展。为此，公司专门召开高级职员的会议，来商量对策。

许多人都将打开销路的目光放在了广告上。

有人建议："我们应该扩大宣传，多多占用电视台的黄金时间和报纸的广告版面，以铺天盖地之势，给人造成先声夺人的印象。在消费者面前混个脸熟，让他们购买手表的时候，就能想到我们的手表。"

总经理点点头，"对，应该大做广告。不过宣传的效果不能近期奏效，况且，现在的广告过多过滥。"

又有人接着说："针对广告过多过滥不真实的问题，我们不妨要公众眼见为实。我们可以尝试在公众面前做破坏性试验。通过这种公开的试验，让大家了解我们西铁城的良好性能，大家就能接受我们的产品。"

还有人补充说："我们不妨采取奖励性的措施，最好的奖励物品莫过于'西铁城'手表本身。这样能使我们的手表迅速推向市场。"

通过漫长的讨论，最终大家想出了一个奇异的方法。

不久，公司通过新闻媒介发出了一条令人震惊的消息：某时将有一架飞机在某地抛下一批"西铁城"手表，谁拾获手表，表就归谁。这条消息在社会上引起了很大的轰动。街头巷尾都在谈论这则消息。

到了指定的那天，人们怀着好奇和怀疑的心情，像潮水般地拥向指定地点。

指定的时候到了，只见一架直升机飞临人群的上空，盘旋片刻后，在百米高空向人群旁的空地上洒下一片"表雨"。期待已久的人们，拥上去捡表。抛下的表是如此之多，大家都有所收获。捡获手表的人们在惊喜之余还发现"西铁城"手表在空中丢下后，居然还在走动，甚至连外壳都未受损害，对"西铁城"手表的质量连连称奇。人们不禁感叹："'西铁城'的表真是精良耐用，名不虚传。"后来，电视台又播放了这次抛表的实况录像，使"西铁城"品牌很快深入人心，那些没有在现场的人也对"西铁城"手表充满兴趣。销路一下打开了，"西铁城"也成为世界知名的手表品牌。

爱因斯坦曾经说过：人是靠大脑解决一切问题的。创新方法并不是神秘莫测、高不可攀的，它完全可以通过培养、训练来提高。

6.借鉴他人经验寻找机遇

运用模仿的方法来获得成功，可以说是一种借鉴他人经验来获得自身成功的方法。许多人能解决问题或是获得成功，都是在模仿的基础上进行创新，并加入自己独特的元素，从而将他人的东西变成自己的东西。

沃尔玛连锁百货公司的创始人山姆·沃尔顿曾经说过："其实我做的每一件事的方法都是从别处学来的。"安东尼·罗宾也曾说："就我看来，模仿是通往卓越的捷径。也就是说，如果我看见有人做出让我羡慕的成就，那么只要我愿意付出时间和努力，也可以得出相同的结果来。"

和小孩子都是先模仿着爸爸妈妈的话，才开始慢慢学会组织自己的语言一样，许多成功其实也都是建立在模仿的基础之上。

模仿与创新并不矛盾。在陌生的环境下，对问题不了解或是无从下手的时候，借鉴他人的经验，模仿别人的做事方式，这也是一种非常有效的方法。

有一个法国人，42岁时仍一事无成。他也认为自己简直倒霉透了：离婚、破产、失业……他不知道自己生存的价值和人生的意义。他对自己非常不满，变得古怪、郁闷，同时又十分脆弱。有一天，一个吉卜赛人在巴黎街头算命，他随意一试。吉卜赛人看过他的手相之后，说："您是一个伟人，您很了不起。"

"什么？"他大吃一惊，"我是个伟人，你不是在开玩笑吧？"

吉卜赛人平静地说："您知道您是谁吗？"

"我是谁？"他暗想，"我是个倒霉鬼，是个穷光蛋，是个被生活抛弃的人。"但他仍然故作镇静地问："我是谁呢？"

"您是伟人，"吉卜赛人说，"您知道吗，您是拿破仑转世！您身体流的血，您的勇气和智慧，都是拿破仑的啊！先生，难道您真的没有发觉，您的面貌也很像拿破仑吗？"

"不会吧……"他迟疑地说，"我离婚了，我破产了，我失业了，我几乎无家可归……"

"那是您的过去，"吉卜赛人说，"您的未来可不得了！如果您不相信，就不用付钱给我了。不过，5年后，您将是法国最成功的人！因为，您就是拿破仑的化身！"

他表面装作极不相信地离开了，但心里却有了一种从未有过的美妙感觉。他对拿破仑产生了浓厚的兴趣。回家后，他想方设法寻找与拿破仑有关的著作来学习。渐渐地，他发现，周围的环境开始改变了，朋友、家人、同事、老板，都换了另一种眼光看待他，事业开始顺利起来。后来他才领悟到，其实，一切都没有变，是自己变了。他的气质、思维模式，都在不自觉地模仿拿破仑，就连走路、说话都像极了他。13年以后，也就是在他55岁的时候，他成了亿万富翁，成了法国赫赫有名的成功人士。

通过模仿拿破仑、了解拿破仑，这位中年人改变了自己的命运，获得了成功。其实关键并非是他模仿了谁，而在于他将成功人士的成功品格内化，变成了自己的品格。模仿改变了他，让他获得了成功的根基。

美国报纸曾经以"一个针孔价值百万美元"为大标题，竞相报道一个小发明。据说这一发明就是通过嫁接性模仿来获得的。

发明的灵感来源于美国制糖公司为了解决砂糖变潮在糖包装盒上开一个小

孔的方法。美国制糖公司每次把糖输出到南美时，砂糖都在海运中变得潮湿，损失很大。为了减少损失，他们花费了许多时间和资金，邀请专家从事研究，但始终找不出一个良好的方法。

该公司有个工人也在动脑筋，希望能够想出一个简单的防潮法。后来他终于发现，在糖包装盒的角落上戳个针孔，使它通风，就能达到防潮的目的。

这个方法竟然使糖横渡大西洋而不至于潮湿了。这位工人也因此获得了丰厚的报酬。

一位先生听了这消息之后，立即激起一股模仿热，希望自己也能够戳个洞防湿或防蒸汽，以获得专利权，于是便东戳西戳地开始研究。

他到处进行戳孔实验，最后发现在打火机的火芯盖上钻个小孔，可使普通注一次油只能维持10天的打火机保持50天之久。

这位先生感到异常惊喜，于是实验各种打火机，结果证实了每个钻孔的打火机，都能够灌一次油保持50天以上。

他马上向政府申请专利，然后开始大量生产这样的打火机。结果打火机销路极佳，他赚取了大量的利润。

如果没有这样一个嫁接性的模仿，他是不会取得这样的成功的。当然我们也并不希望大家整天都去寻找各类"小孔"，而是向大家灌输一种模仿的理念：当你发现好的想法、经验时，你完全可以借鉴，在理解、创新之后，将其变成自己的东西。

现在有许多人都反对模仿，其实这来源于对模仿的错误认识。不同的模仿，我们也应不同对待。那些双赢类的模仿，或是对他人经验的借鉴，或是根据实际情况，经过自己的思考甚至加以改良的模仿，是应该得到支持的，因为这些模仿都是经过模仿者的思考的。而对于那些恶意模仿，损害他人的利益，或是完全地不经思考的"拿来主义"，则应当抵制。因为那些单纯甚至恶意的模仿，不仅帮助不了自己成功，反而会阻碍自己发展，就像下面的故事那样。

在春秋战国时期，赵国的都城邯郸一带地方，人们不仅穿衣打扮很得体，就连走路的姿态也非常优美。外地来的人十分羡慕，也都想学一学。

赵国的北部，燕国寿陵的一位少年听到这个消息，就从很远的家乡来到邯郸，学习邯郸人走路的姿势。到了邯郸，他来到大街上，发现这里的人走路的姿势确实与自己走的姿势不一样，并且比自己走得好看。他十分高兴，便下决心一定要学会。这时，一位年轻人走过来，于是他就跟在这位年轻人后边学起来。年轻人迈左腿，他也抬左腿；年轻人迈右腿，他也抬右腿。但是他顾了腿顾不了胳膊，顾了下身忘了上身，忙得满头大汗、手忙脚乱也没学出个眉目来。这时年轻人已走远了。一位花白胡须的老年人走过来，寿陵少年又赶紧跟在后边学起来。但毕竟老年人有老年人的特点，不论他怎样学，也不像样，不美观。老年人走远后，一位年轻妇女过来。这位年轻妇女走起路来又轻快，又沉稳，真是美极了。寿陵少年看到后，又赶紧跟在这位妇女后边学了起来。谁知没学几步，倒惹得许多人指指点点，忍不住掩口嗤笑。这位学步的少年十分不好意思，想赶快离开这里。慌乱之中，少年人不但没学到邯郸人走路的姿势，反倒连自己原来走路的方法也忘掉了。他只好爬着回去了。

工作中会遇到各种各样的问题，我们不可能全都知道怎么解决或是有经验。适当借鉴他人的方法经验，不失为一种快速获得成功的方法。对于一些常规性问题来说，模仿更是一种合理的方法。许多工作出色的人往往善于从别人的经验中找方法，走捷径，化难为易，快速解决问题。

合理地选择模仿对象，根据实际情况借鉴和模仿，然后经过自己的思考在模仿的基础上创新，这样解决问题不但不是一种抄袭，相反，还是一种智慧。

7.换位思考获得成功经验

换位思考，可以让我们突破固有的思考习惯，学会变通，解决常规性思维下难以解决的事情；换位思考，可以让我们了解别人的心理需求，感受到他人的情绪，将沟通进行到底；换位思考，可以让我们揣摩到对方的心理，达到说服对方的目的；换位思考，可以让我们欣赏到他人的优点，并给对方真诚的鼓励，使团队和谐高效；换位思考，可以让我们很好地进行服务定位，成功销售我们的产品；换位思考，可以让领导者得到下属的拥护；换位思考，可以使下属得到上级的器重……

换位思考，顾名思义，就是转换自己的角色，站在别人的立场上去思考。在处理问题的时候，这是十分关键的一种方法，在处理人与人之间的关系时也十分有效。

同时，换位思考有助于我们走出自己既定的限制，使我们能够看到平时看不到的事物。

曾经有一篇文章介绍美国一所中学，其中就提到了这所中学的校长是如何处理学生问题的。

当有学生违反了校规，校长就会将这位学生叫到办公室，让学生坐在校长的椅子上，自己则坐在来访者的椅子上，然后才开始交谈，处理问题。当问到这是为什么时，这位校长说，这样做能使学生处在学校负责人的位置更好地考虑和认识自己所犯的错误。

互换角色，是相互理解、获得成功的好方法。许多时候，人们站在自己的位置时无法看到自身的不足和错误，但换到对方的角度，或许能看得一清二楚。

对于解决问题来说，换位思考的方法不仅仅能帮助你协调人际关系，更能使你了解对手，甚至通过预测对手的行动，占得先机而获得成功。

第二次世界大战的时候，英国的蒙哥马利将军屡建奇功。他有一个习惯，就是将敌军统帅的照片放在自己的办公桌上。与敌军进行战斗时，他总会看着对手的照片，问自己："如果我处在他的位置，我会怎么做？"他认为，这对他做到知己知彼、克敌制胜大有好处。

第二次世界大战末期，当苏联红军突击部队抵达距柏林不远的奥得河时，由于与后续部队脱节，人员和物资都供应不上，出现了十分危急的情况。

突击部队的统帅朱可夫苦苦思考该如何打开局面。他问他的坦克集团军总司令卡图科夫："假如你是德军柏林城防司令官古德里安，手中掌握23个师，其中有7个坦克师和摩托师，朱可夫现已兵临城下，而后继部队还远在150公里之外。在这种局面下，你会采取怎样的行动？"

卡图科夫思索了一会，说："如果是我，我会用坦克师从北面发动攻击，切断后继部队来会合的通路。"

"的确，如果是我，我也会这么做。这是唯一的好机会啊。"于是朱可夫立即下令第一坦克集团军火速北上，果然一举歼灭实施侧翼反击的德军，保证了柏林战役的胜利。

无论是蒙哥马利还是朱可夫，他们的成功都借助于换位思考。在工作中我们同样应多问问自己："如果我是那位客户，我会怎么做？如果我代表着那家公司，我会如何跟客户合作？"换位思考能帮助我们更好地了解对方，只有了解对方，才可能战胜对方，从而走向成功！

当问题发生的时候，假设自己是对方，站在对方的角度来看待问题，思考对策，往往能让你预测到对手的行动。

曾经有三位旅人结伴穿越沙漠。他们带了足够的食物和水，匆匆上路。但是，第九天时，他们发现自己迷了路。他们在沙漠中徘徊，一天天过去，食物和水越来越少，但是他们依然没有走出沙漠。

该怎么办？这样下去大家都会死去。三个人都开始担心自己的命运，他们不断向神灵祷告，希望他们能帮助自己。这时，死神出现了。

旅人们几乎不敢相信自己的眼睛。死神站在他们面前，对他们说："我可以帮助你们，但是只能帮助其中的一个人，他将走出沙漠，继续活下去。而我将得到另外两人的灵魂。"

旅人们十分痛苦，既希望自己能活着走出沙漠，却也不愿意放弃自己的伙伴，他们的心在受着煎熬。

"我将出一道题目考考你们，谁最先正确回答出题目，就能活着出去，你们愿意接受吗？"

三人互相看了看对方，因为如果不接受，大家都会死，还不如有一个能活下来，而这样挑选幸存者的方法看来还算公平。于是他们接受了。

死神运用法术将他们带到一间屋子里。屋子里很暗，只有一盏小油灯提供光线。房间里放着一张桌子和三把椅子，桌子上有五个一模一样的盒子。

"这五个盒子里各有一顶帽子。五顶帽子，有三顶黑的，两顶白的。你们现在各自挑选一个盒子，坐到一把椅子上。然后将帽子戴在自己的头上。坐在前面的人不允许回头看身后的人。我将给你们5分钟时间，你们必须说出自己头上戴的帽子是什么颜色的。我再重申一遍，最先回答出正确答案的就是幸存者。你们只有一次回答机会，所以必须好好思考。"

听完这些话，三个人都发现，坐在前面的人胜算最小，因为他无法看到其他两人的帽子颜色。而坐在最后的人胜算概率最大，如果前面两人的帽子都是白色，那他就幸运了。

他们选了盒子，都抢着要坐到最后，而三人中年纪最小的那个人则坐在了最前面。

时间一分一秒地过去，三人谁也不敢贸然抢答。因为说错了，就意味着死亡。突然，坐在最前面的年轻人举起了他的手："我知道我的帽子是什么颜色的了。"

死神让他自己说。

"黑色。我的帽子是黑色的。"

"恭喜你，你获得了生存的机会，"死神说，"但是，你能告诉我你是怎么猜到的吗？"

"这需要一点运气，但也需要智慧。我想，如果我是最后面的人，他如果看到两顶白帽子，他一定会毫不犹豫地说自己的帽子是黑色的。但是他一直都没有说话，那说明他看到的可能是两顶黑帽子，或者是一黑一白。坐在中间的那位，肯定也猜到了最后那人的心思，要是他看到了我头上戴的是白帽子，那他一定会知道他自己戴的是黑色的帽子。但是，他也没有说话，因为他难以做出定论，他一定是看到我戴的是黑色的帽子，所以他无法确定自己戴的帽子是什么颜色。"

"你真是一个聪明人，"死神忍不住称赞，"他们很不幸，只能死去，将灵魂交由我掌管了。"

"等等，这对他们不公平，"年轻人说道，"他们坐在后面，如果不靠瞎猜的话，或是出现特别幸运的情况，他们根本不可能获得正确答案。"

"的确如此。不过因为你很聪明，并且你有勇气向我求情，我愿意将你们三个都送出沙漠，你们都可以继续活下去了。"

年轻人能获得成功，解答谜题，靠的是智慧和勇气，同时也是因为他的换位思考。他将自己放在了其他两人的位置，了解站在他们的角度是如何思维的，再运用逻辑排除的方法，终于得到了正确的答案。

换位思考，是你成功的诀窍。

8.任何事都有另一种办法

方法并非单一的存在，更多的是有多种选择。因为人们的思维定式，或是因为人们不愿意尝试，许多人喜欢固守一种方法。面对问题，给自己多一些选择，这样往往能找到一种最佳的方法。

世界上第一个发明牛仔裤的人——李维·施特劳斯，创立了著名品牌"Levi's"。1979年，李维公司在美国国内的总销售额达13亿~39亿美元，国外销售赢利超过20亿美元，雄踞世界10大企业之列。

1829年，李维·施特劳斯出生于德国的一个小职员家庭。作为德籍犹太人，李维从小就很聪明，顺顺利利地上完中学、大学，再如他的父辈一样，当上了一个稳定的文员。1850年，美国西部发现了大片金矿。李维·施特劳斯当时也很年轻，他不甘心就这么平凡一辈子。于是他放弃了那个安稳但是无味的工作，加入浩浩荡荡的淘金人群之中。

到了美国旧金山之后，他才发现自己的错误。曾经荒凉的西部已经到处都是淘金的人群，到处都是帐篷，根本没有什么发财的机会。而淘金的地方离生活中心很远，买东西十分不方便。

他决定不再从土里淘金，而是从淘金人身上开始自己新的梦想。

有一天，他乘船去采购了许多日用百货和一大批搭帐篷、马车篷用的帆布。日用百货一下就卖光了，但帆布却没人理会。

一天，一位淘金者走了过来，李维连忙高兴地迎上前去，热情地问道："您是不是想买些帆布搭帐篷？"

那工人摇摇头："我已经有一个帐篷了，没必要再搭一个。我需要的是像帐篷一样坚硬耐磨的裤子。你有吗？我每天都要跪在地上去分拣矿砂，工作很艰苦，衣裤经常要与石头、砂土摩擦，棉布做的裤子不耐穿，几天就磨破了。"

李维·施特劳斯感到很惊奇，但这位淘金者的话给了他启发。他想如果用这些厚厚的帆布做成裤子，肯定又结实又耐磨，说不定会大受欢迎呢！反正这些帆布也卖不出去，何不试一试做裤子呢？

1853年，世界第一条日后被称为"牛仔裤"的帆布工装裤在李维·施特劳斯手中诞生了。

这种被工人们叫作"李维氏工装裤"的裤子以其坚固、耐久、穿着合适获得了当时西部牛仔和淘金者的喜爱。大量的订单纷至沓来。于是李维·施特劳斯不再开自己的那家日用品店，正式成立了自己的公司，从此开始了"Levi's"这个著名品牌的漫漫长路。

李维一直面临着多重的选择，从选择继续做小职员还是去美国淘金，到是淘金还是干别的，再到放弃自己的杂货店开牛仔裤公司，可以说，李维始终都不满足于自己的生活。当选择摆在面前时，他总是开创出多条路，供自己选择。而当自己已有一条路走的时候，他也愿意再开辟一条新路，尝试可能更好的道路。所以，他成功了。

许多时候，问题不仅仅可以用一种方法来解决，而是有许多更好的方法同时存在，只是尚待开发。在条件允许的时候，我们可以尝试多种方法来解题，并从中选择一个最佳的方法。

曾有一家旅馆的经理，对旅馆内的一些物品经常被住宿的旅客顺手牵羊而感到头痛，可一直拿不出很有效的方法来。

后来他嘱咐员工，在客人到柜台结账时，要迅速派人去房内查看是否有什么东西不见了。结果客人都在柜台前等待，直到客房部人员查清楚了之后才能结账。不少顾客抱怨结账太慢，而且面子上挂不住，以后再也不住这个饭店了。

旅馆经理觉得这样下去不是办法，于是召集各部门主管，想找出更好的方法，制止旅客顺手牵羊。

后来，一个主管提出罚款的办法，但是试运行了一个月，拿东西的情况是少了，但是来旅馆光顾的顾客也越来越少。

再次开会的时候，一位年轻主管忽然说："既然旅客喜欢，为什么不让他们带走呢？"

旅馆经理一听，瞪大眼睛："这是什么馊主意？难道还嫌旅馆亏得不够多吗？"

年轻主管急忙接着说："既然顾客喜欢，我们就在每件东西上标价。许多顾客并非不愿意花钱买，而是因为缺少购买它的途径。有些旅客喜欢顺手牵羊，并非蓄意偷窃，而是因为很喜欢房内的物品，下意识觉得既然付了这么贵的房租，为什么不能取点东西回家做纪念，而且又没明确规定哪些不能拿走，于是，就故意装糊涂拿走一些小东西。而现在我们可以让他们购买那些自己喜欢的东西，说不定，旅馆还会有额外收益呢。"

大家眼睛都亮了起来，不住点头，兴奋地按着这个方法进行。

于是，这家旅馆在每样东西上都标上了价格，说明客人如果喜欢，可以向柜台登记购买。

这家旅馆的生意越来越好，甚至有许多客人旅行前向旅行社指定要住这家旅馆，因为在这里可以买到价格公道的物品，还省去了买纪念品的麻烦。一年下来，旅馆的年终盈余有一大部分是靠卖东西得来的。正应了当初那位年轻主管的话，旅馆靠这项服务获得了额外的收益。

罚款、检查房间，或是给每样东西标上卖价，这都是解决顾客顺手牵羊的方法，都能在一定程度上防止这种行为的发生，但最后一种不仅顾全了客户的面子，而且对旅馆和顾客都有利。

一个问题往往有许多种解决方法。当我们找到了一种解决方法的时候，不一定是最好的。所以，在条件允许时尝试用更多的方法解决问题，尤其是常规、例行的问题，往往能找到一个最好的方法，对以后类似问题的解决也非常有借鉴作用。

美国一家大公司总裁招聘员工时亲自出了一道题——在一个暴风雨的晚上，你开着一辆豪华轿车，经过一个车站，在车站内有三个人正在焦急地等待公共汽车的到来。

一个是快要病死的老人，生命危在旦夕。

一个是医生，他曾救过你的命，是你的恩人，你做梦都想报答他。

还有一个是你一见倾心的异性，如果错过了，你一辈子都会后悔。

但你的车只能坐一个人。

你会如何选择，让谁坐上你的车呢？解释一下你的理由。

答案五花八门，有的人回答说老人快要死了，应该首先救他。然而，立刻有人反驳，每个老人最后都只能把死作为人生的终点，他们怎么也逃不过死亡的归宿。有人主张先让那个医生上车，因为他救过自己，这应该是个报答他的好机会。最后终于有人提出应该先把一见钟情的异性带走，因为不这样做的话会终生遗憾，上帝安排的巧遇不应就此错过。

在200个应聘者中，有一个人的答案符合总裁的要求，他被雇用了。

他并没有解释自己的理由，他只是说了以下的话："把车钥匙给医生，让他带着老人去医院，我留下来陪伴一见钟情的人等候公共汽车！"

许多问题都是如此，并没有规定一定要用某种方法，限制我们的往往就是我们自己。

9.遇到问题要紧扼关键点

有的人遇到困难，眉毛胡子一把抓，结果往往是事事着手，事事落空，即使事情能做成，也要付出很多的时间和精力。而有的人不管遇到多棘手的问题，都能够以最快的速度，抓住问题的要点，并采取相应的办法，顺利地解决问题，获得成功。

在工作与生活中，人人都希望能用最快、最有效的方法来解决问题以获得成功。有的人能做到，但有的人却做不到。这其中原因有很多，是否懂得抓要点、抓根本，则是能否成功的关键。

我们怎样才能掌握这一智慧呢？

（1）学会找"要害"

遇到难题时，首先寻找"要害"，并采取相应措施，这是十分关键的。

一家宾馆的电梯需要进行维修了。电梯维修公司和宾馆早就签订了合同，经过检查后，维修公司将维修的时间定于5天之后，但维修时间在12个小时以上，这必然会给客人带来不便。即使不全部停业，较高楼层的客房恐怕也得暂停使用。

这本来是一件很平常的事情，但当时正好遇到宾馆的人事发生变化，宾馆刚刚承包给一位新经理经营，而且正处于旺季，要他将电梯停用12小时，他可不干。维修公司接连派了3批人与他接洽，都被他拒绝了。于是，公司派了一位老员工去和他交涉。

这位老员工，没有和他客套，只说了几句话："经理，我知道现在是经营酒店的黄金时间，但我们检查后发现，电梯已经到了必须大检修的时候。如果不及时维修，也许不久就会带来更大的损失。到时候电梯停的可能就不是12小时，而是几天了。更可怕的是，如果某天电梯出事，造成人员伤亡，给你造成的，也许就不仅仅是经济损失了，甚至还得承担法律责任。"

这一来，经理不得不接受他们的意见，按时检修了。

经理之所以不愿意检修，是因为他考虑会给自己带来损失。而老员工就围绕他怕造成损失的心理做文章，说明如果不及时检修，将会带来更大的损失。这一来，难题马上迎刃而解。

（2）抓住最能打动人心的地方

人的心灵是十分奇妙的，如果抓住了最能触动它的地方将会产生惊人的效果。

孙中山为了推翻清王朝、建立民主政府，到处奔走呼吁。他在海外的华人中发动革命，开始时影响较小，但是，他紧紧扣住华侨的心灵做文章。他给很多华侨都讲述过这样一件事：

在南洋某国，华人的地位很低。晚上宵禁后，如果发现路上有华人，就会抓起来；但如果是其他国家的人，却没有任何问题。于是，到了宵禁的时间，华人要么不能出门，要么只能找一个其他国籍的人陪自己一起出去。

这说明了什么？是我们的华人不行吗？绝对不是！是由于我们的国家、我们的民族不强大，所以才有这样的结局。那么，我们该怎么办呢？投身民主事业、建新中华！

听到这样的事情，哪个海外的华人能不受到震撼呢？后来，海外各界倾力支援孙中山所发动的革命事业，就是理所当然了。

一位著名人士讲过这样一句话：一个现代人如果缺乏影响力，哪怕他再有本事，他的能力也要被糟蹋和浪费一半。而影响力的核心，就是"攻心之道"。

（3）掌握制高点

制高点也就是其位置是某一领域的最高位置，凌驾于各个方面之上。占领了它，就对其他人和事有制约、示范的作用。

20世纪70年代，日本的索尼彩电开始在美国销售。但是，这种在日本十分畅销的产品，在美国市场却无人问津。

为此，公司特意派海外部部长卯木肇到美国芝加哥，解决销路问题。卯木肇开始时也一筹莫展、束手无策。有一天，他在牧场散步，看到牧童赶牛的一幕：

牧童先领一只大公牛进了牛栏，其余的一大群牛就驯服地跟在后面进去了。他由此得到启发：假如能在当地一家规模最大、规格最高的电器销售商处获得突破，那就如同牧童驯服了一头领头牛，其他的电器销售商就会不断地跟入。

于是，他找到当地最大的电器销售公司——马希利尔公司，请求他们销售索尼产品。开始时对方公司不答应。经过卯木肇再三请求，并做了重塑新产品形象、提高知名度、大力改进售后服务等一系列工作之后，公司终于答应销售索尼产品。结果，该地区的100多家商店很快也开始销售索尼产品，美国的市场也由此打开。

制高点为何这样重要？因为那里会产生最大的"势能"，它的一点会影响一大片，会影响与其相关联的其他事物。所谓"擒贼先擒王"，讲的正是这个道理。

10.巧妙转换问题的切入点

有的时候，在工作中碰到的问题，通过直接的方式去解决，可能难度很大，甚至根本解决不了。假如将问题转换一下，将一个看似困难的问题，通过材料、关系、方式、焦点等方面的转换，转换为另一个好解决的问题，成功可能就在你的眼前了。

问题转换是一种曲线解决问题的方式，它的公式可以表述为：

甲问题实际上就是乙问题；

甲关系实际上就是乙关系；

要解决甲问题，就是要解决乙问题。

将问题进行转换，主要包括：

问题主体的转换：将本来是这个人的问题，转换为另外一个人的问题。

问题类型的转换：将本来是这一类型的问题，转换为另一类型的问题。

问题层次的转换：将这一层次的问题，转换为上一层次或下一层次的问题。

问题情境的转换：将甲情境中无法解决的问题转换到乙情境中去。

问题焦点的转换：将原来关注的焦点，转换为原来不关注的另一焦点。

问题方向的转换：将本来是这个方向的问题，转换为另一方向甚至完全相反的方向。

现在，我们重点介绍4种转换：

（1）问题主体的转换

一次，一家建筑设计院为某单位设计了几栋办公楼。办公楼盖好并投入使用了。该单位突然提出，各楼之间的员工交往频繁，如果各楼间连接路线不科学，就会耽误时间，因此希望设计院在各楼之间，设计出最科学、最省时间的人行道。

设计师们设计出了一个又一个方案，但都被一一否定了。就在大家一筹莫展的时候，一位设计师突然提出："现在不正是春天吗？我们不如在楼群之间的主要路线上种点草。人们走得最多的路线，肯定是最便捷的路线。因为为了赶时间，人们走路时总是选择最近的道路。这样一来，就会在草地上留下最深最明显的痕迹。根据这些痕迹设计出来的路线，就是最科学、最省时的路线。"

这方案立即被采用，建筑设计院根据这些痕迹设计铺设的人行道，果然很受欢迎。

这是一个将问题进行转换的典型案例。本来是设计师的问题，却变成了行人的问题。

（2）问题性质的转换

一对夫妇来到商店，希望购买一辆二手车，但来了好几次，看了又看，都不满意，迟迟下不了决心。根据仔细观察，推销员发现这对夫妇自尊心特别强，而且也爱挑剔。他明白，如果按照现在这种推销法，是无法让他们感到满意的。于是，他改变了推销方式，不但对他们的挑剔一点也不抱怨，反倒夸奖他们很有眼光，他每次还十分热情地送他们出门，并恳切地表示以后还要向他们请教。

几天后，"请教"的机会来了。一位顾客到商店里想卖掉自己的旧车，经过讨价还价，最后以500美元的低价成交。之后，推销员打电话给那对夫妇，说有人向他推销一部旧车，但他拿不太准，所以想请他们夫妇过来指教。在他的热情邀请下，那对夫妇很高兴地过来了。这位推销员带他们仔细看了车，然后说："经过几次接触，我越来越敬佩你们。你们都是通晓汽车的人。这辆车，麻烦你们看一看，它到底能值多少钱？"

受到这样的尊敬，这对夫妇既吃惊又感动，对这辆车又摸又看，最后说："我们认为，如果车主愿意以800美元卖掉，您就立即买下来吧。"

推销员对他们能给出建议再次表示感谢，然后提出："假如我花这么多钱把车买下，您想再从我这里买走吗？"

"很愿意啊！"当妻子的立即说。不过很快又开始犹犹豫豫，说："你先买下的话，不要加价吗？"

"没关系，既然是你们看准的，就照800美元吧！"

于是，那对夫妇高高兴兴地从他手上将这辆车买走了。

这位推销员确实是一个转换问题的高手。首先，他把对象的性质改变了，本来是推销的对象，却变为了自己请教的老师。与此同时，他又将问题的性质进行了改变，把一个推销汽车的问题，转换为一个请教他人的问题。这一请教，满足了别人的自尊心和自豪感，达到了比直接推销更好的效果。

（3）问题焦点的转换

问题焦点的转换是将原来关注的焦点，转换为原来不关注的另一焦点。

古代有一个县令，终日愁眉不展、郁郁寡欢。他四处寻医求诊，但一点好转都没有。后来，他请了一位名医给他看病。名医问过他的病情，把脉之后，一本正经地说："你这是月经失调。"

县令一听，啼笑皆非，拂袖而去。以后，他逢人便讲这件怪事，每说一回，便捧腹大笑一回。

不曾想，时日不多，县令的病竟不治而愈。此时，他才恍然大悟，立即到名医府上拜谢。名医告诉他："你患的是郁结心病，要治好你的病，没有比笑更好的药。"

焦点一转换，原来的病也就一下痊愈了。

（4）问题方向的转换

转换问题的方向，即把本来是这个方向的问题，转换为另一方向甚至完全相反的方向。

美国前总统罗斯福再次参加竞选时，竞选办公室为他制作了一本宣传册。在这本册子里有罗斯福总统的相片和一些竞选信息。接着成千上万本宣传册被印刷出来。

但就在要分发这些宣传册的前几天，竞选办公室突然发现了一个问题：册子中有一张照片的版权不属于他们，他们无权使用，照片的版权为某家照相馆所有。竞选办公室十分恐慌，因为已经没有时间再重新进行印刷了。但如果就这样分发出去，那家照相馆很可能会因此索要一笔数额巨大的版权费。

很多人遇到这样的问题，可能会采取这样的处理方式：派一个代表去和照相馆谈判，尽快争取到一个较低的价格。但竞选办公室选择的却是另一种方式。他们通知该照相馆：竞选办公室将在他们制作的宣传册中放上一幅罗斯福总统的照片，贵照相馆的一张照片也在备选的照片之列。由于有好几家照相馆都在候选名单中，竞选办公室决定将这次宣传机会进行拍卖，出价最高的照相馆将会得到这次机会。如果贵馆感兴趣的话，可以在收到信后的两天内将投标寄回，否则将丧失竞价的权利。

结果，竞选办公室在两天内就接到了该照相馆的投标和支票。结果竞选办公室不但摆脱了可能侵权的不利，而且还因此获得了一笔收入。

一个本来有可能是向对方付费的问题，通过这一转换，变为了对方向己方付费的问题！这样一来，通过问题方向的转换，不仅让难解决的问题迎刃而解，而且还把问题变成了机会！

11.高效利用时间完成任务

谁善于利用时间，谁的时间就会成为"超值时间"。当能够高效率地利用时间的时候，对时间就会获得全新的认识。你将知道一秒钟的价值，算出一分钟时间究竟能做多少事情，成功的概率随之增大了。

哲学家歌德说："我们都拥有足够的时间，只是要好好善加利用。"一个人如果不能有效利用时间，就会被时间俘虏，成为时间的弱者。而一旦在时间面前成为弱者，他将永远是一个弱者。放弃时间的人，同样也会被时间放弃。

对任何人来说，时间的价值无比重要，一寸光阴一寸金，寸金难买寸光阴。然而，时间似乎总是人们最容易浪费掉的东西。可以这样说，大千世界中，没有什么东西比时间更容易被浪费。

同样的工作时间，同样的工作量，为什么有的人不能像别人那样在第一时间完成？为什么有的人失败了而有的人却成功了？

亨利·福特这样解释："人们每天花在处理一些没有必要处理的事情上的时间太多，数量说起来实在相当惊人。"他还把这些吞噬时间的琐碎事情列举出来：

打太多的私人电话；

上班时间吃早餐；

上班时间谈论私人事件；

所读的东西没有任何信息，也没有给予任何启发；

把上班时间拿来做白日梦；

在不重要或不值得做的事情上，投注宝贵的时间和精力；

拜访太多的朋友，且拜访时间太久。

这些在你的工作中是不是很常见呢？你也许还可以给这个清单再添加点别的事项，说明自己工作是如何浪费时间的。如果是这样，你已浪费了很多时间。要想做一个成功的人，必须解决浪费时间的问题。因为每个人的时间都掌握在自己手上，全天下除了你自己之外，没有人能够为你解决浪费时间的问题。若想铲除浪费时间的根源，就要把你时间里头的"枝芽"摘除掉，把养分——精力和注意力灌溉给会结出果实的主干。只有这样，你才能提高工作效率，享受成功的果实。

成功人士在杜绝时间浪费的行为习惯上，又是如何掌控的呢？实际上，成功者管理时间、利用时间的方式，并没有什么了不起的诀窍。下面三条可供我们学习。

（1）变"闲暇"为"不闲"

凡在工作中表现出色，取得了成功的人，都有一个促使他们取得成功的好习惯：变"闲暇"为"不闲"，也就是抓住工作时间的分分秒秒，不图清闲，不贪暂时的安逸。

琳达受聘于一家顾问公司，平均每年要负责处理130宗案件，而且她的大部分时间都是在飞机上度过的。琳达认为和客户保持良好的关系非常重要，所以，在飞机上她就给客户们写邮件。她说："我已经习惯如此了，这有什么坏处呢？"一位等候提行李的旅客对她说："在近3个小时里，我注意到你一直在写邮件，你一定会得到重用的。"琳达则笑着回答："谢谢，我早已是公司的副总了。"

（2）凡事分清轻重缓急

当善于抓住利用点点滴滴的时间进行工作的时候，还应懂得，凡事都有轻重缓急。重要性最高的事情，应该优先处理，不要和重要性一般的事情混为一谈。

大多数重大目标无法达成，主因是把太多时间都花在次要的事情上。所以，必须学会根据自己的核心价值，排定日常工作的优先顺序，建立起优先顺序，然后坚守这个原则，并把这些事项安排到自己的工作中。

第一，急迫而重要的，非尽快完成不可的，如方案的制订。

第二，重要但不急迫的。虽然没有设定期限，但早点完成，可以减轻工作负担，增加工作表现，如工作的长远规划。

第三，急迫而不重要的。

第四，既不急迫又不重要的，如"鸡毛蒜皮"的小事。

"分清轻重缓急，设计优先顺序"，是时间管理的精髓。成功人士善于以分清主次的办法来统筹时间，把时间用在最具有"生产力"的地方。

（3）预先规划

"凡事预则立"。如果能制订一个高明的工作进度表，一定能真正掌握时间，在限期之内出色地完成工作，并在尽到职责的同时，兼顾效率、经济及和谐。正如一位成功的职场人士所说："你应该在一天中最有效的时间之前订一个计划，仅仅20分钟就能节省1个小时的工作时间。"

12.舍弃不是无能而是智慧

贪图无所不能，只能一无所能；试图无所不知，只能一无所知；企图无所不有，只能一无所有。少则得，多则惑。同时追几只兔子，往往连一只也追不到。古今中外，概莫能外。

在工作和生活中，必要的放弃不是失败，是智慧；必要的放弃不是削减，是升华。

在面对一箱水果时，有人从烂的开始吃，吃了一箱烂的；有人从好的开始吃，吃了半箱好的。

不懂得放弃的人，内心往往存有一种错误的贪婪思维方式，结果往往事与愿违。

人们可能曾有过这样吃水果的经历：

有时候水果买多了，有时候自己刚买了，朋友又拿来一些，有时候单位一下发了一大筐。水果多了，不可能一下吃完，这时候家里人的意见就会有分歧，孩子们多半会挑好的吃，年纪越大的人越是先拣不好的吃。结果往往是很多人从头到尾就没有吃到一个好水果。

从思想意识上来说，这并不是一种节俭的行为，而是一种贪婪和奢望。人们希望能够把全部水果都享受到肚子里，而有意无意地忽略了客观条件的制约。

这些小问题实质上反映了一种常见的错误的思维方式：在种种客观条件的制约下不懂得放弃的人是很难获得成功的。正如阿里巴巴的创始人马云所说的，"一个优秀的CEO要如何懂得对机会说'不'"。其实也就是要懂得如何取舍。

爱因斯坦也是一个很懂得放弃的人。在20世纪50年代，他收到以色列当局的一封信，信中诚恳地请他去担任以色列总统。在一般人看来，爱因斯坦若能当上犹太人的总统，自然是无上光荣的幸事。但出乎人们意料的是，他竟然非常明确地拒绝了以色列当局的重托与厚望。他说："我整个一生都在同客观物质打交道，既缺乏胜任总统的才智也缺乏处理行政事务以及公正地对待别人的经验。所以，本人不适合承担如此的高官重任。"假如爱因斯坦当时没有拒绝，那么世界上也许就多了一个不胜任的总统，少了一个第一流的科学家。

日本著名的经营学家仓定先生在他的《社长论》中如此论述："产品慢慢上了年纪，销售额的增长渐渐变得困难了，效益也日益低下。这个产品成了造成企业业绩恶化的罪魁祸首。是否放弃这个产品，对企业业绩的好坏影响极大。但是通常很难做出放弃它的决定，因为它曾经是我们公司的龙头产品。这个道理很简单，过于平凡了，但却难以实施。'割爱'之难，在现实生活中是难以想象的。但是我们必须明白，舍弃本身才是革新的第一步。"

经济学上有一个很通俗的理论：二八原理。在一个群体中，最重要的是20%的一小部分。如：80%的财富集中在20%的人手中，80%的利润来自20%的产品或顾客等。这些关键的20%用现在流行的话语讲就是一个"核心竞争力"的概念。所以不管你的工作是什么，你的首要目标应是那些最好的"水果"，只有它们才能给你带来最大的收益。同样的道理，在我们的职业生涯中，我们一定要抓住自己关键的20%，不要贪多求全，应及时放弃"烂水果"。

第三章 末流借口往往就是一流方法

日常工作中常常有这样两种人：一种是碰见困难避而远之的人；另一种则是迎难而上，主动寻求方法的人。主动寻找方法解决问题的人，是职场中的稀有资源，更是经济社会的珍宝。

1.任何问题都有其解决方法

在生活与工作中，你是否经常被各种应接不暇的问题弄得焦头烂额呢？你是否在面对问题的时候觉得进退维谷、束手无策呢？

此时，你千万不能只坐在那里盯着问题发呆或是置之不理，而应该积极地思考解决问题的方法。

世上无难事，只怕有心人。只要你努力地去想办法，相信问题就一定能有其解决之道。

在IBM公司（国际商业机器公司），全球所有管理人员的桌上，都摆着一块金属板，上面写着"Think"（想）。这个字的精髓，是IBM的创始人华特森创造的。

有一天，华特森一大早就召开销售会议，会议一直进行到下午，气氛非常沉闷，没人说话，大家显得焦躁不安。

这时，华特森站起来，在黑板上写了一个大大的"Think"，然后对大家说："我们缺少的，是对每一个问题进行充分的思考。要记住，我们都是靠思考赚得薪水的。"

从此，"Think"成了华特森和公司的座右铭。

一天，一家酒店遇到了一个非常棘手的问题。原来住在酒店里的一位外国客人非常喜爱北京的风土人情，就租了一辆人力三轮车去北京的胡同游玩。

外国客人在外面转悠了半天，玩得不亦乐乎，回来结账的时候却发生了不愉快。原来人力车夫按标价收180元钱一个人，而外国客人觉得最多值100元钱。

两人开始讨论价钱，争执到最后差点打了起来，局面弄得非常僵，酒店只好出面来调解这个僵局。

酒店在两方之间不断协调，希望找到一个最好的中间价，使双方都能接受。调解到最后，人力车夫最少要收160元钱，而外国客人最多只愿意出140元钱，双方都不愿意再让步。于是，问题又僵住了，无论酒店里的工作人员怎么调解也无济于事。

就在僵持不下的时候，酒店的工作人员做了一个分析：问题的关键并不在价钱上，而是在两个人的面子上。因为双方都不至于为这区区20元钱而大动干戈。要想解决问题，就必须想办法同时保住两个人的面子，能让他们下得台来。

而如何才能使两个人都觉得没有丢面子呢？

为此，酒店的工作人员开始绞尽脑汁，想起办法来。最后，见多识广的大堂经理想出了一个两全其美的方法：外国人都有给服务员小费的习惯，那么就让外国客人再给人力车夫10元钱的小费，变成150元钱。外国客人觉得车费还是140元，就接受了。

而那个人力车夫觉得有10元总比没有10元好，外国客人已经让步了，总算挽回点面子，也同意了。

这样，这个问题终于完美解决了。

酒店的这位大堂经理抓住了问题的关键点，对症下药，问题自然也就迎刃而解了。我们在工作中要多思多想，要相信，不管是多么大的困难，只要努力去想就一定能有解决方法。

传说古希腊的一位国王想给自己制一顶纯金的皇冠。金匠把制好的皇冠献给国王以后，国王把阿基米德召了进来，要他检验一下这顶皇冠是不是用纯金制造的，但是不许损坏皇冠一丝一毫。这可是个天大的难题。阿基米德冥思苦想很长时间，仍然没有找出解决这个问题的办法。

一天，阿基米德在浴盆里洗澡。当身体浸入水中之后，他突然感到自己的体重减轻了。这使阿基米德意识到水有浮力，而人受到浮力，是由于身体把水排开了。他高兴极了，一下子从浴盆里跳了起来，穿上衣服就跑出去手舞足蹈地高喊："有办法了。有办法了。"

阿基米德立刻进宫，在国王面前将与皇冠一样重的一块金子、一块银子和皇冠，分别放在水盆里，只见金块排出的水量比银块排出的水量少，而皇冠排出的水量比金块排出的水量多。阿基米德自信地对国王说："皇冠里掺了银子。"

国王没弄明白，要阿基米德解释一下。阿基米德说："一公斤的木头和一公斤的铁比较，木头的体积大。如果分别把它们放入水中，体积大的木头排出的水量比体积小的铁排出的水量多。我把这个道理用在金子、银子和皇冠上。因为金子的密度大，银子的密度小，因此，同样重量的金子和银子，必然是银子的体积大于金子的体积。放入水中，金块排出的水量就比银块少。刚才的实验中，皇冠排出的水量比金块多，说明皇冠的密度比金块密度小，从而证明皇冠不是用纯金制造的。"金匠因此受到了惩罚。

在工作中，遇到问题和困难时不要害怕。只要我们努力去想办法，找方法，问题总会有解决的方法。

2.会找方法的人易成功

李嘉诚是华人首富，他的名字可谓家喻户晓。他之所以能够做得那么成功，是有一定原因的。从打工的时候开始，他就是一个通过找方法去解决问题的高手。

他先是在茶楼做跑堂的伙计，后来应聘到一家企业当推销员。做推销员首先要能跑路，更重要的是怎样千方百计地把产品推销出去。

有一次，李嘉诚去写字楼推销一种塑料洒水器，一连走了好几家都无人问津。一上午过去了，一点成绩都没有。

尽管推销颇为艰难，他还是不停地给自己打气，精神抖擞地走进了另一栋办公楼。他看到楼道上的灰尘很多，突然灵机一动，没有直接去推销产品，而是去洗手间，往洒水器里装了一些水，将水洒在楼道里。经他这样一洒，原来脏兮兮的楼道，一下子变得干净了许多也引起了主管办公楼的有关人员的兴趣。就这样，一下午他就卖掉了十多台洒水器。

李嘉诚这次推销为什么能获得成功呢？原因在于把握了一个非常有效的推销方法：要让客户动心，就必须掌握他们如何才能受到影响的规律。"听别人说好，不如自己看到的好；看到的好，不如使用起来好。"总讲自己的产品好，哪能比得上亲自示范，让大家看到使用后的效果呢？

在做推销员的整个过程中，李嘉诚十分重视分析问题和总结方法。在干了一段时期的推销员之后，公司的老板发现，李嘉诚跑的地方比别的推销员都多，成绩也是全公司最好的。

他是怎么做得这么成功的呢？

原来，他将香港分成几大片区，对各片的人员结构进行分析，了解哪一片的潜在客户最多，就有的放矢地去跑，重点推销，再加上他的勤奋，这样一来，获得的收益自然要比别人多。

1931年，波兰著名音乐家肖邦，由于不堪忍受亡国之痛，来到了巴黎。到巴黎后，他结识了李斯特、柏辽兹、门德尔松等音乐家。李斯特对肖邦的音乐才华十分赏识，两人一见如故。为了使肖邦在巴黎成名，让巴黎的广大观众接受肖邦，李斯特和肖邦想出了一个无比绝妙的方法。

当时，欧洲的音乐会演奏时是不亮灯的。在一次晚间演出时，刚开场是巴黎人熟悉和崇拜的李斯特端坐在钢琴前。待到台下的灯光熄灭以后，李斯特悄悄地走进了后台，由肖邦代替他进行演奏。在寂静的夜幕里，恍如行云流水般的琴声，充满了诗情画意，使得全场的听众如痴如醉。演奏一结束，掌声雷动。这时舞台上灯光突然亮了，当观众见到站立在钢琴边的人不是李斯特时，顿时大为惊愕。这时李斯特走到了台前把肖邦向观众作了介绍。就这样，由于李斯特的巧妙安排，肖邦从此名噪巴黎。

当美国兴起石油开采热时，有一个雄心勃勃的小伙子，也来到了采油区。开始时，他只找到了一份简单枯燥的工作。他觉得很不平衡："我那么有思

· 67 ·

想，怎么能只做这样的工作？"于是他便去找主管要求换工作。

没有料到，主管听完他的话，只冷冷地回答了一句："你要么好好干，要么另谋出路。"

那一瞬间，他涨红了脸，真想立即辞职不干了，但考虑到一时半会儿也找不到更好的工作，于是只好忍气吞声又回到了原来的工作岗位。回来以后，他突然有了一个想法："我不是很有思想吗？那么为何不能就在这平凡的岗位上想办法成功呢？"

于是，他对自己的那份工作进行了细致的研究，发现其中的一道工序，每次都要花39滴油，而实际上只需要38滴就够了。

经过反复试验，他发明了一种只需38滴油就可使用的机器，并将这一发明推荐给了公司。可别小看这1滴油，它给公司节省了成千上万的成本！

你知道这位年轻人是谁吗？他就是洛克菲勒，美国最有名的石油大王。这个故事给我们的启示就是：只要处处留心，注意找方法，那么人人都能成为成功者！处处都是成功的良机！

外界的困难，不如意的条件，一个接着一个的压力与挑战，都无法吓倒一个真正优秀的人。

关于洛克菲勒，还有一个非常经典的故事。

第二次世界大战后，刚成立的联合国因为没有合适的办公地点而发愁。这时，洛克菲勒慷慨地将自己在纽约的一大片土地，无偿地捐给联合国。联合国的领导喜出望外，接受了这份馈赠，并对洛克菲勒表示了深深的谢意。

难道洛克菲勒得到的仅仅就是联合国的谢意吗？不，早在给联合国捐地之前，他在纽约买了一大片土地，但是那些土地的情况很不乐观，为了扭转这一局面他正在想方设法。当他知道刚成立的联合国因为没有合适的办公地点而发愁时，觉得转机来了。联合国接受他的馈赠后，周边土地的价格立刻飞涨。除去所捐土地的成本，他还狠狠地赚了一大笔。重视找方法给他带来了巨大价值。

3.主动出击让你脱颖而出

日常工作中常常有这样两种人：一种是遇见困难避而远之的人；另一种则是迎难而上，主动去寻求方法的人。主动去寻找方法解决问题的人，是职场中的稀有资源，更是经济社会的珍宝。

福特汽车公司是美国创立最早、最大的汽车公司之一。1956年，该公司推出了一款新车。尽管这款汽车式样、功能都很好，价钱也不贵，但奇怪的是销路平平，和当初设想的情况完全相反。

公司的管理人员急得像热锅上的蚂蚁，绞尽脑汁也找不到让产品畅销的方法。这时，在福特汽车公司里，有一位刚刚毕业的大学生，对这个问题产生了浓厚的兴趣。他就是艾柯卡。

当时艾柯卡是福特汽车公司的一位见习工程师，本来与汽车的销售毫无关系；但是，公司老总因为这款新车滞销而着急的神情，深深地印在他的脑海里。

他开始不停地琢磨："我能不能想办法让这款汽车畅销起来呢？"有一天，向总经理提出了一个自己想出的方法。他说："我们应该在报上登广告，内容为'花56元买一辆56型福特'。"

这个创意的具体做法是：买一辆1956年生产的福特汽车，只需先付20%的货款，余下部分可按每月付56美元的办法逐步付清。

他的建议得到了采纳。结果，这一办法十分有效，"花56元买一辆56型福特"的广告引起了人们极大的兴趣。

"花56元买一辆56型福特"的这种宣传，不但打消了很多人对车价的顾虑，还给人留下了"每个月才花56元就可以买辆车，实在是太合算了"的印象。

奇迹就在这样一句简单的广告词中产生了：短短的3个月，该款汽车在费城地区的销售量，从原来的末位一跃成为冠军。

这位年轻的工程师也很快受到了公司赏识，总部将他调到华盛顿，并委任他为地区经理。

后来，艾柯卡根据公司的发展趋势，不断地推出一系列富有创意的方法，最终脱颖而出，坐上了福特公司总裁的宝座。

从艾柯卡身上我们能够看出：在工作中主动去想办法解决问题的人最容易脱颖而出！也最容易得到公司的认可！

在美国，年轻的铁路邮务生佛尔，曾经和许多其他的邮务生一样，都用陈旧的方法分发信件。这样做的结果，往往使许多信件被耽误几天或更长的时间。

佛尔不满意这种现状，很快他发明了一种把信件集合寄递的方法，极大地提高了信件的投递速度。

佛尔升迁了，5年后，他成了邮务局帮办，接着当上了总办，最后升任为美国电话电报公司的总经理。

当很多人认为工作只需要按部就班做下去的时候，一部分人会去主动寻找更有效的方法，将问题解决得更好！同时也正因为他们善于主动地寻找方法，所以也常常容易得到认可，容易获得成功！

我们再来看一个更精彩的故事：1793年，守卫土伦城的法国军队叛乱。叛军在英国军队的援助下，将土伦城护卫得像铜墙铁壁。土伦城四面环水，且有三面是深水区。英国军舰就在水面上巡弋着，只要前来攻城的法军一靠近，就猛烈开火。法军的军舰远远不如英军的军舰，根本无计可施，以至前来平息这次叛乱的法国军队怎么也攻不下。法军指挥官急得团团转。

就在这时，在平息叛乱的队伍中，一位年仅24岁的炮兵上尉灵机一动，当即用笔写下一张纸条，交给指挥官："将军阁下，请急调100艘巨型木舰，装上陆战用的火炮代替舰炮，拦腰轰击英国军舰，以劣胜优！"

指挥官一看，连连称妙，赶快照办。

果然，这种"新式武器"一调来，英国舰艇无法阻挡。仅仅两天时间，原来把土伦城护卫得严严实实的英军舰艇被轰得七零八落，不得不狼狈逃走。叛军见状，很快也缴械投降。

经历这一事件后，这位年轻的上尉被提升为炮兵准将。

你知道这位上尉是谁吗？他就是后来威震世界的军事天才拿破仑！

像很多成功的人一样，拿破仑的成功，就在于他遇到问题时主动去想办法，抓住解决问题的关键，最终走上了人生巅峰！

正是有了这样的新起点，才会有更大的舞台，才能吸引更多的人向自己看齐，才有更多的资源向自己汇集，才能迈向更大的成功。

4.智慧型的员工是好员工

一个企业里面肯定会有各种各样的员工，他们来自五湖四海，能力、性格等方面也是千差万别，通常我们将员工分成三类：

（1）机械型员工

有一做一，完全按领导的具体指示一步步做事。面对这样的员工，你要将工作步骤像写程序一样，布置给他，否则他什么也不能完成。

（2）智能型员工

这类员工可以将自己的专业知识、专业技能主动地应用于工作，以此弥补领导在专业方面的不足，同时还可以为领导提供某些专业方面的合理性建议，就像领导的智囊团。

（3）智慧型员工

这样的员工能够去系统地思考问题，将各方面的知识和道理融会贯通起来，用于工作中。这样的员工是用头脑工作的员工，而且也是每个企业在发展过程中最需要的员工。

智慧型员工不仅仅是带着指令去工作还是一个办事能力出众的员工。处处运用智慧，时时运用智慧，这样的人才能超越平庸，成为不可或缺的人才。

我们提倡大家做一个智慧型员工。只有成为这样的员工，才能在瞬息万变的职场中经受住市场的洗礼，成为公司发展的顶梁柱、老板的左右手，同时自己也能有一个更好的发展前景。

下面的事例说明了两种类型的员工在工作中的不同表现：

杰克和布若几乎同时受雇于一家超级市场。开始时大家都一样，从底层干起。不久杰克受到总经理的青睐，一再被提升，从领班直到部门经理；而布若却像被人遗忘了似的，还在最底层辛苦地工作着。终于有一天布若忍无可忍，向总经理提出辞呈，并痛斥总经理不公平，辛勤工作的人不提拔，倒提拔那些吹牛拍马的人。

总经理耐心地听着。他十分了解这个小伙子，工作肯吃苦也很勤劳，但似乎缺了点什么。缺什么呢？三言两语说不清楚，他忽然有了个主意。

"布若先生，"总经理说，"您马上到集市上去，看看今天有什么卖的。"

布若很快从集市上回来说，集市上只有一个农民拉了一车土豆在卖。

"一车大约有多少袋？"总经理问。

布若又跑去，回来后说有40袋。

"价格是多少？"布若准备再次往集市上跑。

总经理望着跑得气喘吁吁的他说："请休息一会儿吧，看看杰克是怎么做的。"说完叫来杰克对他说："杰克先生，您马上到集市上去，看看今天有什么卖的。"

杰克很快从集市上回来了，汇报说到现在为止只有一个农民在卖土豆，有40袋，价格适中，质量很好，他还带回几个样品让总经理看。这个农民过一会还将弄几箱西红柿上市，据他看价格还公道，可以进一些货。想到这种价格的西红柿，总经理可能会要，所以他不仅带回了几个西红柿做样品，而且把那个农民也带来了，现在正在外面等回话呢。

总经理看一眼红了脸的布若，说："布若先生，你还有意见吗？你已看到了吧？杰克是带着智慧去工作的，而你仅仅是带着指令去工作的。"

布若恍然大悟，心服口服。

在平常的工作岗位上，会遇到或多或少的问题。当遇见问题时，能否主动运用自己的脑子去想办法解决，是一个员工是否有智慧的表现。

好员工总是带着智慧去工作的。他会先分析工作的具体情况，然后想该怎么做，而且在工作中不管有多大的困难，他总是能够想方设法解决。

小郑刚到公司不久，就接到一个"讨债"的艰巨任务。一家客户在一年前买了300万元的设备，却一直没有将30多万元的余款结清。

小郑心里有数：这债能不能讨回来，将决定他今后在公司的地位和发展！于是他暗下决心，一定要将这笔钱要回来！

一番较量过后，小郑发现，对方公司的严总真的不好对付。无论他怎么软磨硬泡，对方就是不给钱。

眼看三个月的试用期就快到了，可是钱还没有着落。唯一的成果是门口传达室的王师傅和他成了"熟人"。小郑在总结自己的工作后，决定从王师傅那里寻找突破。

于是，时不时地小郑就提些酒菜，到王师傅那里喝两盅。在与王师傅的谈话中，得到了不少有价值的信息，比如严总是个很爱面子的人，严总平时只有下半周在公司，等等。一来二去，将对方的情况摸了个清清楚楚。

一天，小郑又提着酒到传达室找王师傅。一见面，王师傅就笑着说："你这次又要白跑了，严总开会去了……"

小郑忙问怎么回事。原来，严总今天到工商局去参加一个表彰大会，大会的主题就是"重合同、守信用"。在会上，作为这方面的模范公司，严经理要发言，而且还有本市媒体会现场报道。

了解这些信息后，小郑突然意识到，这是一个千载难逢的机会。他立刻向王师傅借了纸笔，快速地写了几行字，就直奔工商局去了。

到会场的时候，严总的发言刚刚到最精彩的部分。讲台上的严总神采飞扬，市内几家著名媒体的摄像机、闪光灯都对着他。

突然，严总看到了小郑，不禁有点发慌："怎么在这个时候见到他？"

严总从讲台上下来的时候，已经出了一身汗。小郑悄悄移到他身边，轻轻说道："严总，您的发言真是太精彩了，在本市的老总中您绝对是最守信用的一个。您看我们公司那笔余款是不是……"

严总立刻道："你放心，回公司就办这件事。"

"哎，我就知道严总是言出必行的大老总。"小郑不动声色地说："不过您今天这么忙，麻烦您就太不好意思了。这样吧，您只要在这个条子上签个字，余下的事交给我就行了。"

说完，小郑将早在传达室就写好的那张纸拿了出来，铺在严总面前，顺手将笔也递了上去。

严总看了一眼纸上的字，不由笑了出来，横了小郑一眼说："还真有你的……"大笔一挥，签上了名字。

小郑带着这张纸，回到严总的公司，然后和对方的财务一起到银行，将余款金额划到了自己公司的账户上。

那张纸上到底写了什么，竟有这么大的威力？

原来，小郑写的是"拖欠××公司余款时间过久，务必在今天将余款结清"。

严总公司的财务看到这样一张字条，怎敢拖延？

小郑凭借这份功绩，不仅在试用期未满的情况下破格转为正式职员，而且给上司留下了一个深刻的印象，为他以后的发展赢得了一个良好的开始。

5.遇事找借口，治标不治本

找借口是一种很不好的习惯。出现问题如果不积极主动地想办法加以解决，而是千方百计地找借口，你的工作就会拖沓，没有效率。事情一旦办砸了，就会找一大堆看似合理的借口，以换得他人的谅解和同情。也许借口能把过失掩盖掉，让自己得到心理上的安慰和平衡；但是长此以往，就会总是依赖

借口，不再努力，不再去想方设法争取成功

公司的发展不可能总是一帆风顺的，总会遇到这样或那样的困难。遇到困难时总是找借口应付了事的员工，在企业里肯定是最不受欢迎的员工；而遇到困难总是去找方法解决的员工，一定是企业发展中最需要的人。

甲、乙、丙三个人一起供职于一家公司。虽然公司的产品不错，销路也不错，但由于公司经营出了一些问题，产品销出去后，总是无法及时收回货款。

公司有一位大客户，半年前就买了公司10万元产品，但总是找各种理由迟迟不肯支付货款。

公司决定派甲业务员去讨账。那位大客户没有给甲业务员好脸色，他说那些产品在他们这个地方销路一般，让甲过一段时间再来。

甲知道这位大客户不好惹，心想他欠的又不是自己的钱，跟自己没什么关系，于是便返回了公司。

甲业务员无功而返，公司只得派乙业务员去要账。

乙找到那位客户，那位客户的态度依然很强硬。他说他这段时间资金周转也很困难，让乙体谅他的难处。他还找借口说等他的资金到位了一定还钱。乙也无功而返。

没办法，公司只得派丙业务员去讨账。

丙刚跟那位客户见面，就被客户指桑骂槐地教训了一顿，说公司三番两次派人来逼账，摆明了就是不相信他，这样的话以后就没法合作了。丙并没有被客户吓退，他见招拆招，想尽了办法与那位客户周旋。那位客户自知磨不过丙，最后只得同意给钱。他开了一张10万元的现金支票给丙。

丙业务员很开心地拿着支票到银行取钱，结果却被告知账上只有99920元。很明显，对方又耍了个花招，给的是一张无法兑现的支票。

第二天就是放春节假的日子了，如果不及时拿到钱，不知又要拖延多久。

遇到这种情况，一般人可能一筹莫展了。但是丙业务员依然没有退缩。他灵机一动，自己拿出100元，把钱存到客户公司的账户里去。这样一来，账户里就有了10万元。他立即将支票兑了现。

当丙业务员带着这10万元货款回到公司时，公司的董事长对他刮目相看，并让公司其他的员工都向他学习。后来公司发展得很快，丙自己也很努力，在不到5年的时间里，他就当上了公司的副总经理，后来又当上了总经理。而当初曾讨过账的甲和乙依然还是公司里最普通的业务员。

可以想象，如果丙也像甲和乙那样遇到问题不努力去想办法解决，而是随便找个借口就回来了，那么他绝对不可能讨回货款，更不可能有后来那么大的成就。

我们在遇到困难的时候，一定要记得这句话：只为成功找方法，不为失败找借口。用这句话来警示自己，世界上没有解决不了的困难，只要积极去想方法，一定能解决困难，也只有积极找方法的人，才能为公司作出更大的贡献，才能得到更大的成功。

有一位刚毕业的小伙子，因为毕业的学校是名牌大学，学的是新闻专业，形象也很不错，被北京一家很知名的报社录用了。但是，他有一个很不好的毛病，就是做事情不认真，遇到困难总是找借口推卸自己的责任。刚开始同事们对他的印象还很不错。但是没过多久，他的毛病就暴露出来了，上班经常迟到，和同事一同出去采访时也经常丢三落四。为此，办公室领导也找他谈了好几回，但是，他总是以这样或那样的借口来搪塞。

一天，报社特别忙，突然有位热心读者打电话过来说某个地方有特大新闻，请报社派记者前去采访。报社别的记者都出去了，只有他在。没办法，报社领导只有派他独自前往采访。没多久他就回来了。领导问他采访的情况怎么样，他却说："路上太堵了，等我赶到时事情都快结束了，并且已经有别的新闻单位在采访了，我看也没什么重要新闻价值了，所以就回来了。"

领导很是生气地说："北京的交通是很堵塞，但是你不知道想别的办法吗？那为什么别的记者能赶到呢？"

小伙子急得红着脸争辩道："路上交通真的是很堵，再说我对那里又不是特别熟悉，身上还背着这么多的采访器材……"

领导心里更有气了，心想：我要你去采访，你不但没完成任务，还有这么多的借口，那以后怎么让你工作。于是说道："既然这样，那你另谋高就好了，我不想看到员工不但没有完成单位领导交给他的任务，反过来却还有满嘴的借口和理由。作为新闻工作者，我们需要的是接到任务后，不管任务有多么艰巨，都能够想方设法把任务完成，并且还比别人做得更好的人。"

就这样，小伙子失去了令许多人羡慕不已的好工作。在我们的生活与工作中，像这位小伙子遇到问题不是想办法解决，而是四处找借口来推脱的人并不少见。他们这样做的结果不仅损害了单位的利益，也阻碍了自己的发展。

日本松下公司的标语牌写有这样一段话：

"如果你有智慧，请你贡献智慧；

如果你没有智慧，请你贡献汗水；

如果你两样都不贡献，请你离开公司。"

一流的员工既敬业又找方法；末流员工只知道找借口。工作中的每个人都应该发挥自己最大的潜能，努力地去寻找解决问题的更有效的方法，而不是浪费时间寻找借口。不管是失败还是做错了事情，再美妙的借口对于事物本身都没有任何用处。

如果想获得最大限度的发展，应该做既敬业又找方法的员工，这样才能从平凡走向卓越。

6.借口让人变得更加平庸

面对失败，是选择责任，还是选择借口呢？选择责任，路是向前的，责任会鞭策着人们走得更远。选择借口，路是后退的，借口会牵引人们原地踏步甚至后退。而大家所要做的，所想要得到的，是向前迈进。

我们每个人的天性中都存在一颗"黑暗的种子"，那就是好逸恶劳，推卸责任。遇到情况时，人们往往会出于本能把好的事情往自己身上揽，把坏的事情往别人身上推。如果不对这颗"黑暗的种子"严防死守就会很容易陷入找借口推卸责任的圈子里去。

许多人之所以平庸一生，其原因就在于他们万事皆找借口。学习不好，说天生不聪明；高考落榜，说发挥不正常；找不到好工作，说自己没后台；工作不顺利，说现在经济大潮不好……所有的失败都有借口。于是，他们便在一个个借口中开始沉沦，得到解脱，得到一种阿Q式的精神快乐。

解释，一个看似合理的行为，其实在它的背后隐藏的是人天性中的逃避和不负责任。在事实面前，没有任何理由可以被允许用于掩饰自己的失误，而寻找借口唯一的好处就是把自己的过失精心掩盖，把自己应该承担的责任转嫁给他人或者公司。实际上只有勇敢地接受并想方设法地去完成任何一项任务，才是你力争成功的不二选择。

有这么一个故事：汉朝时期，有一天，汉武帝外出视察，路过宫门口时看到一位头发全白的卫兵，穿着很旧的衣服，站在门口十分认真地检查出入宫门之人。于是，汉武帝就走上前询问起来。

老人答："我姓颜名驷，江都人。从文帝起，经历三朝一直担任此职。"

汉武帝问："你为什么没有升官机会？"

颜驷答："汉文帝喜好文学，而我喜好武功；后来汉景帝喜好老成持重的人，而我年轻喜欢活动；如今您做了皇帝，喜欢年轻英俊有为之人，而我又年迈无为了。因此，我虽然经过三朝皇帝，却一直没有升官，惭愧啊。惭愧啊。"

颜驷几十年没有升职，难道真的就没有自己的原因吗？他历仕三朝，换了三种用人风格的皇帝，都没有升迁的机会，那就应该在自己身上找找原因了，怎么能总是怪时运不济呢？就好比一名公司职员，在三位上司手下工作过，却都不能得到赏识，能说全是上司的责任吗？

在工作中，面对没有完成的销售任务，面对没有做完的公司报表，很多人用时间不够、不熟悉程序、他人不肯合作等来作出一个看似合理的解释。粗看起来，好像很有道理，值得原谅。其实不然，这种解释不过是这些人从潜意识里给自己的工作失误寻找借口，而将自己的过失推脱掉罢了。这恰恰也是高效合作的工作团队中所不能够容忍的。如果允许这种情况存在，便是对团队的不负责，是对整个公司的摧残。一群总是企图解释和寻找借口的员工只能为公司带来低下的效率与失败的命运。

日本的零售业巨头大荣公司中曾流传着这样的一个故事：两个很优秀的年轻人毕业后一起进入大荣公司，不久被同时派到一家大型连锁店做一线销售员。一天，这家店在清核账目的时候发现所交纳的营业税比以前出奇地多了好多，仔细检查后发现，原来是两个年轻人负责的店面将营业额多打了一个零。于是经理把他们叫进了办公室。当经理问到他们具体情况时，两人彼此面面相觑，但账单就在眼前，一切都是确凿的。

在一阵沉默之后，两个年轻人分别开口了，其中一个解释说自己刚开始上岗，所以很有些紧张，再加上对公司的财务制度还不是很熟，所以……另一个年轻人却没有多说什么，只是对经理说，这的确是他们的过失，他愿意用两个月的奖金来补偿，同时他保证以后再也不会犯同样的错误。走出经理室，开始说话的那个员工对后者说："你也太傻了吧，两个月的奖金，那岂不是白干了？这种事情咱们新手随便找个借口就推脱过去了。"后者却仅仅是笑了笑，什么都没说。但从这以后，公司里出现了好几次培训学习的机会，每次都是那个勇于承担的年轻人能够获得这样的机会。另一个年轻人坐不住了，他跑去质问经理为什么这么不公平。经理没有对他做过多的解释，只是对他说："一个事后不愿承担责任的人，是不值得团队信任与培养的。"

一个真正的成功者，一个真正优秀的员工拒绝寻找任何解释与借口。美国历史上划时代的杰出总统富兰克林·罗斯福打破美国传统，连任了4届总统职务。他身患小儿麻痹症，下身瘫痪，很有理由寻找借口去放弃、去依赖。然而他没有，而是以自己的信心、勇气及全部的努力向一切困难挑战，最终成为一个真正的强者，成为自己的主人，主宰了自己的灵魂和命运。

市场经济需要的是真正强大的公司，真正优秀的员工。只有拒绝解释，拒绝借口，才能让自己变得强大起来。

7.怎样成为最受欢迎的人

我们在工作时，不单要用手去做，更要用脑子去想，带着智慧去行动。不管工作有多忙多困难，都要在必要的时候停下来好好想一下，而不要觉得事情就是这样，再怎么努力也没办法了。要想成为公司中受欢迎的员工及市场经济中受欢迎的人。在工作中应该主动想办法解决困难，坚持不懈，不找任何借口。

在以前，大多数工厂里的工作都是一些体力活，只需要员工单纯地工作就可以了。然而在市场经济较为发达的今天，工作性质发生了巨大的变化，企业的发展不仅需要传统的熟练工人，更需要能够适应新形势，用大脑积极寻找方法去工作的新型员工。这样的员工才是市场经济中最受欢迎的人。

在市场经济竞争无比激烈的今天，企业已经没有多余的精力及金钱去雇用一些不爱动脑的人。企业需要的人才，是拥有创意及应变能力的员工，能帮助企业解决问题的员工。

一个企业总经理对他的员工说："我们的工作，并不是需要拼体力，而是需要带着大脑来工作。"这就是说，在当前的经济条件下，一个好员工应该勤于思考，善于动脑分析问题和解决问题。

在公司里，有些员工缺乏思考问题的能力，也缺乏解决问题的能力。他们在遇到问题时，不知道去多问几个"为什么"，多提几个"怎么办"，而是逃避问题。这样的员工不仅不受企业的欢迎，而且在职场上也难于生存和发展。

同样一项工作任务，有的员工可以十分轻松地完成，而有的员工还没有开始就时不时出现这样或那样的问题。又如在生产一线，同一个时段里，同一台设备，生产同样的产品，让不同的人来做，产量和质量就不一样。这除了个人反应能力等先天条件外，关键就在于有的人用大脑在工作，想方法去解决问题，他会考虑如何用有效的方法在最短的时间内生产更多、更好的产品，而有的人仅用双手在生产。

多动脑筋、勤于思考、善用大脑工作的员工肯定比仅用四肢工作的员工更有工作绩效，同时更受企业欢迎。

北京一家大型电子商务公司的负责人在谈到目前市场经济中最受欢迎的员工的工作方式时认为，最受欢迎的工作方式是用大脑工作，因为用脑工作的员工会去考虑如何用最低的成本、最少的时间把工作做得更好。

一家建筑公司在为一栋新楼安装电线。有一个地方要把电线穿过一条20米长、直径只有3厘米的管道，而管道砌在砖石里，并且拐了5个弯。他们开始感到束手无策。显然，用常规方法是无法完成任务的。

后来，一位爱动脑筋的装修工想出了一个非常新颖的主意。他到市场上买来两只白鼠，一公一母。然后，他把一根线绑在公鼠身上，并把它放在管子的一端。另一名工作人员则把那只母鼠放到管子的另一端，并轻轻地捏它，让它发出吱吱的叫声。公鼠听到母老鼠的叫声，便沿着管子跑去找它。公鼠沿着管子跑，身后的那根线也被拖着跑。因此，人们很容易地把那根线的一端和电线连在了一起。就这样，穿电线的难题得到顺利解决。这位爱动脑筋的装修工也因此得到了同事们的喜欢和老板的嘉奖。

1952年，由于受经济大潮的影响，日本的东芝电器公司积压了大量的电扇销售不出去。公司的有关人员虽然绞尽脑汁想了很多的办法，但销量还是不见起色。看到这个情况，公司的一个基层小职员也努力地想着办法。一天小职员看到街道上有很多小孩子拿着许多五颜六色的小风车在玩，头脑里突然闪过一个念头："为什么不把风扇的颜色改变一下呢？这样既受年轻人和小孩子的喜欢，也让成年人觉得彩色的电扇能为屋里增光添彩啊。"

想到这里，小职员急忙跑回公司向总经理提出了建议。公司听了这个建议后非常重视，特地召开大会仔细研究并采纳了小职员的建议。

第二年夏天，东芝公司隆重推出了一系列的彩色电扇，一改当时市场上一律黑色的面孔，很受人们的喜爱，掀起了抢购狂潮，短时间内就卖出了几十万台。大量积压的电扇变成了抢手货，公司很快摆脱了困境。这位小职员不但因此获得了公司2%的股份，同时也成了公司里受大家欢迎的职员。

思考是人类特有的能力，在市场经济中，我们要学会多思考，学会用脑子去工作。努力工作是一件好事情，但是光努力是不够的，还要多动脑，多思考，这样才能真正做出成绩，获得成功。

工作中仅仅按照老板的吩咐去完成任务，是远远不够的。任何时候都要做一个用头脑努力想办法、主动寻找方法，把事情做到最好的员工。这样的人，才是市场经济竞争中最受欢迎的人。

8.方法正确才能接近成功

人人都梦想成功，但为什么很多人一辈子都没有成功？是因为他们不知道成功的方法吗？不是。人类社会发展到今天，很多精英已经为我们积累了丰富的成功经验，总结出了足够多的成功方法。

成功在于方法；在于持之以恒的追求；在于果断抓住出现在自己面前的机会，哪怕是稍纵即逝的机会，也不能让它擦肩而过。

爱迪生曾经说，"天才是百分之一的灵感加上百分之九十九的汗水"。享有"世界发明大王"美称的爱迪生，热爱科学，在自己一生的发明中受到过无数沉痛的打击，但他的决心没有动摇。助他走向成功的人生格言就是"不为失败找借口，只为成功找方法"。事实证明，他发明的东西给人类带来了希望，这是他最大的成功。此外，明朝的医学家、药物学家李时珍也是一个典型的例子。

意大利著名的航海家哥伦布发现新大陆后不久，在西班牙的一次欢迎会上，有一位贵族突然口出狂言："发现新大陆有什么了不起的，这不过是一件任何人都能办到的小事，根本不值得如此崇拜。"这位贵族看无人应答，便接着说："哥伦布不过就是坐着轮船往西走，然后在海洋中遇到了一块大陆而已。我相信任何人只要坐着轮船一直向西行，同样也会有这个微不足道的发现。"

哥伦布听完贵族的这番"高论"之后，丝毫没有觉得尴尬，而是站起身，漫不经心地从身边的桌上拿起一个煮熟的鸡蛋，对众人微笑着道："各位，请试一下，看谁能够使鸡蛋的小头朝下，并让它竖起在桌子上。"

在场的所有人用尽了办法，结果却没有一个人能获得成功。这时，只见哥伦布拿起手里的鸡蛋，用小头往桌子上轻轻一敲，鸡蛋便稳稳地竖立在桌上了。

那个贵族不服气地对哥伦布说道："你把鸡蛋敲破了，当然就能竖立起来，用这样方法我也能够做到。"

哥伦布起身并很有风度地环顾着在座的每一个人说："是的，世界上有很多事情做起来都非常容易，不过其中最大的差别就在于，我已经想办法动手去做了，而你们却始终都没有。"

成功的方法有很多种，许多人之所以没有成功，就是因为没有找到适合自己的成功之法，也没有按照成功的方法去做。要知道成功的方法并不等于成功。为什么人们渴望成功而又不愿去想办法，或者用行动来证明呢？为什么有那么多的人总是没有成功呢？

有些人特别喜欢看魔术。但生活不是魔术。生活需要方法，并且需要付出才能实现自己的愿望。要获得就要首先付出。

目标再伟大，如果不去找方法，而一味地寻找借口，梦想永远是空想。我们要懂得，成功在于行动，更在于方法。

9.成功需要行动，拒绝借口

很多人之所以不成功，是因为常常将想法停留在嘴上、理论上，或是成了两脚书橱的没有创造性的动物。成功在于行动。其哲学理念是：口说不如身行，生气不如争气，妒他不如学他，认命不如拼命。

美国著名的管理大师汤姆·彼得斯在他的新书《重新想象》中充满激情地

呼吁："行动起来，登上历史舞台，做个活跃的表演家。"找借口只能让自己更加愚鲁，要知道除了行动外别无选择。

取得任何的成功都源于一个意念，当你的心中产生一个意念时，就要精心呵护，使其得以慢慢成长，并将它变为现实。

作为新世纪的青年人，当有了一个理想之后，要在现实与理想之间建造一座桥梁。这个桥梁就是实现理想的行动步骤，把伟大理想，分解成几个较小的目标，然后逐个去实现这几个小的目标。当策划好一个完美无缺的计划后，行动就成为实现理想的关键。要实现理想，必须有良好的执行力，能够切实把思想变成现实。

其次，执行力也是需要培养和锻炼的。有了想法就要去实践，不要让它在你的头脑中发霉。要增强自己的执行力，有一个好的方法是在自己的潜意识里，建立一个自我发动警句："马上行动。"当你想做一件事的时候，就从潜意识里调出这一警句，激励自己并随之行动。

世界第一名潜能大师安东尼·罗宾曾说："人生伟业的建立，不在于能知，而在于能行。"人们明明知道自己如果不改正自私、懒惰、草率之类的毛病，就不能取得更大进步，如果不马上行动起来，还能前进吗？总之，即便知道成功的秘诀，若不采取行动，根本就不可能成功。成功只回报行动，而不是意图、言论、梦想。

成功需要有行动，并非借口就能敷衍了事的。拥有梦想的人们，一旦付之于行动，就会排除万难，排除干扰。

成功是一个过程。成功属于拥有梦想的人，属于善于抓住机会的人，属于敢于突破、敢于超越的人，属于付之于行动的人。而那些为一些小事处处找借口的人们，会永远被成功所抛弃。

第四章 与其徒自抱怨，不如积极自我反省

喜欢抱怨的人很多，人们因为抱怨而徒增的烦恼、造成的不利则更多。永远不要抱怨，如果能够改变就努力地改变，如果不能改变就欣然地接受；我们越是不愿忍受，就往往越难以忍受，越难以忍受也就越不愿忍受，如此恶性循环，极易导致心理或者行为的出轨。

1.抱怨无法解决任何问题

西方有一句古老的谚语："如果说不出别人的好话，不如什么都别说。"很明显，先哲们是在告诫世人为人处世时要学会尊重和赞美，至少也应做到慎言慎行。可惜的是，这句话没有引起世人足够的重视一些人还在习惯不停地抱怨。

工作不好，抱怨；上司不好，抱怨；下属不好，抱怨；经济不景气，抱怨；生活环境不好，抱怨……可以说，只要有人的地方就有抱怨。事实却是，抱怨根本解决不了任何问题。反而会把问题带向更加复杂的一面，给我们带来诸多严重影响。

首先，抱怨会破坏原本积极的潜意识。曾经抱怨过的朋友都知道，只要头脑中一有抱怨的意识，就会停下或者放慢手中的工作，为自己鸣不平、拉选票，甚至不顾一切地找到对方讨个公道。有的人如果得不到自己想要的结果，不是大骂世事不公，就是哀叹老天无眼。久而久之，不仅直接影响工作和生活，还会影响心情和心态。而真正的勇者从不抱怨，总是能冷静地看待世界，审视自己，最终成就自己。

刚满30岁的苏珊是美国一家化妆品公司的创办人。小时候，她和奶奶一起生活在乡下。奶奶开了一个小杂货店，为人慈祥又和气，邻居们都喜欢和她聊天。每当那些喜欢抱怨、爱发牢骚的邻居到商店买东西时，奶奶总是把苏珊拉到身边，让她看自己如何和邻居说话。

有一次，邻居爱普生前来买香烟。奶奶问他："今天怎么样啊，爱普生老兄？"

爱普生长叹一声说道："唉，今天不怎么样啊，哈德森大姐。你看看，这天气这么热，气死人了。这种鬼天气，真要命啊。"

奶奶一边给他拿香烟，一边附和着说："是啊，是啊。嗯，嗯……"一直抱怨了十多分钟，爱普生才离开了小店。

又有一次，邻居汤姆一进店门就向奶奶抱怨道："哈德森大姐，真是累死我了。我再也不想干犁地这活儿了。尘土飞扬不说，驴子还不听使唤。我真是干够了。你看看我的腿、脚，还有手、眼睛、鼻子，到处都是尘土，我真是干够了。"

奶奶仍然是那副老样子，一边给他拿东西，一边附和着说："是啊，是啊。嗯，嗯……"

等汤姆发完了牢骚离开小店，奶奶把苏珊拉到身前，问她："孩子，你听到这些喜欢抱怨的人说的话了吗？"苏珊点点头。奶奶接着说："孩子，在每个夜晚都会有一些人——不管是白人还是黑人，不管是富人还是穷人——酣然入睡但是再也不会醒来。那些与世长辞的人，睡觉时不会感到暖和的被窝已变成冰冷的灵柩，身上的羊毛毯已变成裹尸布，他们再也不能为天气热或驴子不听话而唠叨一分钟。孩子，你要记住：不要抱怨，因为抱怨不能解决任何问题。如果你对现状不满意，那你就设法去改变它。如果改变不了，那就改变你的心态去面对这些问题，你一定不要去抱怨什么。"

长大后，苏珊牢记着奶奶的话。无论遭遇多大的挫折，她也从未抱怨过什么，最终靠自己的勤奋和智慧打拼出了一片天地，成了业界有名的女强人。

其实，我们与文中的爱普生和汤姆何其相似，相信大多数人都能在他们身上找到自己的影子。一件小事、一句无关紧要的话，甚至于天气不好，都能让我们陷入长时间的烦恼，沉浸于懊恼和悲伤中不能自拔。然而天气绝对不会因为人们抱怨而转好，驴子也不会因为人们发牢骚而变得听话些。尤其是面对一个不会体谅别人、不会自省的人时，情况会更加糟糕。一定要清楚，烦恼、抱怨、愤怒都没有用。即使抱怨连天，对方也不会为你失眠。唯一的办法就是学会改变。

其次，抱怨会破坏人际关系。没有人会喜欢一个消极、负面的人，更没有人愿意忍受你的牢骚和坏脾气。不满的情绪，必然会破坏内心的平静，进而影响工作和整个团队，接下来势必会带来更多的被抱怨和相互抱怨，甚至成为致祸的根源。俗话说："病从口入，祸从口出。"古往今来，因为不能管住自己的嘴巴导致身败名裂甚至为此丢掉性命的人数不胜数。当今社会我们虽然不可能因为抱怨几声就掉了脑袋，但是因为抱怨丢掉工作、丢掉人脉甚至招致无妄之灾的例子却比比皆是。与其如此，我们又何必非得抱怨呢？毕竟，抱怨不是我们的目的，它只是一种拙劣的手段。

2.无休止的抱怨让人颓丧

有位哲人说："这个世界上最多的'东西'不外乎两种：穷人和抱怨，而且两者之间存在着鸡和蛋的关系——贫穷（抱怨）孕育了抱怨（贫穷），抱怨（贫穷）又孵化了贫穷（抱怨）。人们越穷越抱怨，越抱怨越穷。"这句话虽然有失偏颇，但也有一定的道理。我们之所以抱怨，就是因为我们认为抱怨能为我们带来某些好处，比如同情、认可和优越感。但就像哲人说的那样，事实上我们不仅"越抱怨越穷"，还会由于抱怨招致一连串的麻烦。到头来，我们反而成了抱怨的最大受害者。

生活中，有相当一部分人有过抱怨自己的身体不舒服的经历，这些人并非真的生病了，只是想用"病人"的角色让自己获得附带的好处。抱怨可以赢得同情，但是需要有一个度。认定抱怨一定会赢得他人的同情，无疑是大错特错。最典型的例子就是鲁迅先生笔下的祥林嫂。

祥林嫂一生坎坷，两任丈夫都因病去世，儿子惨死狼口。为了排解心中的痛苦，她逢人便讲儿子的死和自己的悲惨遭遇，逐渐被乡里人厌恶，人们甚至远远地见到她便躲开。再后来，连东家鲁四老爷也厌恶她，先是不让她插手祭祀，后来一怒之下将她赶出鲁家。流落街头的祥林嫂，很快便结束了她贫穷、艰难的一生。

虽然我们并不能据此说是抱怨害死了祥林嫂，毕竟真正造成这一悲剧的是万恶的封建制度，但是我们至少可以从侧面看出，一味地抱怨非但换不来同情，反而会招人反感。同样是祥林嫂，在她没有抱怨以前，她是颇受鲁家和众人喜欢的。可见，还是及早放弃抱怨为妙。

一位招聘经理曾经说过这样一段话："每次面试，我都会问应聘者'你为什么离开上一家公司'。之所以问这个问题，是想正面了解他对以前自己所在公司的评价。如果他说他以前的公司多么多么不好，有这样那样的问题，那么不管这个人有多么优秀，我也不会录用他。因为我相信，那些整天喜欢抱怨的人，肯定一事无成。"

当然了，企业中的抱怨者远远不止那些已经离开的人。当公司利益与个人利益发生冲突时，不同的"声音"立即会从各个角落传来。有的人虽然口头不说，但他们会立即用行动来发泄自己的不满，比如偷奸耍滑、钻空子等，反正绝不会任劳任怨。这样一来，工作必然是一塌糊涂，抱怨和被抱怨自然在所难免。这样的人，往往也会很快出现在其他公司的招聘经理面前。

试图通过抱怨别人或抱怨环境以期得到他人的认可，其实是不明智的做法。也许有的环境确实不太适合你，但是与其抱怨，还不如选择离开。当选择留下的时候，就应该为它而努力。唯有高度的敬业和忠诚，才有可能改变环境及他人对你的看法，实现企业和个人的双赢。否则，即便是自己创业，这种恶习也会给你带来各种不利影响，甚至直接从根本上导致你与成功无缘。

还有一种人的抱怨动机，源自他们认为抱怨对方可以使自己显得更为优秀。"用贬低别人来变相地抬高自己"，说的就是这个道理。人不是"抬"高的，无论你把对方贬得多低，你仍然是你，跟他有多高多低，甚至跟有没有他，都没有必然的联系。更何况当我们抱怨别人的某些缺点时，虽然暗示了我们自己没有这一缺点，但能据此认为我们就比对方优秀吗？显然不能，或许我们真的没有这一缺点，但人无完人，我们可能有更致命的缺点。所以说，抱怨的背后不是为了掩饰什么，就是自夸或吹牛。而经常抱怨的人，通常都是一些没有安全感、不能明确自我价值的人。他们的抱怨无形中向人们传递出了"自己是受害者"的信息。这样一来，往往会招致更多的加害者，随之而来的，自然是更多的怨天尤人。

也许有人会问："用抱怨来惩罚那些伤害我的人，总可以了吧？"仍然不行。抛开那些人在不在乎不说，须知"盗亦有道"，从一开始你就走偏了。与其用抱怨让彼此两败俱伤，我们为何不通过正当的途径去解决问题、达到目的呢？如果那样抱怨，我们与小人何异？

抱怨的本质源自人们想通过抱怨得到什么。但无论从哪一方面来说，抱怨都会让人得不偿失、后悔不迭。所以，聪明的人应该考虑用其他途径去实现自己的目标，抱怨只会让人成为最大的受害者。

3.把困难当成人生的财富

英国政治学家和教育家格雷厄姆·沃拉斯说过："绵羊每'咩咩'地叫一次，它就会失掉一口干草。你抱怨越多，消极的思想出现的次数越多，你就越难摆脱破坏你健康心态的敌人；你就越难摆脱破坏你幸福的敌人。因为，你每想象它们一次，它们就更深地潜入你的意识之中。思想宛如一块磁铁，它只吸引与它类似的东西。与你思想相左的东西是不大可能产生的，你的成就首先是在你的思想上取得的。"

喜欢抱怨的人很多，人们因为抱怨而徒增的烦恼、造成的不利则更多。永远不要抱怨，如果能够改变就努力地改变，如果不能改变就欣然地接受。我们越是不愿忍受，往往越难以忍受，越难以忍受也就越不愿忍受，这种恶性循环，极易导致心理或者行为的出轨。

一个富商在一次投资中，赔光了所有家产，债主整日在他家中索债。他伤心欲绝地去跳河。来到河边，他看到一个妇女站在河边，哭得非常伤心，接着一步步走向河中间。出于本能，他把那个妇女拉回了岸上。他同情地问道："你为什么跳河？"

"我，我被丈夫遗弃了。"妇人还在抽泣，并且抱怨他不该把她拉回来，她声称自己已经没有活路了。

"你什么时候认识你丈夫的？"富商问道。

"我是3年前认识他的，我们刚结婚1年他就另觅新欢不要我了。"

妇人越说越伤心，站起来，又要去跳河，富商一把抓住她。

"哦，你等等，"富商问，"那3年前没有遇见他的时候你是怎么活的？没有他你就必须跳河吗？"

"哦，3年前我没有认识他的时候，我生活得很好，很快乐。"妇人陷入了往事的回忆中。

"是啊，你完全能从头再来啊。只不过3年时间，它在你一生中只占几十分之一啊，干吗要为3年付出那么多代价呢？3年是可以用另外一个3年挽回的。"富商忽然想到自己，他停顿了一下，继续说道："你看，3年前我也是一个到这个城市打工的流浪汉。当时我身无分文，可现在我已经是富翁了。你说是吗？"

"是啊，3年前我生活得很好，现在我一样可以很好。"妇人若有所悟，喃喃地说道，继而她对富商深深地鞠了一躬，说道，"谢谢你，我真不知怎么谢你。"然后她轻松地离开了。富商摇了摇头，看了一眼滔滔的河水，也轻松地离开了河边。

既然我们无法避免生活的苦难，那么就不要再去抱怨，学会直视它。生活中的坎坷没有什么大不了。人只有经历各种摸爬滚打，才能提高自己对环境适应的能力；人只有经历风雨、饱经磨难，才会真正体会到生命的意义。仅有聪明，人并不一定能取得成功，也不可能真正明了做人的意义。

赫胥黎说过："没有哪个聪明人会否定痛苦与忧愁的锻炼价值。"同样，我们也不可否认磨炼所具有的价值。成大事者必须具备承受痛苦的能力。这里的痛苦不单是指肉体的痛苦，还有因失败、挫折等各种外在因素的打击而导致的精神痛苦——这是不可回避的。

除非你想做个"输不起的人"，否则，你就要面对。当你第一次面对时，你可能心怀恐惧，但是这些东西不是单一和孤立的，它们总是在各个不同的角落，以各种不同的形式出现。比如，你可能痛失亲人，你可能在职场被淘汰，你可能面临破产……但是，你每承受一次打击，你就会发现你的意志力会增强一分。人的意志力的强弱与对痛苦的承受能力成正比关系。意志坚强者百折不挠，意志薄弱者知难而退。

孟子说："故天将降大任于是人也，必先苦其心志，劳其筋骨，饿其体肤，空乏其身，行拂乱其所为，所以动心忍性，曾益其所不能。"我们处在一个激烈竞争的社会，人们面对各种各样的压力，失败和挫折给人造成的精神痛苦无疑是巨大的。如果没有坚强的意志来承受这种痛苦，如果只是抱怨痛苦所带来的不幸，那么就可能会因失败而一蹶不振。

人高于其他动物的一个可贵之处是人在改造自然和社会的实践中，不是本能地逃避痛苦，而是能动地经受磨难，接受不可回避的东西，把这种磨难变成一种精神财富。

4.做一个冷静稳重的智者

在历史上，不乏稳重成大事的人。诸葛亮坐镇守城，面对司马懿几十万大军临危不惧，那种安定沉稳、面不改色，弹琴曲调柔和、音韵不改的气势让人敬佩；拿破仑每每遇到大战险情，那种指挥镇定、遇事不慌的气魄值得赞叹。他们在困难面前，不是满腹的抱怨，而是临危不惧，稳重自若，最后成就了一番事业。

抱怨只会使人远离成功，走向失败。在生活和工作中，成熟能让人把技巧发挥得淋漓尽致，稳重能让人在竞争中不慌不乱、有板有眼地发挥智谋。强强对抗中一丝一毫的幼稚与惊慌、牢骚与抱怨都可能影响大局，甚至导致功亏一篑。

曹玮是宋朝时渭州的知州，兼营本地军事。他训练出的军队英勇善战，西夏人很惧怕他，因此朝廷一直让他踞守于此。

一天，曹玮正在州府内宴请宾客，部下将军都在席上陪同。宴后，曹玮要与宾客下棋。刚刚摆好棋子，只见一名士兵慌慌张张地跑进来，禀告曹玮说："大事不好，有士兵叛逃到西夏去了。"周围的将官与宾客听了都很震惊。

曹玮也很吃惊，但他为人精明稳重，马上意识到自己是主帅，应该稳住大局，不能像其他人一样慌乱，尤其是如今宾客尚在，人多嘴杂，难免出现纰漏。所以，他急忙止住士兵的话说："不要大惊小怪，他们是我派去的，你千万不要把此事声张出去。"

曹玮的话不知道怎么传到了西夏，西夏人以为逃亡来的宋营士兵是奸细，非常气愤，立即把他们杀了，并把人头抛向宋朝的边境。自此，再也没有士兵叛逃。

在没有思想准备的情况下，曹玮以不变应万变，不但迅速稳定了情绪，而且将计就计、顺水推舟，一下子将不利变为有利了。伟大人物都是"镇静"的高手，他们懂得抱怨对解决问题毫无意义，只有沉下心，才可能让办法浮出水面。

我们经常会看到这样一个场面，面对突然变故，一些核心人物总会大喝一声："慌什么。"这句话一半是提醒别人，另一半则是在暗示自己。惊慌抱怨容易使人失去正常的思考能力，使人丢三落四、语无伦次。

在美国，有一位具有27年飞行经验的驾驶员，在一次采访中介绍了他飞行史中最不平常的一段经历：

在第二次世界大战时，他是F-6型飞机的飞行员。一天，他们接到战斗命令，从航空母舰上起飞后，来到东京湾。他按要求把飞机升到距离海面300英尺（1米=3.2808英尺）的高度做俯冲轰炸。300英尺低空飞行在今天可能不算什么，但在当时，这已经是很高的飞行高度。

正当他以极快的速度下降并开始做水平飞行的时候，飞机的左翼突然被击中，整架飞机翻了过来。

人在飞机中是很容易失去平衡感的，尤其在天和海都是蓝色的时候。飞机中弹后，飞行员需要马上判断他的位置，以便决定应该向上还是向下操纵飞机。在最初那一瞬间，在那生死攸关的关键时刻，他没有去碰驾驶舱里任何控制开关，只是强迫自己冷静、思考、理智。于是，他发现蓝色的海面在他的头顶上，知道了自己确切的位置，知道了自己的飞机是翻转了。这时，他迅速地推动操纵杆，把他的位置调整了过来。在那一瞬间里，如果他依靠他的本能，慌乱地操作，那么他可能会把大海当作蓝天，一头撞进海里葬身鱼腹。这位老飞行员在回忆过后，语重心长地对记者感慨道："是我的冷静挽救了我的性命。"

一切都在变化之中，发生突变事件是难免的，老飞行员能从冷静中挽回性命。如果那时他只是想着抱怨飞机是谁维护的，老天为什么这样惩罚他，那他就只有死路一条了。正是他稳定、理智的情绪救了他。稳定的情绪来源于何处？正是来源于正视事实、接受事实。理智的人在危险面前能保持头脑清醒，因此能临危不惧，化险为夷。

培养稳重的习惯是非常重要的，这样让人在任何场合都能应付自如。相反，不稳重不仅会使人自己无法正常思考，还会让周围的人慌作一团。

那些有过辉煌的人物，都曾经有战胜一切阻碍其发展的力量的经历，当然他们最先战胜的是自己的情绪。战胜了自己的情绪，他们在关键时刻才会显得从容不迫，接下来的一切才会变得简单起来。要想成为一个成功的人士，必须先成为一个从容不迫的人，必须养成稳重的好习惯。

5.留得青山在，不怕没柴烧

面对自己的不济时运，抱怨是人们最常采用的办法，它贯穿于人们生活的始终，严重影响了人们的情绪。

喜欢抱怨的人的想法、感觉、做法也常常会因此而受到影响。出现差错时，他们中的大多数人的第一反应就是"该抱怨谁呢？"长此以往，抱怨不仅会给人们带来明显的压力和紧张，而且其过程也不时会微妙地影响到人们的想法和行为，最终使人们的情绪变得极度消沉。

当因为受到环境的各种各样的限制和干扰，而不能追求自己的理想时，我们不能灰心，也无权抱怨。我们需要尽量取得经验，耐心地生活，耐心地等待。

下面这个不幸者的平凡故事也许能够佐证这个道理：有一个名叫邓伍的人，从小就双腿残疾。在父母眼中，这个儿子简直就是他们无法摆脱的包袱。

"他为什么不去死呢？"一天，邓伍听到父亲这样对他的母亲说。那时候他的家里很穷，有4个正在上学的姐姐，母亲无业，父亲也只不过是一个工厂里的普通工人。

"我不死，我只要求有一口饭吃。相信我，我能给你们带来好运。"邓伍听了父亲的话尽管心里很难受，但他还是用从未有过的沉稳这样回答了他的父亲。他暗暗发誓要做个有用的人，腿不能走，他便选择了书法。

15岁的时候，邓伍所在的城市举办了一次书法竞赛，邓伍只得了个纪念奖，但他已经很满足了。他对家人说："等着吧，不用5年，我就可以用这支笔来养活你们。"事实上，邓伍在他18岁的时候就已经满城皆知；20岁的时候，他已是全省书法界的佼佼者了；30岁的时候，他就用自己写字挣到的钱为父母在城市里买下了一套宽敞、漂亮的房子，还为他的姐姐们买了汽车。每年他给残疾人基金会的捐赠高达数十万元。可是一字千金的邓伍却执意不肯搬离他的老房子。他依旧在写，一年四季，从不间断，就像年少时一样，他写字的姿势也丝毫没有改变……

不幸是上帝的错误，而不是我们的。要纠正这个错误，不是靠抱怨，而是要靠我们自己。

越王勾践忍国破家亡之痛，寄人篱下，仰人鼻息。他的遭遇即使在今天看来也是生不如死，求死在当初的会稽山上是一件轻而易举的事，但那是懦夫的行为，他勇敢地选择了活。表面上看这是没有气概的苟且行为，但实际上他骨子里却是韧劲十足的不屈不挠。"留得青山在，不怕没柴烧。"勾践卧薪尝胆的方式，为我们提供了很深刻的启示。当面临挫折、失败以至灾难时，我们究竟是该逃避、哀叹、抱怨命运的不公，还是永不放弃心中不灭的信念，以自信和勇气让一切从头再来？

究竟什么能使一个人成功？你可能会说，你的人生不取决于自己，而是被一些自己不能选择也不能控制的外界力量等因素所影响，而那些成功的人，是因为他们有机会。其实机会不会从天而降，而是以积极的自我意识为核心的信念促使你去争取成功。一个人不可能总是一帆风顺的。在时运不济时，抱怨的人才有成功的希望。

6.面对困难保持乐观天性

当遇到挫折与困难的时候，人们常常这样想："老天怎么总是和我对着干？""完蛋了，我肯定无法按时完成上司交给的任务了。""我怎么总是把事情弄得一团糟。"如果你想的是厄运和悲哀，那么悲哀和厄运就会到来。因为消极的词语会破坏一个人的自信心，不能给人以鼓舞和支持。

有这样一个故事：一个商人驾车出游，行驶在一条漆黑无人的小路上，突然轮胎没气了。四下张望，他最后发现了远处农舍的灯光。他边向农舍走着边想："也许没有人来开门，要不然就没有千斤顶。即使有，主人也未必肯借给我。"他越想越觉得不安，当门打开的时候，他一拳向开门的人打过去，嘴里喊道："留着你那糟糕的千斤顶吧。"

这个故事看后令人发笑，商人可笑之处在于，主人还没做任何表态，他却先把自己打倒了。这就是消极思想在作怪。

消极是人生中的大敌，它严重地阻碍了我们走向成功的脚步。因此，凡事要往好的方面想，积极的想法可以为人们提供巨大的精神动力和智力支持，可以促人早日走向成功。可以尝试按照下面这些方法去做：

（1）打消消极的念头

当消极的念头出现时，立即用一句"停止"的口令将它打消。在理论上，叫停是件轻而易举的事，但实际操作起来非常困难。要想做到这一点，必须拿出巨大的恒心和毅力。

杨立自幼丧母，由父亲抚养成人，从小到大对他宠爱有加。这使得杨立严重地缺乏自主能力，以致做事时畏首畏尾。

如今，杨立在一家公司做事。他很倾慕部门里的一位女同事，很想约她外出。但他的疑虑使他踌躇不前："跟同事约会怕是不大好吧？""要是她不答应，那该有多尴尬啊？"

后来，在朋友的鼓励下，杨立打消了内心的忧虑，勇敢地向对方提出约会。结果，她竟以怪罪的口气问他："杨立，你为什么这么久才来约我？"

（2）抛开令人心烦的事

一位经常被烦心事困扰的朋友这样描述他的经历："我晚上躺在床上总是睡不着，思潮起伏不定，一会儿想'我对孩子是不是有些苛刻'，一会儿又怀疑'客户打来的电话我是不是回了'。转而又想'明天老板又要交给我一项新任务，要是完不成可怎么办'。后来，我实在太心烦了，干脆不去想那些令人心烦的事，而是回想和朋友一起旅游时度过的快乐时光。想起他对着猩猩大笑的样子，我竟然不由得笑起来。不久，我的脑子里全是一些美丽的回忆，慢慢地就进入了梦乡。"

（3）客观地看待那些令你忧虑和恐惧的事

刘芳第一次去看心理医生，开口便说："医生，我觉得你根本帮不了我，因为我实在是个很糟糕的人，老是把工作弄得一团糟，早晚会被老板炒鱿鱼。就在昨天，老板说要调我的职，说是升职。要是我干得很好，他干吗要调我的职呢？"

说完那些泄气的话后，刘芳又道出了自己的真实情况。原来，她在两年前拿了个工商管理硕士学位，而且有一份待遇优厚的工作。事实上，她在工作上干得非常不错，但总是没有自信，认为自己欠缺的地方太多。消极使她陷入了自卑的境地。

针对刘芳的情况，心理医生要她以后把心里想到的话记下来，尤其是在晚上睡不着觉时想到。在他们第二次见面时，刘芳列下了这样的话："我并不怎么出色，之所以有些成绩，纯属侥幸。""我明天一定会大祸临头，因为从没主持过会议。""今天下班时老板一脸的不高兴，我做错了什么呢？"

她坦诚地说："仅仅在一天里，我列下了22个消极思想，难怪我经常觉得疲倦，意志消沉。"

刘芳把忧虑和恐惧的事念出来后，才发觉到自己为了一些假想的灾祸浪费了太多的精力。

如果感到情绪低落，可能是因为你也像刘芳那样，总是在给自己灌输消极的观念。若是这样，建议你把内心的想法写出来。久而久之，你就会发现那些消极的念头毫无意义，慢慢地就能控制自己的情绪，而不是被思想套牢了。那时，你的思想和行为就会发生很多的改变。

（4）剔除自我评价的消极字句

我们常常听到有些人这样感叹："真没用，我只是个小小的秘书。""我实在是太渺小了，仅仅是个推销员。""我只不过是个打字员，根本配不上一个堂堂大学生。"

在进行自我评价的时候，人们常常用一些消极的字眼儿，如"只是""仅仅是""只不过"等来贬低自己。事实上，他们不仅贬低了自己，也贬低了他们正在从事的事业。这对于改变他们所处的现状，起不到任何作用。

把消极的字眼儿剔除掉，你才能发现自身的价值，才能给自己一些肯定。你若以一种肯定的语气来评价自己"我是个推销员""我是个秘书""我是一名电脑操作员"，你就能发现你所存在的价值和意义。这也有助于你今后更好地完成工作。

7.对幸福视而不见的祸首

佛经中有这样一个故事：

有一天，佛陀外出云游，路上遇见一位诗人。诗人年轻、有才华、富有、英俊，而且拥有娇妻爱子，但他总觉得自己不幸福，逢人便抱怨上天对自己不公。

佛陀问他："你不快乐吗？我可以帮你吗？"

诗人回答："我只缺一样东西，你能给我吗？"

"可以，"佛陀说，"无论你要什么，我都可以给你。"

"是吗？"诗人盯着佛陀，一字一顿、满脸怀疑地说，"我要幸福。"

佛陀想了想，自言自语道："我明白了。"

说完，佛陀施展佛法，把诗人原先拥有的一切全部拿走——毁去他的容貌，夺走他的财产，拿走他的才华，还夺走了他的妻子和孩子的生命。

做完之后，佛陀立即离去。

一月后，佛陀再次来到诗人身边。此时的诗人，已经饿得半死，躺在地上呻吟。佛陀再施佛法，把一切又还给了诗人，然后悄然离去。

半个月后，佛陀再次去看诗人。这一次，诗人搂着妻儿，不停地向佛陀道谢。因为，他已经体会到了什么是幸福。

生活中，我们不正像那位诗人一样吗？对自己身边的幸福视而不见，却苦苦寻觅所谓的幸福与快乐。其实生活就是这样，它在无形中已经给了我们必须的东西，是追逐的目光和抱怨的心理使人们不懂驻足欣赏自己已经拥有的幸福。当一切失去时，才发现它的珍贵。

艺术大师罗丹说过："生活中并不缺少美，只是缺少发现美的眼睛。"

美国西雅图有个很特殊的鱼市，很多顾客和游客都认为到那里买鱼是一种享受。原因就在于，那里的鱼贩们虽然整日被鱼腥包围，但他们总是面带笑容，而且他们工作时可以和马戏团演员相媲美，个个身手不凡。他们就像合作无间的棒球队员，让冰冻的鱼像棒球一样，在空中飞来飞去，并且互相唱和："啊，5条带鱼飞到明尼苏达州去了。""明尼苏达州收到，请再来一批。"

这种工作气氛还影响了附近的居民，他们经常到这儿来和鱼贩用餐，感受鱼贩的好心情。后来甚至有不少没办法提升工作士气的企业主管专程跑到这里来取经。

有一次，一位记者专程来采访。记者问道："你们在这种充满鱼腥味的地方做苦工，为什么心情还这么愉快？"

一个鱼贩回答："几年前，这个鱼市场也是一个没有生气的地方，大家整天抱怨。后来大家认为，与其每天抱怨沉重的工作，还不如改变工作的品质。于是我们不再抱怨生活的本身，而是把卖鱼当成一种艺术。就这样，我们变得越来越快乐，这里成了鱼市场中的奇迹。"

"实际上，并不是生活亏待了我们，而是我们期求太高，以至忽略了生活本身。"另一位鱼贩补充道。

也许有人会说，"有谁愿意抱怨啊？你是不了解我的痛苦"。确实，生命的苦旅中有无数艰难险阻，甚至让人难以承受。但是抱怨又能怎样呢？当看完下面的故事，相信大多数人都会明白，我们甚至没有抱怨的资格。

2004年5月的一个晚上，在12000余名听众雷鸣般的掌声中，一位"半身人"用双掌撑地，一步步地走上了青岛天泰体育场的主席台。

这个半身人来自澳大利亚，名叫约翰·库缇斯，天生没有下肢，但是他却用双掌走遍了世界上190多个国家和地区，被誉为"世界上最著名的残疾人演讲大师"。此外，他还是全大洋洲的残疾人网球赛的冠军，是游泳健将。

"大家好。"打过招呼，库缇斯拿起了桌子上的矿泉水瓶子，边比画边说："从一出生我就是个悲剧，当时我只有矿泉水瓶这么大，两腿畸形，医生断言我活不过当天，可我活到了现在。35岁的我依然健在，而且经常在世界各地旅行……"

库缇斯一口气讲了半个小时，其间，观众们的掌声几乎就没停过。最后，库缇斯突然举起手里的一件东西说："我非常感谢青岛朋友的热情招待，我住的宾馆条件非常好，但有一样东西让我不知所措，服务生每天都会把它放在我的床头。"说完，库缇斯把他说的东西扔向了听众席，原来是一双一次性拖鞋。

听众席一片肃静。

"如果你能穿拖鞋的话，你是幸运的，你是没资格抱怨的。不是每个人都能够穿拖鞋的。"库缇斯大声说。听众席上立即爆发出一连串的喝彩声，紧接着是长久的掌声。

哲人说："苦海即是天堂，天堂也即苦海。"想想真是如此。有时候我们明明生活在天堂，却总是觉得自己苦不堪言；我们认为的苦海，却有很多人生活得不亦乐乎。这一切，其实都取决于我们的心态是否平和，是否足够坚强。

8.冲动是一切悲剧的根源

有人说，冲动是一切悲剧的根源。生活中有很多原本老实本分的普通人，只因不能克制抱怨心理，结果把抱怨变成了冲动和报复，因为一些鸡毛蒜皮的小事毁掉了自己的一生。我们来看一个典型案例：

杨某与张某本是母子。母亲杨某改嫁后，跟随母亲生活的儿子张某总觉得母亲对继父的孩子更好，因此经常抱怨母亲，母子关系日益紧张。一天张某向母亲要钱买手机遭到拒绝后，一气之下将家里的"敌敌畏"农药投进了早饭中，其母、继父和继祖母吃过有毒的饭菜后很快昏迷。张某见状既害怕又后悔，赶紧拨打了急救电话，其母和继父很快脱离了危险，但继祖母却中毒身亡。20岁的张某因故意杀人罪被判处死刑。

相关调查显示，这种由于一时冲动、怒火攻心而导致的犯罪案件已经远远超过了有预谋、有计划的犯罪案件数量。此类犯罪嫌疑人普遍存在着思想偏激、报复和嫉妒心强烈、爱抱怨甚至仇视社会等共性。有时稍微受到外界刺激，他们便不能容忍，尤其是那些"曾经深爱"的人。

有一对男女青梅竹马，两小无猜。他们郎才女貌，事业有成。他们在所有人的祝福声中走进结婚的殿堂，认识他们的人，无一不看好他们。但是仅仅两年，他们的幸福过早地凋谢，并以悲剧收场。

原因非常老套：婚后一年多，他出差时遇到了一个比他小两岁的女孩。女孩温柔漂亮有气质，爱他潇洒大方又多金。时间一长，二人鬼使神差，欲罢不能。

世上没有不透风的墙。不久，她便知道了真相，而且偷偷跟踪过他。她生气，她后悔，但她不想失去他。一开始，她还能冷静下来，像书里和电影里说的那样，用智慧对付那个女孩，用温柔挽回他的心。然而他屡教不改，反倒有恃无恐。最后，她的理智变成了强烈的冲动，只要一见面，非吵即骂。有一次，他甚至出手打了她。看着他的眼神，她终于明白，他已经不再是那个温柔的他，也不再是那个曾经属于自己的他。

得不到的东西，谁也别想得到。于是她假装大方地说："我累了，我决定退出这场辛苦的战役。与其三个人都痛苦，还不如我退出。虽然我不想退出，但我只能放手。祝你们幸福。"

一番话说得他甚至有了和她破镜重圆的冲动。感动之余，他答应了她的请求，见一见那个女孩，让自己明白自己输在了哪儿。

女孩来了，三个人的晚餐在一家很高档的酒店里进行。"果然很漂亮，可惜啊。"这样想着，她把偷偷带进来的浓硫酸泼向了女孩的脸……

作为受害者，不一定非要把伤害加诸他人。也许曾经真的爱过，也许一辈子都忘不了，但时过境迁。请不要在不恰当的时候再傻傻地追问："你不是说要和我一生一世吗？"更不要做出傻事，伤害了别人，也毁灭了自己。

事实上，面对失意，尤其是遭受侮辱和伤害时，很少有人能够保持冷静。

所以，遭遇类似情况时，我们要学会冷静，克制住冲动，前提便是不抱怨、宽容和必要的处世技巧。很多时候，很多人都在抱怨周围的人太不讲理，缺乏道德，其实奢求交往对象都是品德高尚的人，本身就不切实际。与人相处，想要避免类似的麻烦，最重要的是我们自己是否善于自持，是否善于与周围的人相处。

第五章 控制不良情绪，免得滋生借口

在现实生活中，人们总会发现抱怨的人远比乐观快乐的人多。可能没有多少人愿意与喜欢抱怨的人做朋友，因为这些人在抱怨的时候，也在伤害着身边的人，为他人招惹麻烦。世界上几乎没有人因为抱怨而得到快乐。

1.停止抱怨，快乐地生活

因为经常遇到困难或者挫折，抱怨成了某些人的"例行公事"。经常抱怨的人不见得是坏人，但可以肯定的是，这些人常常受人冷遇。他们的抱怨也有理由，他们总是认为自己经历了世界上最大的困难，却忘记了听他们抱怨的人也有这些经历。

偶尔的抱怨无可厚非，但经常抱怨，就如同往自己的鞋子里倒水，抱怨越多，行路就越艰难。困难和挫折是一回事，抱怨是另外一回事。更为重要的是，原本愉悦的心情会因为抱怨而变得低落甚至哀伤。

一鸣是上海一家公司的部门经理。有年夏天他到南京谈生意，在中央门，他坐上了一辆出租车，要求到新街口。

上了车他才发现，和别的出租车相比，这辆车不仅外观光鲜亮丽，而且司机要"正规"得多。天气炎热，但他仍然穿戴整齐，而且车内布置得也十分雅致，让人看了就很舒服、温馨。

车子发动之后，司机温和地问一鸣要不要开空调。司机发现一鸣似乎有点疲倦，又问他要不要来点音乐。等绿灯时司机又回过头来告诉一鸣，车上有刚买的《现代快报》和当期的杂志。最后司机甚至还问一鸣是否需要咖啡。

司机的"增值"服务很周到、很热心，一鸣有点不相信这样的事情会发生在自己身上。难道有什么不可告人的目的吗？但他从司机愉悦的表情里看出了真诚。

说实话，一鸣的这次行程并不是很开心，这个周末他早已和女朋友约好准备去旅行的，但老总的临时安排打乱了他的计划。不过因为这位司机的关系，他的心情好了很多。一鸣很好奇地问："我感觉你的服务很周到，并且与众不同。你从什么时候开始这种服务方式的？"

司机温和地笑了笑，没有正面回答他的问题。他说："我做司机快10年了，那时候还没结婚，因此收入不仅够温饱，而且还能存下一笔钱。自从结婚以后，压力就大了，而且这两年经济形势也不好，收入也减少了，孩子要上学，老婆工作也不稳定，压力太大，活得非常疲惫和痛苦，因此我经常抱怨工作辛苦，觉得人生没有意义。但抱怨并没有改变我的生活状况，反而让心情变得越来越糟糕。那天，我送一位退休的大学教授到火车站，他看出了我的颓废。他说：'如果你觉得日子不顺心，那么所有发生的事情都会让你觉得倒霉；如果你换一种心态的话，也许生活就是另外一个样子了。你也不用活得这么痛苦，每个人都能在社会中找到自己的位置。'"

"因此我相信，整天抱怨生活不如意，不但改变不了现实，而且还会让自己越来越痛苦；人要快乐，就要停止抱怨，要改变自己。我想，也许我该改变一下生活方式了。我相信，我把我的快乐带给我的乘客的同时，我也会很快乐的。我也相信，我现在做到这些了。"司机的话，让一鸣感动不已。

刚开始的时候一鸣也总是抱怨生活中的不如意，因而他闷闷不乐。司机乐观的生活态度感染了他。想快乐，就要少一些抱怨。过多的抱怨，不仅会让自己生活在痛苦之中，还会阻碍自己的发展。想想，上班的时候，遇到点儿挫折便怨天尤人、唠唠叨叨，自己的心情一团糟，还会消极地影响别人。谁愿意与这样的人交往呢？明白了这点，我们的心胸才会宽阔起来，也只有这样，我们才能清醒地认识自己，不至于在人生路上被烦恼绊倒。如果清楚了这个道理，请现在就停止无休止的抱怨。认真地做好下面几点，你的生活也许会是另一种状态了。

换一种心情对待不如意的事情。同一件事，角度不一样，想法不一样，可能得出来的结论就不一样。比如别人对我们说了难听的话，从我们的角度说当然很生气，但如果站在对方的角度呢？也许他是在给我们提意见呢。一个好的故事可以纯欣赏，也可能成为改变一个人的契机。知道自己需要改善的地方，并且努力去完成它，才是真正有勇气的人。

己所不欲，勿施于人。当你真的了解抽烟会影响他人的健康的时候，也许你就不会抱怨别人因为你在公共场合抽烟而批评你了，你也不会抱怨别人都针对你了。

适当改变自己。每一个人其实都想过更好的生活，但却不希望改变自己，天下没有白吃的午餐，一分耕耘才有一分收获。如果你希望拥有大成就，你就必须具备一个成功者的思考态度或行为规范。

你可以选择你要的人生，抱怨只会让事情更混沌。你可以选择早晚抱怨别人，也可以在觉醒后力图振作。不抱怨后的振作不一定会推翻过去所有的生活步调，它可以是一个当下念头的转换，或是一个行为的修正。

2.要停止抱怨，付诸行动

许多人都抱怨过处境的艰难，但抱怨根本解决不了问题。抱怨会让人丧失勇气，还会让人失去朋友。谁不恐惧牢骚满腹的人？谁不怕自己受到消极的传染？与其经常抱怨，为什么不停止抱怨，寻找解决问题的办法呢？

抱怨的人无处不在。有些人总觉得别人处处跟他作对，因而抱怨不止；有些人总认为自己是强者，但遇到困难的时候又无力解决，也抱怨不停；有些人认为社会太不公平，常常抱怨自己怀才不遇……

林跃是一家公司的部门负责人，在这家公司，他已经做了整整3年。对很多人来说，3年也许很短；但对林跃来说，已经很不容易了，因为他的公司人员流动性很大。

同事走了一批又一批，他听到最多的，都是同事对公司的抱怨，不仅对他抱怨，也对老总或和公司有关联的其他人抱怨。

一个朋友和林跃同在这家公司。工作后的第一次见面，他就向林跃抱怨说他的处境没有林跃好，后来每次见面都会向林跃诉苦。不过却从没有听到他说自己有什么不对的地方，或是准备怎么改正等。

林跃给他的朋友讲了一个故事：

一天，美国著名的心理学家赛利格曼与5岁的女儿尼奇在园子里播种。赛利格曼虽然写了大量儿童著作，但在实际生活中跟孩子并不太亲密。他正在忙着种地，而女儿却手舞足蹈，甚至将种子抛向空中。

赛利格曼有点烦了，便让女儿老实点。女儿却跑过来对他说："爸爸，你还记得我5岁生日吗？从3岁到5岁我一直都在抱怨，每天都说这个不好那个不好，当我长到5岁时，我决定不再抱怨了。这是我从来没做过的最困难的决定。如果我不抱怨了，你可以不再经常闷闷不乐了吗？"

赛利格曼突然产生了闪电般的震动。这一天改变了赛利格曼。他过去的50年都生活在阴暗的情绪中，而从那天开始，他决定让心灵洒满阳光，让积极的情绪成为心灵的主导。

抱怨对问题的解决无济于事，反而会影响自己的情绪。更为严重的是，一味地抱怨，会影响和朋友、同事、上司的关系。林跃之所以对这个朋友产生了看法，就是因为他的这个朋友只会抱怨，不知道从自身找原因。

遭遇了失败，只要我们振奋起来，还有机会从头再来。在人生的道路上，很少有人能永远一帆风顺。如果因为失败，就满腹牢骚，只会让人厌烦。

抱怨不同于坦然承认失败。坦然承认失败的人，会赢得别人的尊重，人们如同看到一个伤痕累累但神色平静的勇士。人们同情弱者，但抱怨的人容易气急败坏，反而得不到别人的同情。

从现在开始停止抱怨，把时间和精力都用在解决问题上。停止抱怨，你必须接受这样的观点。换句话说，就是你必须为自己所做的事负责，而不是做错了事之后找各种各样的借口。你可以经常对自己说：

（1）要是我不满意自己现在的一切的话，我就应该努力改变这一切，而不是将责任推卸到别人身上。

（2）要是我有什么目标的话，抱怨并不能使我实现目标。目标能否实现完全取决于我是否努力了。

（3）要是我不高兴的话，那一定是因为我自己，而不是别人让我不高兴了。

（4）要是我遇到了困难或者挫折，我应该努力去解决这些困难。这是我自己的事情，不能等待他人的帮助或者希望事情自然出现转机。

（5）要是有人遇到困难，我有责任不带任何目的地去帮助他们。

（6）要是我希望和他们交往，那么我应该主动去邀请他们，让他们觉得我有吸引力，而不是等他们先伸出双手。

停止抱怨仍然不是最终的目的，还应该多一点自信。抱怨只是逃避责任的表现。如果你发现自己在抱怨，立刻停止，然后问问自己，为什么不能努力去改变现状，让自己的生活更有意义。

3.微笑生活，收获快乐

在现实生活中，人们发现抱怨的人远比乐观快乐的人多。没有多少人愿意与喜欢抱怨的人做朋友，因为这些人在抱怨的时候，也在伤害着身边的人，为他人招惹麻烦。世界上几乎没有人因为抱怨而得到快乐。

刚刚大学毕业的程吉，在上海的一家外贸公司任职，因为是第一天上班，程吉非常谨慎。虽然公司9点才上班，而且到公司只有半个小时的车程，他还是在6点就起床了。洗漱完毕之后，他特意挑选了衣柜里最贵也最正式的一套职业装，然后精神抖擞地出门了。

但是让程吉没想到的是，他昂首阔步进入公司之后，人力资源部经理把他领到他所在的外联部后，就再也没有人搭理他，部门里的其他职员也没有人抬头看他一眼。

程吉坐在座位上等了半天，也没有人过来安排他任务。他只得去找部门经理。

部门经理看了看他说："小程啊，饮水机的水要换了，还有帮大家到下面买些充值卡，回来的时候顺便给大家买好午饭……"

程吉非常郁闷和无奈，他也不知道该怎么办，如果拒绝又怕得罪部门经理。对他来说，帮同事做点事情倒是没什么，可是没有一个人对他的行为表示肯定，一句谢谢都没有。更为重要的是，这些琐碎的事情在同事们的眼中，都成了他分内的事情。

因为这些事情程吉很失落，他也曾暗地抱怨过部门经理，但工作仍然得继续。就这样程吉的这份工作一直持续了半年之久，最后他不得不卷铺盖走人。和刚到公司时的兴高采烈相比，他走得有点黯然，因此他的心绪变得很坏，这直接影响到了他以后找工作的信心。其实抱怨根本解决不了问题，相反还会给自己的人际关系蒙上一层阴影。

在我们周边常听到看人抱怨生活不公平、不如意，这些人总是跨不过那扇快乐之门，被抑郁、忧伤困扰。而这些痛苦来源于"把自己摆错了位置"，总觉得生不逢时，总觉得机遇未到。长期抱怨的人，最容易犯的一个错误，就是让消极的想法在自己脑海里面生根发芽。就像经常有人这样说："我知道我不该抱怨，但我不知道该怎么让自己不要抱怨。"

很多时候，抱怨与乐观仅仅一步之遥。假如你是个悲观的人，选择了抱怨，你将可能时时忍受忧郁、痛苦的折磨，你的生活、学习、情绪、健康都将因此付出代价。相反，如果你能乐观地对待你所遭遇的一切不幸，困难和挫折将会因为你的乐观而变得渺小和微不足道。

如果你能意识到自己不该抱怨，这将是你克服抱怨的第一步，因为意识到自己应该如何做和不应该如何做很重要。克服抱怨最好的办法，莫过于保持乐观的情绪了。保持乐观的情绪，应该做到以下几点：

（1）有一个快乐的人生计划。人活着应该为了生活得更快乐、幸福，而幸福的生活要靠自己的努力去争取。因此，你需要给自己定一个目标。为了这个目标，你就需要勤奋和努力。即使遇到了困难或者挫折，目标的动力也会克服你的消极情绪，让生活和工作充满乐趣。

（2）对自己不要过于苛求。很多人乐于抱怨，包括抱怨别人也抱怨自己，多是目标定得过高，当依靠自己的力量无法实现的时候，就会抱怨别人。"为什么他没有帮助我？""为什么我这么不顺？"从抱怨别人到抱怨自己，情绪将越来越糟糕。

（3）保持微笑，积极调控情绪。保持乐观的心绪，排除不良的情绪，让自己在愉快的环境中度过每一天。

4.性格怯懦的人难以成事

怯懦的人大多害怕困难，害怕挫折，害怕交际，往往表现得软弱无能、畏避退缩，做事缺乏勇气；在人际交往中，往往因自我封闭而产生不良的人际关系。

性格怯懦的人遇事容易退缩。他们不愿冒半点风险，遇到困难时会惊慌失措，不知如何是好，受到挫折则会无地自容。在处理具体事务时，他们过于谨小慎微，没有十分把握绝不冒险，遇到难题能避则避，没有自己的主见，喜欢按他人的意愿办事，害怕承担责任和受别人非议。

怯懦的人缺乏交往处事的主动性。他们在与人交往时，常常会不由自主地约束自己的言行，神态也会显得极不自然。在交谈时，怯懦的人常常无法充分表达自己的思想和感情，从而影响与人建立正常的关系。他们害怕压力与竞争。他们不习惯迎接挑战，因而常常害怕机遇；他们总是在机遇中看到忧患，而在真正的忧患中却又看不到机遇。

怯懦通常是恐惧的伴侣，恐惧更进一步加强了怯懦。总是担惊受怕的人，常常会被各种各样的恐惧、忧虑包围，看不到前面的路，更看不到前方的风景。

法国文学家蒙田说："谁害怕受苦，谁就已经因为害怕而在受苦了。"

怯懦性格的人往往意志薄弱、个性软弱。他们往往行动拘谨，容易逆来顺受和屈从他人。怯懦的人在对手面前，往往不善于坚持，而选择回避或屈服。

怯懦的人并非不重视自己的自尊，但他们常常更愿意用屈辱来换回安宁。怯懦的人经常自怜、自卑，在他们心中没有生活的高贵之处。

性格怯懦的人，做事总是担心别人耻笑，担心自己要说的别人都懂，他们因为爱面子而不敢越雷池半步。怯懦的人若遭到他人嘲笑，会变得更加怯懦。

怯懦的性格有时候会被误认为是谦虚或是害羞，因此有时怯懦也会被当作一种优良的品德。正是这种品德，扼杀了很多好的想法、好的建议，也为怯懦者自己拒绝了无数好的机会。其实，大可不必怕人笑话，更不能将好不容易涌现出来的构想埋没于心中。只有说出来，才有机会表达自己的想法，才有机会表现自己，从而最终获得成功。

莎士比亚曾说过："这种踌躇和犹豫其实是对自己的背叛。当幸运之神来到眼前而不抓住，那是没有第二次机会的。如果遇事连试都不敢试，那么他一生都不会与幸运有缘。"

对于胆怯而又犹疑不决的人来说，一切都是不可能的。怯懦是性格的一大缺陷，但如其他的病症或者缺陷一样，怯懦也是可以克服和治疗的。

大文豪萧伯纳小时候曾是个怯懦的人。有这样一段关于他的逸事：

在上学的时候，一次萧伯纳有事情要找校长谈。他来到校长室门前，想敲门进去，手刚刚举起又放了下来，犹豫了一阵，还是走了回去。但是，没走几步，他又折了回来，并在心中暗暗下决心："这次一定要进去。"可是，真到举起手来的时候，他又失去了勇气。就这样，他在校长室门前徘徊了三十多分钟，才鼓足勇气敲响了校长室的门。

后来，他下决心要从怯懦中走出来。他试着在众人面前讲话。开始他有些语无伦次，甚至会全身发抖；但是，慢慢地，他有意识地摆出一副自信的样子，不断延长自己的讲话时间，终于从怯懦中一步步走出来，成为具有坚定信念和充满自信力的人。

如果自己有怯懦的性格，或者性格中有一些怯懦的因素，可以从自身心态进行调整，在日常生活中多进行自我训练，就不难克服怯懦心理。有这样一些克服怯懦性格的方法：

（1）径直迎着对方走上前去。

（2）会见陌生人之前，先列一张话题单。

（3）与别人谈话时，盯住对方的鼻梁，让人感到你在正视他的眼睛。

（4）开口说话时，要尽量声音洪亮，结束时也要强而有力。

（5）与比自己强的人交往，同时还可观察强者的弱点和缺点，从而增强自己的信心。

5.此路不通，就换条路走

年过四十的张跃然最近心情不畅，有很多想不通的事情，因而他一直唉声叹气、闷闷不乐，越来越自闭。左邻右舍以及公司里的同事，有事没事的时候就给他提建议。有的人建议他多和朋友聊聊，多到外面散散心；有人建议他可以自己找点新奇的东西玩玩，转移一下注意力……

由于工作的失误，他受到了领导严厉的批评。领导批评他也是有原因的：张跃然接受的任务对公司的发展举足轻重，在他执行任务前，领导还千叮咛万嘱咐，让他多参考别人的意见，甚至还给他提了一套方案。而张跃然自认为依靠自己的经验和能力，应该不成问题。当他执行任务的时候，才发现事情并不像自己想象的那么简单。不过他仍然固执地使用他的老方法。最后事情办砸了。

视野不够开阔，胸襟不够广阔，想当然地坚持自己的经历或者经验，常常会让人钻在某一条"胡同"中不能脱身。对于张跃然来说，他的失败就在于，当他按照自己的经验行事的时候，走不通了，但他仍然固执于自己的方法。这也是他搞砸任务的主要原因。

很多时候，当面前无路可走的时候，为什么不尝试向左或向右呢？问题是如此简单，但就是这个很简单的问题，很多人却想不到。

路很多，不要总是拣熟悉的走。如果总是沿着老路前进，就会把路走烦、走厌、走绝。这时，不妨往旁边跨几步，也许会发现无数条路。

路的旁边也是路。这条路看上去也许是羊肠小道，但当我们无路可走的时候，它很可能是一条充满希望、充满机遇、通向成功的光明大道。

很多刚入职场的人，用不了多久，起初敢闯敢拼的劲头，就会被消磨殆尽了。但杜丁却是个例外。在大学里杜丁就以创意迭出著称。走上工作岗位两年多的时间里，他依然像刚入职场的样子，脑子里有说不完的点子。

不过现在杜丁有些郁郁不得志的感慨——他的老板是个因循守旧的老人，从他创立公司的时候开始，小心谨慎一直都是他遵循的核心思想。在金融危机到来的时候，公司没有像别的公司那样轰然倒塌，这也让老板更坚信是自己的保守和谨慎，才让公司幸免于难。

公司专门生产市场上的那种小电扇。老板的思想是少而精，要做就做最专业的。在杜丁看来，他可不这么想，按照他的理解，公司的实力虽然不是很强，但还不至于让产品如此单调——在多元化的市场环境中，仅仅生产一两种没有优势的产品显然是不够的。因此他想设计新的产品。

但杜丁不是老板，他只是老板手下的一个部门负责人而已。不过这并没有阻止他产生标新立异的想法。他想，等他设计出了产品，老板一定会认可他的。然而杜丁明白，老板是绝不允许杜丁利用公司的资源进行在他看来毫无意义的尝试的。

因此杜丁想了一个法子。他先跟老板提建议，说应该在电扇的设计上进行更新。在取得老板的同意后，他马上开始着手进行新产品的设计。不到两个月的时间，他就设计出了一款空调扇。这时老板才发现"上当"了。不过面对越来越多的订单，他能怎么做呢？唯一能做的，就是赶紧给杜丁升职。

生活中，有些人总是在一条路上不断地走，当无路可走的时候，便怨天尤人，抱怨别人没有尽心尽力帮助自己，抱怨自己为什么这么没用。实际上，路的旁边也是路。有时候我们走得不好，不是路太窄了，而是我们的眼光太狭窄了。最后堵死我们的不是路，而是我们自己。

人生的路很长，遇到的挫折也很多：为环境所迫，为条件所困，为生活所累，为情感所惑……有些事情我们是无法改变的。有这样一句话："当我们无法改变他人的时候，我们可以改变自己；当我们无法改变环境的时候，我们可以改变心境。人生之路永远都不是只有一条。"

当我们不能改变全部时，为什么不改变局部？当我们无休止地抱怨的时候，为什么不尝试着走别的路呢？我们应该满怀信心地尝试别的方法——当一种方法解决不了的时候，不要抱怨，尝试着走别的路。也许那就是一条捷径。

6.依赖别人容易丧失独立

依赖别人，意味着放弃对自我的主宰，这样往往不能形成自己独立的人格。喜欢依赖他人的人更容易失去自我，遇到问题时，自己没有主见，进而慢慢地丧失了做人的独立性。

1993年的"世界爱鸟日"，芬兰维多利亚国家公园放飞了一只在笼中关了5年的秃鹫。令人意想不到的是，3天后这只秃鹫饿死在公园附近的小山上。

秃鹫，原本是一种凶悍的大鸟，生存本领极强，常捕食小动物。饥饿异常的秃鹫甚至敢与虎豹争食，然而这只鸟中之王却死于饥饿。动物学家分析原因，最后得出结论：原来几年来，这只秃鹫已经过惯了公园里"饭来张口"的舒适生活，渐渐丧失了在大自然中生存的斗志和能力。这只秃鹫，与其说死于饥饿，倒不如说死于依赖。

心理学家分析，依赖心理是一种消极的心理状态，它影响一个人独立人格的完善，制约人的自主性和创造力。

依赖型性格的人，如果没有他人大量的建议，对日常事情就不能做出决策，并且总是希望别人为自己做决定。他们在生活上愿意他人为自己承担责任，甚至从事什么职业都由别人决定。他们把所有的希望都寄托在别人身上，遇到困难时，总是想获得别人的帮助。依赖型性格的人一般没有深刻而复杂的思维活动，也没有远大的理想抱负和追求。他们满足于得过且过的生活现状，最终只会一事无成。

依赖型性格的人独立行动能力很差，很难单独实施自己的计划或做自己的事。他们喜欢将自己的需求依附于别人，过分顺从别人，一切听任别人决定。他们常常会有无助感，总感到自己无能、笨拙、缺乏精力，同时还有被遗弃感。当依赖无法继续或者亲密关系终结时，他们会有被毁灭和被遗弃的感觉。

当然，依赖性格人人都有，也是可以慢慢地克服和纠正的。

（1）摆脱习惯性依赖

依赖型人的依赖行为大多已经成为一种习惯，当依赖成为一种习惯时，对人心理的影响就会达到根深蒂固的地步。要想独立，必须首先改变这种不良习惯。

认真清理一下自己的行为中哪些是习惯性地依赖别人去做的，哪些是自己决定的。可以每天做记录，将这些事情分为自主意识强、中等、较差三等，每周做一次小结。对照记录，针对自己的具体情况进行分析。对于自主意识强的事情，坚持以后遇到同类情况一定要自己来做；对于自主意识中等的事情，也要尽量提出自己的改进方法，并在以后的行动中逐步实施；对自主意识较差的事情，可以提高自我控制能力，提高自主意识。

（2）增强自己的自信心

有依赖心理的人往往缺乏自信，自我意识低下。依赖性强的人往往没有主见，缺乏自信，所以只能居于从属地位。遇到事情总想依赖父母、朋友或权威解决。一个凡事总依赖别人、不愿自己动手去做的人是危险的。再强大的依靠也有消失的一天，一个人最大的靠山其实就是自己。

寻找自己的优点和长处，从自己最擅长、最容易做的工作入手，最容易激起自己对工作、学习和生活的信心。给自己一个肯定，给自己加油，增加自信心，相信自己可以自主处理事情，并把这种自信培养成一种习惯。

人都有依赖心理，只不过有些人依赖心理很强，而有些人依赖心理较弱。依赖和人的惰性是共存的。依赖性强的人就如依靠拐杖走路的人。只有甩掉拐杖，自己才能够站得稳，走得快。

每个人都有自己的人生，别人的帮助毕竟是有限的、一时的，只有通过自身的努力，才能走出属于自己的一路风景。惰性和依赖性，是成功路上的障碍。依赖他人只会让自己变得日益懦弱。依靠自己，才会让自己变得更加强大。

7.果断决定才能减少错过

犹豫是一种不良的心理情绪。它的表现形式多种多样，包括极端的懒散状态和轻微的犹豫不决。生气、羞怯、嫉妒、嫌恶等都会引起犹豫不决，使人无法按照自己的愿望进行活动。犹豫的人总希望自己能够作出正确的选择，却又被每一个选择可能带来的负面结果蒙蔽了眼睛，根本不知道自己想要什么，事情的结果又会是怎样，最终让机会在自己的徘徊中悄悄溜走。

犹豫的人在面对重大选择时，总是会一再拖延，直至不得不决断的时候才仓促决定。他们唯恐今天决断了一件事，明天会错过更好的事情，以至于自己可能会对第一个决断产生懊丧情绪。

有这样一个寓言：一头驴子面前有两垛青草，欲吃这一垛青草时，却发现另一垛青草更嫩更有营养，于是跑到另一垛青草那里；在另一垛青草处，它又发现这一垛还不如那一垛好，于是又跑回去；等到跑回来却又发现，还是另一垛好……于是，驴子在两垛青草之间来回奔波，最终没吃上一根青草，结果饿死了。

按理说，人类要比驴子聪明得多，不会犯驴子一样的错误。其实不然，很多时候，人类的选择甚至比驴子还要笨。

有一位父亲试图用金钱赎回在战争中被敌军俘房的两个儿子，但他被告知，只能救回一个儿子，他必须选择救哪一个。这个慈爱而饱受折磨的父亲非常渴望救出自己的孩子，但是在这个紧要关头，他无法决定救哪一个孩子，牺牲哪一个。这样，他一直处于两难选择的巨大痛苦中。在他还没有做出最终决定的时候，他的两个儿子都被处决了。

歌德曾经说过，犹豫不决的人，永远找不到最好的答案，因为机会会在犹豫的片刻溜走。

在一些必须做出决定的紧急时刻，不能因为条件不成熟而犹豫不决，应当机立断地做出一个决定。你可能成功，也可能失败；但如果犹豫不决，结果就只剩下了失败。

许多人虽然在能力上出类拔萃，但却因为犹豫不决的性格，最终失掉良机而沦为平庸之辈。因此，我们必须改变犹豫不决的性格，即使处在混乱中，也必须果断地作出自己的选择。

优柔寡断、当断不断是成功的大敌。在很多情况下，许多人正是由于没有及时做出决定而错过了大好机会。

做人总会有进退两难的时候，就如站在人生的十字路口上，不知如何是好。这个时候，一定不要优柔寡断，而是要当机立断，迅速做出决定。不能决断的时候，往往正是关系自己命运的关键时刻，这个时候的优柔寡断，往往会让你遭受巨大的损失，甚至付出生命的代价。

一个樵夫上山砍柴，不慎跌下山崖。危急之际，他拉住了半山腰一根横出来的树干，但是崖壁光秃秃的，而且很高，根本爬不回去，下面则是崖谷。

真是上天无路、入地无门，樵夫不知如何是好。正在这时候，一位老僧路过这里，对他说道："施主，我现在可以指点你一条生路，但是，你必须听我的安排。"

樵夫赶快答应道："好的，好的，你赶快说吧。"

僧人说道："你现在放开你的两只手。"

"放手？不行啊师傅，下面是崖谷，我跳下去会摔死的。我还是等等，看有没有人能救我吧。"

僧人哈哈大笑："这位施主，既然不能上，那就只有往下跳了，跳下去不一定能活。但是，你这样吊着等人来救，别说没有人来，恐怕有人能救你的时候，你已经死了。"

樵夫觉得有理，索性横下心来，眼睛一闭松开两手——结果竟奇迹般地掉在了山脚的草丛里，很快被闻讯赶来的山民救起，保住了一条性命。

优柔寡断是成功的敌人，在它还没有伤害到你、破坏你的力量之前，你就要先把这一敌人置于死地，培养一种胆大心细、雷厉风行的行事风格。

要想把握生命中的幸福，把握住每一次成功的机会，就要果断决定，凡事要当断则断。其实，很多时候，你想思考周全，防止纰漏，结果往往事与愿违。要知道，生活中原本需要非常谨慎的事并不太多，就算是真正的大事，也很难找到万全之策。一再犹豫不会使事情自动向好的方向发展，不如抓住机会果敢行事，或许还会取得意想不到的成功。

8.改变心态，改变命运

香港有三个年轻人，一起到一个露天洗车场当洗车工。春夏秋冬，酷暑严寒，他们终日埋头苦干。

一天，一位大学教授到这里洗车，发现他们三个虽然都是洗车工，但工作态度迥然不同。于是他好奇地问A："你在干什么？"A悠闲地说："您没看到吗，我在擦车。"

大学教授又问B："你在干什么呢？"B笑着说："我在给顾客做汽车保养。"

然后他又问C："你在干什么？"C微笑着回答他说："我在帮老板赚钱，当然也是给自己挣口饭吃。"

大概过了六七年，这三个一同来打工的年轻人的命运发生了天翻地覆的变化：A作为一个洗车场的业务主管去B开的汽车养护产品店进货，C作为"香港环保洗车王"科贸集团的董事长到B开的经销店考察。B无限感慨地对C说："你当年就是跟我俩不一样，所以现在就大不一样了。"

B说的"不一样"，其实说的就是心态问题。相同的环境，只是因为心态不一样，各自的命运竟然产生了如此巨大的差别。在三个人中，最有成就的当属C，他的成功就在于他的心态比另外两个人更好，"我在帮老板赚钱，当然也是给自己挣口饭吃。"一句简单的话，就透露出了他坦然自若的心态。有了这种坦然的心态，还有什么不可以面对的呢？

即使是一件很微小的事情，也能让很多人烦恼或者悲伤不已。面对烦恼和悲伤，他们抱怨连天。总觉得是别人的缘故才导致目前的窘迫，因此对他人有了更多的苛求。

为什么说是苛求呢？因为每个人都有自己的思想和想法，他们不会因为别人而刻意改变自己。举个例子，同事性格外向、能说会道，他可能不会因为某个同事内向开不得玩笑，就三缄其口，有时候有意无意就会取笑别人一番。这时候，被取笑的人可能就开始抱怨了。但那能怎样呢？抱怨，只会让他们的心情越来越坏，根本解决不了问题，这种事情太多了。

他们之所以抱怨，是因为别人身上有他们看不惯的东西，但他们又无法改变这种现实。那么，为什么不尝试着去改变自己的心态呢？也许仅仅改变一点点，情况就大不相同了。

一年前，陆光宇从美国留学回国。在朋友的介绍下，他来到了宁波的一家私企。在和这家私企的老总面谈之前，陆光宇深信不疑，以他耶鲁大学博士的身份，在这样一个小企业找份工作，那是绰绰有余的。不过，当他见到这位老总的时候，他才发现自己想错了。

原来这家私企的老总是个脾气古怪又很固执的家伙，他对那些文质彬彬的文化人很有偏见。当陆光宇信心百倍地告诉老总他是耶鲁大学毕业的时候，公司的老总疑惑地看着他："耶鲁大学？没听过这个名字。我对你是什么大学的并不感兴趣，我非常讨厌那些自以为是的人，上了什么大学就表示有能耐了吗？我没文化不照样当老板吗？"

老总的话顿时让陆光宇黯然失色，不过他很快冷静了下来。按照他的脾气，可能早就走人了，但他没有这样做。一方面，他需要这份工作；另一方面，他发现老总虽然说话难听，但是个正直的人。因此，他故作神秘地对老总说："如果你答应不告诉我父亲的话，我就告诉你一个秘密。"

老总看了看陆光宇，也被他的话逗乐了，然后点头同意了。于是陆光宇小声地对老总说："其实我在耶鲁大学根本没有学到什么。我之所以在那待到毕业，完全是因为我的父亲，他身体不太好，我不想惹他不高兴。"

老总听了陆光宇的话，思索了一下，然后微笑着说："那你明天来上班吧。"

抱怨纵然能解一时怒气，但是并不能解决问题，更不能让我们成为最后的赢家。可以想象，如果陆光宇这么做的话，他的这份工作肯定泡汤了。相反，他没有抱怨，更没有和老板对着干，而是随机应变，迎合了老板的观点，最终得到了这份工作。

当我们遇到不如意的事情的时候，不要总是无休止地抱怨。为什么不把抱怨的时间和精力用来反思和改变自己的心态呢？心态决定行动，有一个好的心态，才可能有一个好的结果。

当然，面对别人的刁难，比如你的上司故意和你过不去，你可以讨厌他，而且完全不必去讨好他，也没必要和他达成一致意见。你可以不喜欢他，但一定要清楚，不能让他制造的麻烦转变成你的烦恼。无论你为此多么愤怒，他也不会为你而失眠。如果你因为他的过错而陷入无尽的烦闷悲伤之中，你就成了唯一一个受到伤害的人。

第六章 积极高效，不给借口留余地

正如一句话说的：你的心态决定你的成败，心态的高度决定你成功的高度。不管是在工作中还是生活中，如果把自己的心态摆正了、摆好了，用积极的心态去迎接每一件事情，那么你将取得想要的好结果，好人生。

1.你的态度决定你的高度

态度是衡量一个人能否获得成功的重要标准。如果一个企业员工连最基本的热爱本职工作、积极主动、有责任心、干事不拖拉的工作态度都不具备的话，他又怎么能对本职工作尽职尽责呢？也就更加不用说能取得多大的成功了。

正如一句话所说，你的心态决定你的成败，心态的高度决定你成功的高度。不管是在工作中还是生活中，如果把自己的心态摆正了、摆好了，用积极的心态去做每一件事，那么你将取得想要的好结果、好人生。

有一个成功女企业家曾这样说："现在的员工的工作态度比我们以前差多了。那时我们不管做什么工作，不管是不是公司的事，都会积极主动地去做，也会尽力去把它做到最好。"

随着时代的发展，对员工的要求可能不一样，然而这些话却在一定程度上反映了她对工作的态度。良好的工作态度是每个行业道德的基本要求，同时也是个人取得成功的基本要求。假如一个人连他自己所从事的本职工作都不热爱，那么他就不可能敬业，更不会自觉地去钻研业务。这样，他的工作质量和效率也就不可能有质的提升，所以也就更不用说什么成功了。

在这里需要强调的是，对于那些人们比较喜欢的、条件好、待遇高、专业性强又很轻松的工作，要求做到爱岗敬业相对来说比较容易。但假如是因为工作的需要，把一个人放在工作环境恶劣、工作单调、待遇低、重复性大，甚至还有一定危险性的工作岗位上，要做到爱岗敬业那就不容易了。其实越是在这种情况下，那些热爱这些岗位并能在岗位上认真工作劳动的人就越是企业真正最需要的人。

小丽大学毕业后，应聘到一家公司。刚开始的时候她每天的工作就是拆应聘信、翻译，翻译、拆应聘信，可以说是量大枯燥，索然无味。但她却忙得不亦乐乎。她不急不躁，每天认真仔细地工作着。一年后，小丽被提升为人事部经理。领导在她的升迁理由中这样写道："小丽作为一个名牌大学毕业的硕士生，每天千篇一律地拆信，并在这些信中，不厌其烦地整理出有价值的信，推荐给上司，这表明了她积极的工作态度。"总经理认为，她能够尽职尽责，干一行爱一行，自己岗位上的每一件事情都办得非常出色，企业需要的就是这样的放到每个地方都能发光的人。因此她理所应当是这一批应聘者当中的第一位升迁者。

　　"态度决定一切。"米卢的这句名言被许多企业的人力资源经理反复引用。他们觉得，一个人的态度是否端正，通常决定了他能发挥出多大的专业水平，创造多大的业绩，也决定了他将来成功的高度。

　　北京一家猎头公司副总监李群认为，企业用人并不太看重学历，而是取决于他展示出来的能力和水平。许多人在职场发展比较慢，并不是他们没有能力，主要是因为他们心态不够好。应该说良好的职场心态一要有职业人的心态，一定要投入地把每一件负责的事情做得专业、完美、不偷懒、不应付了事；二是要有公民意识，即作为公司一分子的责任感；三是有视批评为馈赠的良好心态，工作中难免会遇到批评、指责，但如果能首先检讨自己的责任，然后再找出其中的原因，在职场上进步肯定会更快。

　　有这样一个例子：有一次李嘉诚在回他办公室的途中，发现一枚1元硬币从眼前闪过，滚到了车子下面。李嘉诚下了车，准备去捡那枚硬币。就在他弯腰要捡的时候，一个门卫提前把那枚港币捡了起来，并交给了李嘉诚。李嘉诚拿过硬币，马上从口袋里拿出100元钞票奖励给这个门卫。人们感到很奇怪，别人只是帮他捡1元钱，他却给了对方100元。李嘉诚说，这1元港币，如果不把它捡起来，它可能掉到水沟里面，这个社会财富就会流失掉，不能让人们把已经创造出来的财富和价值流失掉。那个门卫不仅知道珍惜财富，还懂得帮助别人，这是一种积极的心态，应该奖励。

的确，很多决定和行为取决于人的心态。而现在有很多员工（特别是年轻的）都有一种"净赚薪水"的心态。他们觉得"你给几分钱，我就出几分力"是理所当然的。产生这种心态主要是因为他们涉世未深，没能看到自己和公司的长远未来，所以才用金钱来衡量自己的工作价值。

我们如何才能养成一个良好的心态而获得成功呢？主要有四个方面。

第一个心态：做企业的主人

什么叫作主人的心态？不管老板在不在，不管领导在不在，不管公司遇到什么样的困难，你都愿意去全力以赴，愿意帮助公司去创造更多财富，这就是做主人的心态。

什么叫作仆人的心态？就是把自己当成企业的仆人，是在为别人而工作。

第二个心态：对事业的热忱

这是一个成功者所应具备的非常重要的一种特质。因为人和人之间的影响和带动是非常重要的，特别是销售行业，它是信息的传递和情绪的转移。如果一个销售人员把对产品和销售的极大热忱，完全地传递给了顾客，顾客可能就会采取投资购买行为。如果一个领导者，把对工作的极大热忱，复制给了周围的人，他们就会跟随着他。这就是一种群体效应。

第三个心态：对待事情的意愿和决心

可以说世界上没有能与不能的问题，只有要与不要的问题。也许你能得到你一定要的东西，但你未必能得到你一定能的东西。做任何事情，想要成功的话，有五个字很重要，就是：我要，我愿意。

现实中大多数人只是想要结果，不愿意去努力。甚至有相当多的人会选择找借口来度过自己的人生，而不是去找方法。

我太年轻了，所以我无法成功；我太老了，所以我无法成功；我是女人，所以我无法成功；我学历不高，所以我无法成功；我学历太高了，思想性太强，同事们理解不了我的想法，没有办法成功……这些都是人们给自己找的借口，分析一下，这些借口站得住脚吗？

所有这些借口可能都是事实，但是借口能不能帮人成功，能不能得到想要的结果，这才是需要认真思考的一件事情。

第四个心态：要有自我负责的精神

人生最美好的结果，是由最正确的决定开始，而最正确的决定又开始于最正确的思想。所以你要对一件事情的结果负责，最重要的是，首先要对自己的思想和态度负责，思想不同，态度不一样，下的决定也不一样。如果一个人不肯为自己独有的人生负责任，那就任由别人来摆布吧。

2.转换思维，突破新天地

在市场经济条件下，只要我们敢于去突破思维的定式，敢于向新的、不同的方向多走一步，也许就会发现另一片天地。就像切苹果一样，如果不去换种切法，你就永远不可能看到苹果里面美丽的星星图案。

有一个这样的故事：有一天，小孙子从幼儿园放学回家跟爷爷说："每个苹果里面都有一颗小小的星星。"爷爷说："这没有什么奇怪啊。我们每次吃完苹果最后剩下来的核，不就是苹果的心吗？"小孙子立即反对说："我说的星星不是剩下的核。我是说苹果里面有一颗小星星。"爷爷想了想正色地说："你不要胡说啊。苹果里怎么可能会有星星呢？"小孙子说："是真的。苹果里真的有一颗星星啦。"

最后爷爷问小孙子："那你能不能把苹果里的星星找出来给爷爷看一下呢？"小孙子说："可以啊。但是您要先给我一个苹果和一把刀才行啊。"小孙子把苹果横放在桌面上举刀就要切。爷爷看了，忍不住说："不能这样切，苹果不是这样切的。"立即把苹果抢过来，重新直立在桌上，然后告诉小孙子："切苹果要从上往下切才对。"小孙子说："你让我照自己的方法切好不好嘛。"小孙子把苹果横放好，然后举刀从中央横切下去，苹果霎时被分成了头尾两半，而切开后的苹果中的五粒种子，恰好整齐地在这两半的中央构成了一颗美丽的星星。爷爷看着星星，顿时呆了，没有想到的是自己吃了一辈子的苹果，直到今天才知道苹果里面竟然还有那么漂亮的一颗星星。

苹果里有一个清晰的五角形图案，也许不只是这位老人不知道，可能大部分的人都没有注意。是的，我们吃了多年的苹果，却从来没有发现过苹果里面竟然会有五角形图案。小孩子仅仅是换了一种切法，就发现了鲜为人知的秘密。

摩根，美国摩根财团的创始人，早年的生活非常清贫，夫妻二人只能靠卖蛋维持生计。让人不解的是，身高体壮的摩根卖蛋却远不及瘦小的妻子。后来他终于弄明白了原委。原来摩根用手掌托着蛋叫卖，因为手掌太大了，人们眼睛的视觉误差害苦了他。随后摩根立即改变了卖蛋的方式。他把蛋放在一个浅而小的托盘里，不出所料，出售情况果然变好。在发现这一"秘密"后，摩根并没有因此满足。他想既然眼睛的视觉误差能影响销售，那经营的学问就更大了。这一想法激发了他对心理学、经营学、管理学等的研究和探讨，终于在若干年后他创建了摩根财团。

同样是利用人们的视觉对颜色产生的误差，日本东京的一个咖啡店老板减少了咖啡用量，却增加了利润。一次他给20多位朋友每人4杯浓度完全相同的咖啡，但是盛咖啡的杯子的颜色则不一样，它们分别为咖啡色、红色、青色和黄色。结果朋友们对完全相同的咖啡的评价则不同，他们都认为青色杯子里的咖啡"太淡"；黄色杯子中的咖啡"不浓，正好"；而咖啡色杯子以及红色杯子中的咖啡"太浓"，而且认为红色杯子中的咖啡"太浓"的占了90%。于是这位老板就依据此结论，立即将他店中的咖啡杯子一律改为红色。这样既大大减少了咖啡用量，同时又给顾客留下了极好的印象。其结果是顾客越来越多，生意也随之愈加红火。

无独有偶。一个商人听朋友说博物馆中藏有一个明朝时代流传下来的被称为"龙洗"的青铜盆。这盆边有两耳，只要有人用双手搓摩盆耳，盆中的水便能溅起一簇簇水珠，高达尺余，甚为绝妙。听后该商家突发奇想："何不仿制此盆，将之摆放在旅游景点或人流量多的地方，让游客自己尝试，经营者收费呢？"于是他立即找专家分析研究，在试制成功后投放市场，果然效果出奇的好。博物馆中的青铜盆只具有观赏和研究价值，商家将之仿制推向市场后，却取得了非常好的经济效益。

3.努力付出，跟蚂蚁学习

中国有句俗话叫"三十年河东，三十年河西"，说的就是没有事物是一成不变的。也许有人说自己现在是一无所有，微小得像只"蚂蚁"；也许有人说自己付出那么多，但还是没有成功。成功确实需要付出，但付出不一定能成功。这是为什么呢？主要是我们没有找到正确的方法。只要我们积极努力地去付出，同时善于寻找方法，那么我们就能慢慢地强大。总有一天"蚂蚁"会变成"狮子"。

丹尼尔·洛维格是美国著名的船王，他的一生从无到有，乃至到他后来的数十亿美元的资产，都和他善于寻找方法从而获得巨大成功的特点息息相关。

一天他来到大通银行贷款，银行工作人员看到他衣着破烂，又没有任何的东西做抵押，所以很自然地拒绝了他的申请。但是聪明而又执着的洛维格并没有因此而放弃。他千方百计通过多种途径，总算见到了该银行的总裁。他对总裁说，他用贷款把货轮买到后，就立即把它改装成油轮，而且他已经跟一家石油公司联系好了，把它出租给石油公司。石油公司将每月付给他租金，这样他就可以用来分期还他要借的这笔贷款。他说可以把他和石油公司的租契交给银行，再由银行去向那家石油公司收租金，这样就等于在分期付款了。

很多银行听了洛维格的想法，都觉得荒唐可笑，不可能实现，且无信用可言。但是大通银行的总裁却不那么认为。他觉得，虽然洛维格是一文不名，同时没有什么信用可言，但是那家石油公司的信用却是非常可靠的。如果石油公司同意拿着他的租契去找他们按月收钱，这自然是十分稳妥的。

就这样，洛维格终于贷到了第一笔款。他买下了他所需要的旧货轮，把它改成油轮，并把油轮租给了石油公司。同时他也赚到了他人生的第一桶金，然后不断地发展，最终成了美国著名的船王。

洛维格的成功与精明之处，就在于他利用那家石油公司的信用来增强自己的信用，从而成功地达到了他贷款的目的。

李阳，疯狂英语的创始人，以自己不懈的追求和不断奋斗，演绎了精彩的人生传奇。他并非生来就是英语天才。1986年李阳考进了兰州大学工程力学系。进大学后的李阳，第一年，成绩名列全年级倒数第一名，英语连续两个学期考试不及格。偶然中，李阳发现，在大声朗读时思想会变得特别集中，于是他就跑到校园空旷的地方大喊英语。也许是一语惊醒梦中人，李阳想，这样大喊英语也许是学英语的一种好方法。

在以后的4个月时间里，李阳读了10多本英文原著，背熟了大量四级考题。在当年的英语四级考试中，李阳只用了50分钟就答完试卷，并且成为全校第二名。一个英语考试总是不及格的李阳突然成为一个英语高手，这一消息轰动了兰州大学。

初尝成功的李阳，从此开始迈上奋发进取的人生道路。他发现，在大喊的时候，性格的弱点被击碎了，精力更加集中，记忆更加深刻，自信逐渐建立起来。他想，这种方法在他的身上已取得成功，那么何不把这套方法系统地总结，传授给其他还在苦苦挣扎学英语的同学呢？于是内向的李阳做出了一个惊人的决定——开讲座。多年后回忆起来，李阳说："当时我前言不搭后语，根本没有什么演讲技巧。但我的观点很特别，方法很有效，掩盖了演讲技巧和经验的不足。"

1992年，李阳来到了广州，在1000多人的竞争中脱颖而出，考进了广东人民广播电台英文台。工作后他才发现入选的播音员中大部分都是英语的研究生，只有自己是非英语专业出身的本科生。但是很快，李阳就成为广州地区最受欢迎的英文广播员和中国翻译工作者协会最年轻的会员。

随后的几年，李阳得了个"万能翻译机"的外号，曾创下过1小时400美元的口译纪录和每分钟8000港元的广告配音纪录，超过香港同行，成为广州最贵的同声翻译。

1994年，李阳毅然辞去了电台的工作，组建了"李阳·克立兹国际英语推广工作室"，开始了他的"传道"生涯。多年来，他跋山涉水，向全国100余城市近2000万人送去疯狂英语快速突破法。通过报纸、电视、广播、杂志等渠道，有无数的人从中受到启发，许多人从此学会了英语也走上了人生成功之路。李阳也获得了人生的巨大成功！

这就是李阳学习英语的方法，这个方法帮助他通过英语考试，帮助他灵活掌握口语，帮助他创业并获得成功和财富。一旦掌握了正确的、合适的方法，效果就能事半功倍。

学校读书的时候，许多人把"书山有路勤为径，学海无涯苦作舟"作为座右铭，取得了学习上的进步。勤奋和刻苦并非是取得成功的唯一因素，我们常常可以看到这样的现象：有的人学习非常勤奋，他们不仅白天学习，晚上还要加班到深夜，甚至课间的十分钟也要用于学习，可是却成绩平平。同时，你还会发现，另外一些同学学习并不十分紧张，可是学习成绩却很好。为什么会有这么大的反差呢？这其中也许有智力上的原因，但不可否认，好的学习方法肯定是非常关键的。

如果找到方法，许多难题将会变成成功的有利条件，从而为我们创造更多可以脱颖而出的成功机会。因此在工作之中，我们一定要为困难去主动寻找方法。只有这样，成功才能最终属于你。

4.个人离不开团队，与团队一起成功

一位哲人说过：我手上有一个苹果，你手上也有一个苹果，两个苹果交换后还是一个苹果；但是如果你有一种能力，我也有一种能力，那么两种能力交换后就不再是一种能力了。

工作中，无论是在政府机关还是企事业单位，我们经常会看到一些"独行侠"在拼命地工作，然而他们的工作业绩却是平平淡淡。怎么会是这样的结果呢？这些"独行侠"也觉得十分奇怪，他们工作非常努力，甚至比别人付出得更多，而业绩却非常一般，有时还差点连工作都保不住。也许下面这个小故事能让他们找到答案：

曾经有一个装扮得像魔术师的陌生人来到一个村庄，他向迎面而来的妇人说："我有一颗非常神奇的汤石，只要将它放入烧开的水中，立即就会变出美味的汤来，我现在马上就煮给大家喝。"随后，有人就借了一个大锅，并提了一桶水，而且架上炉子和柴火，马上就在广场煮起水来。然后这个陌生人很小心地把汤石放入滚烫的水中，他用汤匙尝了一口，很兴奋地说："太可口了，假如再放入一点洋葱就更好了。"这时立刻有人跑回家拿了一把洋葱。这个人又尝一口："太美味了，假如再加些肉片那就更香了。"

于是又有一个妇人快速地回家端了一盘肉来。"要是再有一些蔬菜就完美无缺了。"陌生人又建议道。就这样在陌生人的指挥下，有人拿了盐，有人拿了酱油，也有人送了其他材料。最后，当大家一人一碗地蹲在那里享用时，他们发现这果真是天底下最美味可口的汤。

其实，那不过是陌生人在路边随手捡到的一颗石头而已。只要我们愿意，每个人都能煮出一锅美味的汤。因为当我们贡献出自己的一份力量时，汤石就在每个人的心中。假如人人都独自工作，不和团队合作，那我们的力量将是非常薄弱的；如果我们和团队手连手、肩并肩，那么我们将能取得个人无法获得的成功，所以和团队一起发展至关重要。

万科集团的老总王石曾说："我的灵感来自团队。也许我给外界的错觉是因为我个人的能量非常大而成就了万科的今天。其实不是这样。我对万科的价值是选择了一个行业，树立了一个品牌，培养了一个团队，后者的价值最大。"的确，团队的力量是企业家最大的资本。正是因为聚集了一大批优秀的职业经理人，拥有激情的团队，才推动着万科集团与时俱进，取得巨大的成功。

王石知道和团队并肩作战的重要性，而且承认万科集团能取得今天的成绩主要依靠团队的力量。可是现在我们却有不少员工总觉得自己可以完成这个完成那个，仿佛自己无所不能，完全忽略了与团队的合作。

在动物界，有一种特别注重团队作战的动物，那就是蚂蚁。我们来看一个关于蚂蚁的传说：

大家知道蚂蚁过着群体生活，从蚁后到工蚁有明确的任务。它们没有等级特权、没有内耗，每个个体都非常自觉地维护整个群体的利益。

分工明确、各司其职、忠于职守、坚忍不拔是蚂蚁组织的特色。正是由于有了这种组织体系和与这种组织体系相对应的团结互助的蚂蚁文化，在一些个体比它们强大成千上万倍的动物都灭绝了的时候，个体渺小的蚂蚁却能渡过一个个难关，顽强地生存下来，在地球的各个角落代代繁衍、连绵不绝。

许多人感叹蚂蚁团队的力量不可思议，令人震撼，感叹它们能造蚁山，能悄然瓦解各种庞然大物，甚至撼动千里之堤。其实蚂蚁种族最初的时候并不是这样的。那时候，在它们的家族里，每只蚂蚁都是各自为政，还划分领地，同时又经常互相争夺食物，整个种族内部充满了自私、争吵、仇恨和战争。而且这种自私、争吵、仇恨和战争不断升级，程度越来越激烈，后来连上帝也看不下去了。

终于有一天，上帝来到蚂蚁祖先的身边，说要带大家访问一下天堂和地狱，看看它们之间的区别。

所有的蚂蚁都非常高兴，于是跟着上帝先参观了地狱。地狱的人正在吃饭。他们一个个面黄肌瘦，饿得嗷嗷直叫。原来他们使用的勺子有一米长，虽然争先恐后舀着食物往各自嘴里送，但因勺子比手长，总是吃不着。"地狱真悲惨啊！"每个蚂蚁都慨叹。

之后，大家又随上帝来到天堂。天堂的人正好也在吃饭，他们一个个都是红光满面，天堂里充满欢声笑语。天堂的人使用的也是一米长的勺子，但不同之处在于他们在互相喂对方！

这就是天堂与地狱的差别，同时也给蚂蚁的祖先上了生动的一课。从此，

别让借口毁了你

第六章·积极高效，不给借口留余地

·131·

它们意识到，每只蚂蚁都可能面临天堂或地狱般的生活。

这个故事告诉我们如果我们懂得付出、帮助、爱、分享，形成团队的力量，那么生活就像到了天堂；而如果我们只为自己，自私自利，损人利己，一盘散沙，凝聚不成团队，那我们很快就将生活在地狱里。

随着专业化分工的越来越细、竞争更加激烈，单靠一个人的力量是无法面对千头万绪的工作的。我们不否认一个人是可以凭着自己的能力取得一定的成就，但如果把你的能力与别人的能力结合起来，那就会取得更大的令人意想不到的成功。

一加一等于二，这是每个人都知道的算术题；但是用在人与人的团结合作上，所创造的业绩就不再是一加一等于二了，而可能是一加一等于三、等于四、等于五……团结就是力量，这是再浅显不过的道理了。

一个人的团队合作精神，会直接关系到他的工作业绩。我们可以想想自己有没有这样的表现：面对困难时喜欢单打独斗，不与其他同事沟通交流；好大喜功，专做不在自己能力范围之内的事。假如一个人以这种态度去对待所面对的团体，那么其前途必将是暗淡的。只有把自己融入团队中去的人才能取得巨大的成功，而融入团队必须先有团队意识。要让自己拥有团队意识，那我们就要摒弃"独行侠"的思想，和"狂妄""自视清高""目空一切""刚愎自用"坚决作别，代之以"众人拾柴火焰高""众志成城""齐心协力"的团队意识。

微软中国研发的总经理张湘辉博士说："就招聘员工而言，我们有一套很严格的标准，其中最重要的是团队精神。如果一个人是天才，但其团队精神比较差，这样的人我们不要。如微软开发WindowsXP时有500名工程师奋斗了2年，有5000万行编码。软件开发需要协调不同类型、不同性格的人员共同奋斗，如果缺乏合作精神是难以成功的。"

我们应该明白和团队并肩作战的必要性和重要性。我们要知道，团队的成功其实也就是我们的成功，我们的成长也是团队的发展！

5.活到老学到老的大智慧

没有人一生下来拥有了一切，我们只有依靠从不断地学习中得到的知识来造就自己。正如比尔·盖茨先生说的，你可以离开学校，但是永远不能离开学习。

在20世纪30年代的时候，英国工人送到订户门口的牛奶，奶瓶口既没盖子也不封口，所以，山雀与知更鸟这两种在英国常见的鸟，每天都可以非常容易地喝到漂浮在奶瓶上层的奶油。后来，牛奶公司为了阻止早起的鸟儿偷奶喝，把奶瓶口用铝箔封装起来。然而让人想不到的是，大约在20世纪50年代，英国所有的山雀都学会了如何把奶瓶的铝箔啄开，继续喝它们喜爱的牛奶。但是知更鸟却始终都没学到这套啄功，当然它们也就无奶可喝了。

为什么这两种差别不大的鸟儿对同一现象却有完全不同的表现呢？人们在研究这一现象时发现：山雀之所以能继续喝到牛奶，是因为它们具有彼此学习的能力，而知更鸟却没有。山雀是属于群居的动物，常常迁徙换巢。当某只山雀发明了新的啄法，啄破奶瓶喝到奶时，别的山雀也会通过它们群居的特性，沟通学习到新的技能。而知更鸟则是有领域习性的独居动物，它们各自据巢为王，相互间的沟通常常仅止于排斥来犯之鸟。因此，就算偶有知更鸟发现奶瓶的封口可以啄破，其他的知更鸟也无从学得。

有人说21世纪将是一个属于科技的世纪，也有人说21世纪是一个属于知识经济的世纪，同时还有人说21世纪是一个属于中国人的世纪。但是在这里我要说的是：21世纪是一个属于学习的世纪。人是所有地球生命中适应能力最弱的，但人却成了地球上生命力最强大的动物，这一切都是因为人类具有强大的学习能力。是学习造就了人类，学习是人类之所以称为"人类"的根本。

在今天，全世界在10年里所产生的新知识是人类历史所有知识的总和；在今天，你的大部分知识在5年后就会被淘汰；在今天，要想不成为时代的落伍者，要想不被竞争所淘汰，学习是我们唯一的选择。1980年，美国著名管理学家派瑞曼就说过："到下世纪初，美国将有3/4的工作是创造和处理知识。知识工作者将意识到，持续不断的学习不仅是得到工作的先决条件，而且是一种主要的工作方式。"学习不再是教室里或者上岗前的孤立活动，人们不必撇开工作专门抽出时间来学习，相反，学习就是工作的核心，学习与效率是同义词。一句话，学习将是劳动的新形式。

变化是生命的常态，变化是世界的本质。我们的世界在前进、在创新，作为现代企业员工，紧跟时代步伐，把握时代的脉搏，是必然的选择。我们已经很难想象不会操作电脑将如何在现代社会工作。环境在变，我们必须去主动适应，而学习就是最好的途径。

李嘉诚是亚洲首富。曾经有位记者这样问李嘉诚："今天你拥有如此巨大的商业王国，靠的是什么？"李嘉诚回答说："依靠知识。"有位外商也曾经问过李嘉诚："李先生，您成功靠什么？"李嘉诚毫不犹豫地回答："靠学习，不断地学习。"的确，不断地学习知识，是李嘉诚成功的奥秘。

李嘉诚勤于自学，在任何情况下都不忘记读书。青年时打工期间，他坚持"抢学"；创业期间坚持"抢学"；经营自己的"商业王国"期间，仍孜孜不倦地学习。一位熟悉李嘉诚的人说，晚睡前是他雷打不动的看书时间，他喜欢看人物传记，无论在医疗、政治、教育、福利哪一方面，对全人类有所贡献的人他都很佩服，都心存景仰。早在办塑料厂时他就订阅了英文塑料杂志，既学英文，又了解世界最新的塑料行业动态。

也正是因为懂得英文，使得李嘉诚可以直接飞往英美，参加各种展销会，谈生意可直接与外籍投资顾问、银行的高层打交道。如今，尽管李嘉诚已事业有成，仍爱书如命，坚持不懈地读书学习。

李嘉诚说："在知识经济的时代里，如果你有资金，但缺乏知识，没有最新的讯息，无论何种行业，你越拼搏，失败的可能性越大；但是你有知识，没有资金的话，小小的付出就能够有回报，并且很有可能获得成功。现在跟数十年前相比，知识和资金在通往成功的道路上所起的作用完全不同。"

熟悉IBM公司的人都知道，在它的总部大楼上写着"学无止境"四个字。公司每年都要花费十多亿美元进行130万人次的职业教育和培训。在培训过程中，紧张的学习每天从早上8点到晚上6点，而附加的课外作业常常要使学员们熬到半夜。学员们还要进行销售学习——这是一项具有很高价值和收益的活动。可以说商业界就是一个自我表现的世界，而作为销售人员必须作好准备去适应这个"世界"。每天长达十多个小时的紧张学习压得人喘不过气来，但是却很少有人抱怨，几乎每个人都能完成学业。因为他们知道在这个时代，如果你不学习、不会学习、不终身学习，结果肯定是被淘汰。

我们常惊叹犹太人的聪明。这个民族在历史上经历了太多的苦难，但却依然顽强地生存到现在，并且涌现了许多闻名于世的伟大人物，因为他们懂得了"知识就是力量"的道理。

人的一切知识都是从学习中得来的。我们从出生就开始学习，学习说话，学习走路，学习做事，学习一切。如果不学习，我们就不可能成为一个健全的人。歌德也曾经说："人不是靠他生下来拥有一切，而是靠从学习中得到的一切来造就自己。"

人的一生就是一个不断学习的过程。不管你有没有意识到，其实你也一直在生活中、在工作中学习。被动的学习效果肯定不会明显，只有自己首先具有这方面的意识，去激发潜能，不断地主动学习，才能一直保持强大的竞争力，从而去实现成功的梦想。

6.用正确的方法成就大事业

一个人想要成功，就不要畏惧困难，也不要害怕失败，更不要为失败找这样或那样的借口。只有学会找方法，为你的成功去积极地想办法，成功才会属于你，你也才有可能像他们那样成就大事业。

古今中外，人们无时无刻不在做着成功的梦。莘莘学子梦想着取得优异的学习成绩；劳动的人们梦想着有一天过上健康富裕的生活……成功是每个人心中最崇高的梦想。

在现实社会中，人们却总是说事容易做着难，最终能够获得成功的人凤毛麟角。于是，成功就成了人们一种奢侈的向往了。当通过多年的努力，依然没有看到成功希望的时候，人们的思维难免会深陷在疑惑的沼泽："我能成功吗？什么时候可以成功？"在这一连串疑问的后面，紧跟着的是怀疑和松懈。于是，人们开始放弃了。当梦想的火炬熄灭、激越的心灵被蒙上厚厚的灰尘的时候，成功也就真的永永远远地离你而去了。其实，成功离你并不遥远，成功可能近在咫尺、触手可及。只是你暂时没有找到触摸成功的方法而已，如果找准了方法，成功就不再遥远，辉煌事业也就在眼前。

英国作家毛姆未成名前穷困潦倒、可怜兮兮，出版的很多小说充斥书堆，无人问津。经过思考，毛姆决定用计改变自己的处境。他在报纸上登了一则启事，上书：本人是百万富翁，喜欢文学，想找一个与毛姆小说里的女主人公一样的人为妻。

广告登出后，伦敦书店里积压的毛姆小说三天内全部脱销，毛姆也一举成名。

办企业，缺少资金是经常碰到的事。假如你开办的企业，前景很好，但是突然缺少资金了，从银行借不到，从别的地方也难以筹集，这时候你会怎么办？如果一时想不出更好的办法，那么，希望下面的这个故事，能够给你些启示。

一次，"酒店大王"希尔顿在盖一座酒店时，突然出现资金困难，工程无法继续下去。在没有任何办法的情况下，他突然心生一计，找到那位卖地皮给自己的商人，说自己没钱盖房子了。地产商漫不经心地说："那就停工吧，等有钱时再盖。"

希尔顿回答："这我知道。但是，假如老盖不下去，恐怕受损失的不止我一个，说不定你的损失比我的还大。"

地产商十分不解。希尔顿接着说："你知道，自从我买你的地皮盖房子以来，周围的地价已经涨了不少。如果我的房子停工不建，你的这些地皮的价格就会大受影响。如果有人宣传一下，说我这房子不往下盖，是因为地方不好，准备另迁新址，恐怕你的地皮更是卖不上价了。"

"那你要怎么办？"

"很简单，你借钱帮我将房子盖好。我当然要还给你钱，但不是现在给你，而是从营业后的利润中分期返还。"

虽然地产商老大不情愿，但仔细考虑，觉得他说得也在理。何况，他对希尔顿的经营才能还是很佩服的，相信他早晚会还这笔钱，便答应了他的要求。

在一些人眼里，这本来是一件完全不可能做到的事，自己买地皮建房，但是最后出钱建房的，却不是自己，而是卖地皮给自己的地产商，而且借的钱还是从以后的营业利润中还。但是希尔顿做到了。

为何希尔顿能够创造这种令常人觉得不可思议的奇迹呢？

他巧用了一种方法。其中最根本的一条是他明白与对方并不只是一种简单的地皮买卖关系，而是处于一种一损俱损、一荣俱荣的利益共同体系中。

那些成功的人之所以能成功，是因为他们学会了在各种环境中去寻求问题的解决方法。他们不愿意看到自己被困难压垮，更不愿意被问题吓倒。相反，他们总是冷静地去思考，实事求是，从各个角度去深入地研究问题、分析问题，用自己和大家的才智想方设法地寻求解决的办法。一个人想要成功，就不要畏惧困难，也不要害怕失败，更不要为失败找这样或那样的借口。只有学会找方法，为你的成功去积极地想办法，那么成功才会属于你。

有一位著名作家曾说："这个世界为那些具有真正的使命感和自信心的人大开绿灯。无论出现什么困难，无论前途看起来是多么的暗淡，他们总是相信能够把理想图景变成现实。"因此，我们必须树立远大的目标，培养伟大的使命感，用积极主动、勤奋的思想去展望美好的人生目标。

7.借口是害人的慢性毒药

借口，只是一种假象，假象的背后隐藏的是可怕的不为人知的错误。如果不及时更正，这种错误就会越扎越深，根深蒂固。

季氏将要攻打他的附庸国颛臾。冉有、季路两人去拜见他们的老师孔子，说道："季氏将对颛臾使用武力。"孔子责备他们："这难道不应该责备你吗？颛臾处在我们鲁国的疆域之中，这正是跟鲁国共安危的藩属，为什么要去攻打它呢？"冉有说："那个季氏要这么干，我们两人都不想呢。"孔子说："这就是你们的责任了。作为辅佐者，不去好好地辅佐他，帮助他治理国家，反而在这里推卸责任，这怨谁呢？"

冉有说："颛臾的城墙很坚固，而且离季孙的封地费县很近。现在不把它占领，日后一定会给子孙留下祸害。"孔子说："最讨厌那种为自己的贪心寻找借口的人了，不想着怎样治理好自己的国家，使四方之邻都来投靠你，反而想在国境以内使用武力。我恐怕季孙的忧愁不在颛臾，却在宫墙里面。"

在这则故事里，孔子已洞察到冉有和季路的借口。他们作为辅佐者，不好好辅佐国君更好地治理国家，而将责任推脱给季氏，因为自己的贪心，要攻打颛臾，却还要找借口。他们这种行为正是不正视自己的使命，用借口来推辞，为自己的贪心找了一个很漂亮的借口，但还是被孔子觉察出来。每个人的身边都不乏这样为自己找借口的人。但是，这些借口真的有用吗？借口就像是一种慢性毒药，用得越多中毒就越深，我们要敢于承担自己应负的责任，正视自己的使命。

有些借口只会自毁前程，让自己慢慢堕落，变得懒惰，不思进取。有时候还会让人放弃学习和努力，整天的抱怨，为自己寻找一系列的借口来推辞。这种行为只会使人慢慢地掉进自己挖的深渊里。要记住自己真正的使命，彻底抛弃借口，展现最真实的自我，将自己的成功把握在自己手里。

生活中没有偶然的机遇，机遇只给那些有准备的人。天上会掉馅饼吗？就算会掉，如果不伸手去接，做好一切准备去抓住，也有可能被别人抢走。勤奋不是每天懒懒地躺在床上，太阳照到屋子里，嘴里不停地念叨"勤奋，勤奋"；勤奋也不是整天泡在美味的零食里，贪婪地对自己说"勤奋，勤奋"。勤奋是一种长在深山里的灵芝，是需要你长途跋涉、不怕艰辛才能得到的最宝贵的东西。

想要用积极主动的心态去面对生活，就要先学会勤奋。勤奋是属于珍惜时间和光阴的人，属于坚持不懈、持之以恒的人。悬梁刺股、凿壁偷光、囊萤映雪的千古美谈，不是纸上谈兵；爱迪生的伟大发明，爱因斯坦震惊世界的相对论，也不是一朝一夕就能发现的。自古以来，许多仁人志士，都因勤学而成才。

"天才出自勤奋"。世界上没有生下来的天才，不要羡慕别人天资聪颖，只要你足够勤奋，你一样可以得到别人赞许的目光。

一位著名的书画家说过："在艺术上我绝不是一个天才。为了探求精深的艺术技巧，我曾在苦海中沉浮，渐渐从混沌中看到光明。苍天没有给我什么独得之厚，我的每一步前进，都付出了通宵达旦的艰苦劳动和霜晨雨夜的冥思苦想。"每个人都不是天才，每个人也都不是蠢材，再笨拙的人都要"笨鸟先飞"。只要你足够努力，你就会被成功青睐。

王亚南是我国著名的马克思主义经济学家，还是《资本论》最早的中文翻译者。1933年他乘船去欧洲。客轮行到红海时，突然巨浪滔天，船摇晃得很厉害，使人无法站稳，有翻到海里的危险。这时，戴着眼镜的王亚南，手上拿着一本书，走进餐厅，对服务员说："请你把我绑在那根柱子上吧！"服务员以为他是怕自己被浪头甩到海里去，就照他说的话去做，把王亚南牢牢地绑在柱子上。绑好后，王亚南拿起手中的书，聚精会神地读起来。船上的外国人看见了，都向他投来敬佩的目光，连声赞叹说："啊！中国人，真是了不起！"

一位著名的马克思主义经济学家，不是躺在被窝里，晒着暖暖的阳光，和"周公"谈笑风生这样得来的，《资本论》也不是在睡梦中就能翻译出来的。

王亚南之所以有如此大的成就，除了他好学不倦，还和他的勤奋是分不开的。在那么危险的时候，他把生死置之度外，还要把自己绑在柱子上继续看书，那种决心不只是一句话就能做到的。为什么会有那么多名人勤奋好学的传奇故事，正是因为他们具有同样的勤奋，同样坚强的毅力和坚持不懈的精神。

古代仁人志士留下的千古佳话，"李白铁杵磨成针""华佗学医""鲁班学艺""头悬梁锥刺股""凿壁偷光""囊萤映雪"都是中华民族历史上勤奋学习的典范。勤能补拙。即使你觉得自己不够聪明，你也可以笨鸟先飞。就像站在同一个起跑线上，就算你比别人跑得慢，如果你比别人先跑，你会得到和别人一样的收获。"一分辛劳一分才"，如果你舍不得那一分辛劳，只是贪恋吃喝玩乐的享受生活，那你就永远收获不了那一分才。

上帝总是公平地把他手里的东西分给每一个人，而不会让一个人生下来就是天才。每个人都是平等的，关键是要看自己怎么做。富兰克林说过："没有任何动物比蚂蚁更勤奋，然而它却最沉默寡言。"蚂蚁是渺小的动物，一阵轻风吹过，它们的世界就会"翻天覆地"，但是它们永远用自己瘦弱的脊梁挑起生活的重担。或许你无法选择环境，但是你可以改变环境。要用积极主动的心态去面对一切。勤奋的人是时间的主人，只要你足够勤奋，你就是胜者。

8.言而有信的人易获青睐

墨子说过："志不强者智不达，言不信者行不果。"这句话的意思是说：志向不坚定是因为智慧还没有达到，言而无信的人做事不会有结果。我们应该牢记墨子的这句话，不做言而无信的事，这样才能抵达终点，否则永远看不见曙光。

班台莱耶夫是俄国的一个著名作家。他写过一本名叫《诺言》的小说，讲述了这样的一个故事：

一群小孩子在公园里玩战争游戏，一个大一点的孩子对新来的一个七八岁的小孩说："你是中士，而我是元帅，从现在开始，你就得听我的。这里是我们的'军火库'，你留在这儿做哨兵，没有我的命令不准离开，直到我叫人来和你换班为止。"

这个小"中士"很听话地一直坚守着岗位，但是天已经渐渐地黑了下来，其他小孩都回家去了，大家都把这个"中士"给遗忘了。公园就快要关门了，"中士"还坚守在自己的"岗位"上。他又冷又饿，还很害怕，但是他还是不肯离开公园。一个路人看到这种情况，告诉他天黑了，让他赶快回家，可他还是坚持不肯离开。于是这个路人就去街上找来一个真的少将，让少将帮忙。少将对孩子说："中士同志，我命令你可以离开岗位。""中士"这才高兴地说："是，少将同志。"这时他才离开"岗位"回家。

一个小小的孩子这么信守承诺，难道不值得钦佩吗？这只是一个游戏，而他却始终坚守在自己的岗位上，直到最后。

对于要承诺的事情要先看自己能否做得到，不要"打肿脸，充胖子"，轻易地许下诺言，不能做到的千万不要承诺。在实施的过程中，要按照自己的实际情况，按照自己的承诺完成，不要失信于人。

孟子说过："诚者，天之道也；思诚者，人之道也。"这句话的意思是说：自然界的一切，宇宙万物都是真实的，实实在在的，没有一点虚假；真实是宇宙万物存在的基础，虚假就没有一切，所以说诚是天之道。思诚就是追求诚，"思诚者，人之道"就是说求诚是做人的根本要求。

古人特别注重的东西就是"诚"。诚是在人际交往中必不可少的，与人交往的时候要注意"诚"。从一开始就要用"诚"面对所有的人，养成这样的好习惯，慢慢地"诚"就会成为你生活的一部分。

西周最后一任国君——周幽王。他亡国丧生的原因复杂繁多，但其中最重要的一个原因就是不讲诚信。其中"烽火戏诸侯"是他不讲诚信最恶劣的表现。他宠幸美女褒姒，但是美女褒姒难得一笑，周幽王觉得十分可惜，整天苦思冥想，想博得褒姒一笑。这一天周幽王计上心头，猛击战鼓，下令点燃骊山烽火，传警诸侯。

在周代，为了保卫京城镐京，在京郊设有烽火台，一有敌情，就点燃烽火，白日见烟，夜间观火，日传千里。诸侯看到烽火燃起就立刻兴师勤王，千里驰援。周幽王为博褒姒一笑，不惜搞此骗局，点燃烽火。诸侯不知，一见烽火升起，纷纷赶赴镐京援救。到了镐京城下，并不见一个敌人，弄得诸侯个个狼狈不堪。褒姒站在城楼上，见城外诸侯匆匆赶来的狼狈相，果然大笑不止。殊不知，周幽王不以诚信为宝，反以行骗为乐，深深埋下了祸根。不久，西戎真的入侵了，尽管烽火又点燃起来，诸侯却一个也不前来援救了。周幽王不得不吞下他不讲诚信的苦果。

周幽王为博得美人一笑，不惜以自己的诚信作为砝码。他不知身为一国之君，最重要的是要让诸侯对他有所信服。他的所作所为让诸侯对他失去了信赖，最后他为自己的"不诚"付出了惨痛的代价。

9.自信，与人沟通的秘诀

人是社会的一个独立的个体，人与人之间都是从陌生到认识的一个过程。人们在进入一个新的环境的时候，都会和陌生的人进行接触，从陌生到相识是需要相互之间的沟通。有很多人在遇到陌生的环境时会产生一种孤立无援的感觉，封闭自己，不与人交流，而这种感觉正是缺少朋友的表现。

朋友不像上街买菜一样，用钱就可以等价交换来的；朋友是需要心与心的交流的。要想在与人沟通的能力上有所突破，就要从心里战胜自己内心的羞怯和自卑。有些人正是因为自卑，不敢与别人交流，害怕受到别人的排斥，人与人是平等的，不平等的是自己心里的那一架天平，一端放着自己的自卑，这种分量已经超过了放着勇气的那一端。自信是沟通过程中最重要的一个环节，在与人沟通之前，要有战胜自我的勇气。

在一个贫困的山村里，住着一个老头，他有三个孩子，大女儿和二女儿都在城里的一个大户人家里打工，只剩下小儿子和他在一起，相依为命。有一天，一个人找到老头对他说："老人家，我想把你的小儿子带回城里跟我一起工作，可以吗？"老头生气地说："快滚吧。"这个人又说："我会在城里给你的儿子找一个对象的。"老头气愤地说："你快些滚吧，我不会把我的孩子交给一个不认识的人的。"那个人又说："如果我给你儿子找的对象是大富豪达菲的女儿呢？"老头不屑地说："你怎么可能办得到？"。

这个人又找到大富豪达菲，对他说："我可以给你的女儿找一个对象吗？"富豪说："你快给我滚出去吧。"这个人说："如果我把你的女儿嫁给一个银行的副总裁呢？"富豪达菲动心了。这个人又找到银行的总裁，对他说："你这里应该有一个副总裁。"总裁不耐烦地说："不可能，这里有这么多的副总裁，我不需要了。"这个人说："如果我给你介绍的是大富豪达菲未来的女婿呢。"总裁答应了。

这个故事或多或少存在一些夸大，让人产生很多疑问，但是这个故事最后有这样一个令人欣喜的结局，正是由于故事中"这个人"的自信。无论是老头还是大富豪达菲，他们都或多或少怀疑过，因为他们不够自信。在与人沟通的过程中，"这个人"的自信是这一事件成功的关键。如果在一开始，在老头不屑的目光后，这个人就停下自己的脚步，那么这件事情就永远没有结果，老头还依然和他的小儿子在贫困的小山村里相依为命。在沟通的过程中，只要有信心，认定自己一定可以做得到，这件事就一定能办得到。

10.拿好与人沟通的金钥匙

沟通是人们在踏入社会之前，必须要学会的一门课程。在社会这个大家庭里，处处都需要沟通。对于我们来说，只有沟通是不够的，还要学会有效沟通，这样才能达到预期的效果。

沟通不是简单的人与人之间的对话，是需要心灵之间相互的交替，而微笑是一剂很好的良药。微笑是没有男女老少之别、没有国界的一种友好的表示，是融化冷漠的一杯热茶。微笑可以开启人与人之间布满芥蒂的心灵，可以给人以希望和真诚，是开启沟通之门的钥匙。当站在别人面前不知所措的时候，用微笑去融化一个陌生人紧闭的心门，你就成功了一半。在还没有学会沟通之前，要先学会微笑，给人一个微笑，或许可以换来一个温暖的拥抱。

有一个富翁，他有很多的钱，但是他并不快乐，因为他没有朋友。他总是用一种高高在上的感觉去对待别人，这样，身边的人渐渐离开了他。一天，他垂头丧气地走在街上，希望能找到一个朋友。这时，一个小女孩用天真的眼神望着他，对着他甜甜的微笑，问他："你为什么不开心呢？"富翁豁然开朗。他想，如果人人都像这个天真的小女孩一样，用一个甜甜的微笑去面对别人，那这个世界该多么美好。第二天，这个富翁走到街上，把他的钱拿出来去帮助那些穷苦的人，但是人们并不接受，富翁微笑着说："拿去用吧，都会好的。"他帮助这些穷苦的人，用这些钱开了一些店，最后，他和那些穷人成为好朋友。

如果当初没有小女孩甜甜的微笑，或许富翁还孤单地走在街上，寻找朋友。一个微笑融化了他的高高在上。其实，在生活里的每个人都会像那些穷苦人一样，对于一个陌生人心里总会充满芥蒂。生活中到处都有陌生人的存在，在与人接触的时候，不要一遇到陌生人，就从旁边绕过去，那样你会走很多弯路。想要获得成功，需要有一个属于自己的交际圈子，这就需要主动与人进行有效的沟通。与人沟通并不是简单地用语言去说服一个人，而是需要用真诚去打动对方。微笑是沟通过程中必不可少的武器。想要成功交际，就要学会用微笑去沟通，打造一个属于自己的人际关系网。

11.积极主动才能获得成功

　　成功不是从天而降的,不是坐在那里"守株待兔"就能获得的。成功需要汗水,需要坚持不懈的努力。爱迪生说过:"天才就是百分之九十九的汗水加百分之一的灵感。"灵感,或者说是天分,固然重要,但那只是一些偶然添加的润滑剂。没有人能不劳而获,就像种庄稼一样,要不断地浇水施肥,才能收获。成功没有技巧,就像是织毛衣一样,要想合身,一针一线都不能少。

　　世界上没有人可以一步登天,捷径是有,但是也要靠辛勤的汗水去铺就一条通往捷径的路,没有人站在原地默默地念几声咒语,就可以走上成功的路。人和人是平等的,你要想比别人多一点成功,就要多付出一些汗水,比别人更主动。有很多成功人士,闪亮的光环在他们身上闪烁,但是闪烁的光环背后都是辛勤的汗水。

　　凡事都要早作准备,比别人更快地进入状态,更快地想到办法,更快地付出行动,就能更快地达到目标。即使不是"笨鸟"也要先飞,要随时作好准备,那样就能更早地找到机会,比别人更快地收获成功。

　　不管是在何领域上,机会历来都是垂青于有准备的人,没有机遇会主动送上门来,也没有成功会自己降临到你的头上。要相信一句话,"天下不会掉馅饼"。就像拿破仑说的那句话一样:"自觉自愿是一种极为难得的美德,它驱使一个人在没有人吩咐应该去做什么事之前,就能主动地去做应该做的事。"

　　东汉时,有一个年轻人名叫乐羊子,他娶了一位聪慧善良又贤德的妻子。一次,乐羊子在外面拾到了一块金子,兴冲冲地拿回家来交给妻子。妻子却说:"有志气的人会严格要求自己,把不是自己的东西捡回来只是败坏自己的名声。"乐羊子感到特别惭愧,就把金子放回原处。然后妻子对他说:"你很笨,笨鸟要先飞,你应该出外求学去。"于是乐羊子就出外求学去了。但是一年之后,乐羊子因为思念妻子,觉得自己已经学成了,就返回家中。

妻子把他领到织机旁对他说："这布是一寸一寸、一尺一尺织出来的，日积月累才能成丈、成匹。如果我现在把它剪断，那就前功尽弃了。求学也和织布一样，不能在学到一半的时候放弃，半途而废，什么也学不成。"乐羊子深受感动，又接着出去求学，七年都在外求学没有回家。

"笨鸟先飞"的故事家喻户晓。故事中的乐羊子是一个在迷途上的人，他贤德的妻子教导他要"笨鸟先飞"，不要贪婪地享受不属于自己的东西，那样只能让别人看不起自己。有的人喜欢用时间来衡量自己知识的多少。一年十二个月，三百六十五天，八千七百六十个小时，可以算算，自己这一生有多少的时间用来学习。知识是没有穷尽的，学得越多，知识就会像雪球一样越滚越大。

比别人少几分天分的人，更要努力。"笨鸟先飞"，比别人更积极主动，成功就会越来越近。

生活中，每个人都在为自己的理想奔波，没有人可以坐享其成。要想成功，就必须付出比别人多的汗水，没有人可以不流汗就品尝到成功的果实。有的成功来得太快，去得也快。

无论是什么人，在荣誉的光环包围下，总有别人看不到的汗水，不要只是艳羡别人的成功，看不到自己的路。每个人都有一条属于自己的通向成功的路，或布满荆棘，或是有很多交叉路口，都需要自己不断地努力。上帝对所有人都是公平的。只要你付出了，就一定会有回报，付出越多，得到就越多。就像农民种田一样，种得多了，秋天收获得就越多。有的人偷懒，总想比别人少劳动一点，结果他就收获得比别人少。付出和收获永远成正比。

成功需要的是汗水和持之以恒的精神，每个人的成功之路都不是一帆风顺的，每个人都或多或少会遇到一些困难。一定要有永不退缩的精神，那样困难就会被你吓倒。不管有多高的学问都不要自满，比你有学问的人多的是。学问就像时间一样，随着岁月的不断延续在慢慢流向知识的海洋，人总是在不断的探索过程中发现自己的缺失。所以我们要慢慢走向成功，要有不怕吃苦、坚持不懈、持之以恒的精神。比别人主动一些，成功就会更接近你。

第七章 遇事杜绝借口，在问题中发现方法

为问题找借口，便错过了在解决问题的过程中提升自己的机会，所以不要
为问题找借口，而要积极地开动自己的脑筋，努力寻找解决问题的方法，
从而使自己在磨炼之中不断成长。

1.要勇于承认自己的错误

许多事之所以总也没办法解决，实际上还是因为人们没能好好想办法。认真去想办法，许多问题就会迎刃而解。既然自己想到了，又去做了，为什么在面对问题时逃避呢？"办法总比困难多"。最关键的是千万不可为自己寻找借口。要知道，借口是阻止你走上创新之路的主要障碍。

自己的过错自己要勇于承担，这是做人基本的责任和义务。一个人如果惧怕因错误而带来对自己的不利，就会很自然地隐藏错误或为自己的错误寻找开脱的借口。

人非圣贤，孰能无过？美国前总统西奥多·罗斯福曾经说过："如果我所决定的事情有75%的正确率，便是预期的最高标准了。"罗斯福无疑是20世纪最杰出的人物之一，他的最高希望也不过如此，何况你我呢？可见，犯错误是一件很正常的事情。犯错误并不可怕，可怕的是不敢承认犯了错误。

人在犯错误之后都有自己的想法，他们或者因为害怕承认错误要面临领导的惩罚，或者担心降低工资，甚至被解雇，于是便去努力思索，想寻找"合理的托词"来逃脱责任。其实，在努力为错误找借口的时候，在为苦苦思索却找不到完美的借口而烦恼的时候，完全可以把这份精力和时间放在寻找错误的原因上，找出自己为什么会犯这样的错误，以及如何不再重复类似的错误。当真的这样做了之后，相信一定会有新的发现。

自己的错误要勇于承认，这是一个人责任感的体现。人无完人，任何人都会犯错误，关键是当你犯错误之后能不能正视自己犯的错误。其实领导们并不是只喜欢能够永远正确按照自己的意愿去工作的员工，那些犯了错误并及时的为自己的错误想办法弥补的员工，会更容易取得领导的信任。

我们判断一个人是不是有能力，并不是看他在一帆风顺时候的表现，而是看他在困难和挫折面前是如何掌控自己的潜能来应对自己的境况。当你面对自己犯错误造成的糟糕局面的时候，能够从容面对，正视自己的错误，及时分析自己，找到错误的原因，并向领导承认错误，那么结果也不一定会像你想的那么糟糕。千万不要在犯了错误之后想尽办法去掩盖错误，这样的做法是很愚蠢的，错误是永远隐藏不了的。

美国某公司的财务人员布鲁士在做工资表时，给一个请病假的员工定了全薪，忘了扣除他请假几天的工资。事后布鲁士发现了这个错误，于是他找到这名员工，告诉他这个月多发的钱要在下个月的工资里扣除。但是这名员工说自己手头正紧，便请求分期扣除。但这么做的话，布鲁士就没有权利做决定了，这就意味着他必须得请示老板。当然这样一来，老板便会知道布鲁士所犯的这个错误。

布鲁士明白老板知道后一定会非常不高兴，但是他认为这混乱的局面都是自己工作的疏忽造成的，他必须负起这个责任。他去向老板认错。

当布鲁士告诉老板他犯的错误后，没想到老板竟然大发脾气地说这是人事部门的错误；当布鲁士再度强调这是他的错误时，老板又大声指责这是会计部门的疏忽；当布鲁士再次认错时，老板看着布鲁士说："好样的，我就是要看看你承认错误的决心有多大。好了，现在你去把这个问题按照你自己的想法解决掉吧。"事情终于解决了。从那以后，老板不但没有不再信任布鲁士，反而更加器重他了。由此可见，当你犯了错且知道责任在所难免时，抢先一步承认自己的错误，情况可能会更好一些。如果你在老板发现之前，就承认了自己的错误，十有八九会得到原谅的。

一个人想获得成功，那么他必备的素质之一便是关注错误。成功者都是不怕错误的。甚至当他们发现一种方法行不通的时候，还会高兴，因为毕竟经过实践知道这一种方案被排除后，就可以去继续自己的另一种方案。如果能以积极的心态坦然地面对错误，正视自己的错误，那么错误给人带来的并不是错误本身，而是会让人有意想不到的发现。这一发现或许会让人更快成功，将不会为错误所累。

2.借口是导致失败的根源之一

借口是导致人们失败的根源之一。事实上，一个人越是成功，越不会去找借口。其实，大多数的失败都是因人们习惯于在错误或者失败面前找借口造成的。

借口是一种思想病。对于这类思想病的患者，症状严重的人无一例外的是失败者。其实生活中的一般人都具有不同程度的这种思想病。对比那些成功的人与那些没有什么作为的人，我们很容易发现他们之间很大的差异，在于是否找借口。只要你稍加留意就会发现，那些没有什么作为，也不曾计划成功的人，往往会有一大堆的借口来解释为什么他不做，为什么他没有做到，为什么他不能做，为什么他不是那样做的。失败者面对糟糕的局面所做出的第一个举动，就是为自己找出各种借口，或者把责任推卸给其他人，逃得远远的，与此划清界限。

那些善于找借口的人，或许不知道借口是导致他们失败的原因所在。一个失败者一旦找出一种"好"的借口，他就会抓住不放，然后总是拿这个借口对他自己和别人解释为什么他无法再做下去，为什么他无法成功。或许起初，他心里自知自己的借口多少是在撒谎，但是在不断重复之后，他自己的借口也慢慢地"说服"了自己，他自己也会越来越相信那些借口完全是真的。结果可想而知。他的大脑开始怠惰、僵化，原来想方设法要赢的动力就化为乌有。但他们始终都不会承认自己是个爱找借口的人。

优秀的人从来不会为自己的错误或者失败找任何借口，他们会在工作中坚定不移地朝着目标前进。哪怕前面荆棘密布，他们也会全力以赴克服困难，不言放弃。他们犯了错误，也会及时分析，找出失败的原因，然后尽自己最大的努力来弥补自己的错误所带来的损失和影响，而不是想办法去找借口，逃脱责任。美国成功学家格兰特纳曾经说过，如果你有自己系鞋带的能力，你就有上天摘星的机会。改变对借口的态度，把寻找借口的时间和精力用到努力工作中来。工作中没有借口，人生没有借口，失败了就不要用借口来做掩护，成功也不属于那些寻找借口的人。

不要为失败寻找任何借口，而应该不借助任何一种借口地为成功寻找方法。当你不再为自己的失败寻找借口的时候，也就是你快要成功的时候。

3.凡事没有什么不可能

美国西点军校传授给每一位学员的工作理念便是"没有什么不可能"。它是想让每一位学员都能够积极动脑，在接到任何一项任务时，不管是认为可能完成，还是不可能完成的任务，都要想尽一切办法，付出艰辛的努力去完成，而不是为没有完成任务去寻找借口。西点军校教官约翰·哈里曾经说过，"没有办法"或"不可能"会使事情画上句号，"总有办法"则使事情有突破的可能。"没有办法"或"不可能"对你没有任何好处，请马上删除这样的想法；"总有办法"对你有好处，所以应把它加入你的大脑中。心中只要有战胜困难的信念，就没有什么不可能的。

很多人在面对生活或者工作中的挫折和困难时，经常会有退缩、躲避的心理，因为他们认为他们完成那件事情是不可能的。或许是出于对自己的不自信，或许是出于对要做的事情本来就不看好的原因。一般人都会有这种心理，但是成功的人大多做的都是我们常人所认为的那种不可能的事情。这个世界上没有什么是不可能的事情，万事皆有可能。我们之所以认为是不可能的，是因为我们根本就没有想到过。

或许大家都经常听到周围的人说过这样一句话："真是不可思议。"我们在这里暂且不说这句话所蕴含的感情色彩，单单从文字表面看，之所以说不可思议，也就是出乎意料的。凡是出乎我们意料的事情，大多是我们认为不太可能的事情，但是这样的事情却天天在我们的身边发生。那些我们认为不可能的事情，每天都在身边用事实向我们证明：没有什么不可能。

在美国西点军校，新生的第一课，都会是来自一位高年级学员的大声训导。不管什么时候遇到学长或军官问话，只能有四种回答："报告长官，是""报告长官，不是""报告长官，没有借口""报告长官，我不知道"。除此之外，不能多说一个字。西点军校奉行的最重要的行为准则便是"别用借口代替"，每一位学员都要想尽办法去完成任何一项任务，而不是为没有完成任务去寻找任何借口，哪怕看似合理的借口。让学员学会适应压力，让他们具备不达目的不罢休的毅力。

工作中是没有借口的藏身之处的。失败是没有理由的，人生也没有理由。人类的文明进化是建立在传统与反传统不断蜕变的交替上。反传统经过一番时日后，形成新的传统，然后又有新的传统出来推翻它。

在非洲中部干旱的大草原上，有一种体形肥胖臃肿的巨蜂。这种巨蜂的翅膀非常小，脖子也很粗短，但是这种蜂在非洲大草原上能够连续飞行250公里，飞行高度也是一般的蜂所不能及的。它们平时藏在岩石缝隙或者草丛里，一旦发现食物就立即出动。当一个地区气候开始变得恶劣，即将面临极度干旱的时候，其他的蜂类此时都是束手无措，而它们则会成群结队地迅速转移到水草丰美的地方。这种蜂被科学家们称为非洲蜂。科学家们对这种蜂充满了无数的疑问。

因为根据生物学的理论，这种蜂体形肥胖臃肿而翅膀却非常短小，在能够飞行的物种当中，它的飞行条件是最差的。论飞行条件，它还不如鸡和鸭、鹅优越。特别是在蜂的大家族里，它更是身体条件最差的。而根据物理学的理论，它的飞行就更是不可思议了。因为根据流体力学，它的身体和翅膀的比例是根本不能够起飞的！

按照科学家的理论，这种蜂不要说自己起飞，就是我们用力把它扔到天空去，它的翅膀也不可能产生承载肥胖身体的浮力，会立刻掉下来摔死。可事实恰恰相反，它不仅仅不用借助外界的力量，完全依靠自己的力量飞行，而且是飞行的队伍里最为强健、最有耐力、飞行距离最长的物种之一。科学家们从来也没有遇到过对科学这样残酷的挑战，因为在这个小小的物种面前，所有关于科学的经典理论都不成立。

其实没有什么奇异的秘密，它们天资低劣，但是它们必须生存，而且只有学会长途飞行的本领，才能够在气候恶劣的非洲大草原生存。而那些条件稍微好些的物种就不同了，它们天资好些，它们会飞行，它们也就不再刻苦练习求生的本领了。

由巨蜂的故事我们不难看出，没有不可能的事情，之前之所以认为不可能，是因为很多人还不具备看透现象的能力。其实生活在缝隙中的很多人在一些事情面前所想表达的正是：这是不可能的。当巨蜂面临生死存亡的选择时，它们做出了我们认为的不可能的事情。人的潜力也是无限的，但是很多人总是喜欢自我设限，在无形之中给自己找一个失败的借口。任何人都可以推脱说自己失败的原因是这件事情是根本不可能完成的，其实只要自己心中抱有希望，那么就没有什么不可能。

我们之所以说一件事情很难，往往是因为我们并没有尽到自己最大的努力。虽然我们嘴上说自己已经"尽力"了，实际上我们的能力还没有发挥出来。之所以说难，其实只是自己不愿意战胜困难而已。

4.竭尽全力解决焦点问题

遭遇挫折并不可怕，可怕的是因挫折而产生的对自己能力的怀疑。只要精神不倒，敢于放手一搏，就有胜利的希望。但是很多人在困难面前还没有付出自己最大的努力，便急忙放弃。世上无难事，只怕有心人。只要你有战胜困难的一颗心，那么，就没有什么难的。在说一件事情难办之前，我们首先应该先问自己，已经竭尽全力了吗？

在面对眼前的困难的时候，先把"不可能"放到一边，只想自己是否竭尽全力。学会想尽一切办法、尽一切可能去努力解决掉问题。世界上没有"天大的问题"，任何问题都可以解决；没有天大的困难，只有面对困难时没有尽力造成的遗憾和悔恨。

遇到困难就拿出百分百的努力来解决，不要给自己的人生打折扣。如果将面对困难时的努力打折扣，那么你的成功也会打折扣。24岁的海军军官卡特，应召去见将军海曼·李科弗。将军让卡特挑选任何他愿意谈论并且擅长的话题，然后将军再和卡特去讨论，结果每次将军都把他问得直冒冷汗。卡特这才发现自己懂的实在是太少了。在谈话结束的时候，将军问他在海军学校的学习成绩怎样，卡特立即自豪地说："将军，在820人的一个班中，我名列59名。"将军皱了皱眉头，问："为什么你不是第一名呢，你竭尽全力了吗？"此话如当头棒喝，影响了卡特的一生。此后，他做任何事情都竭尽全力，后来成了美国总统。竭尽全力，就是要把意识的焦点对准如何解决问题，不给自己任何敷衍和偷懒的借口。

土光敏夫是影响日本经济界的人物之一。他在重整东芝公司时，遇到了资金不足的困难。当时正处于战后困难时期，要筹到足够的资金简直难于登天，别说是筹到足够的资金，就是一小部分的启动资金也是不可能的。他去银行申请贷款，但银行部长却对他爱理不理。经过他不断的努力，部长的态度比以前好些，但对贷款的事情却绝口不提。

但是时间不会停止等待他去筹钱，如果在两天内仍然没有资金投入，那么，公司将不得不全线停工。土光敏夫想了很久，终于决定破釜沉舟，要想尽一切办法迫使部长答应。他让秘书给他拿来一个大包，在街上买了两盒盒饭放在里面，然后提着包赶到银行。一见部长，他就开始跟部长谈，希望给他贷款。但对方仍是不答应。双方又展开了一场舌战，不知不觉已经到了中午下班的时间。

部长一看下班了，如释重负，提起公文包准备回家吃饭。不料土光敏夫却从包里拿出盒饭说："部长先生，我知道你工作辛苦了，但是为了我们能够长谈，我特意把饭准备了。希望你不要嫌弃这寒酸的盒饭。等我们公司好转后，我们会再感谢你这位大恩人。"面对土光敏夫的执着，部长真是无可奈何。但也正是因为他的这份坚毅，部长最终批准了他的贷款申请。

在面对一些困难的时候，我们往往认为自己已经尽力了，但实际上我们并没有竭尽全力。我们之所以说事情难办，就是因为我们没有尽到最大努力。我们说自己已经尽力了，实际上我们并没有把全部潜力发挥出来。所以，面对问题和困难的时候，我们永远不要先说难，而要先问一问自己是否已经竭尽全力。

难，是我们用来拒绝努力的常用理由。但是，问题真的是那么难解决吗？关键的一点，就是先把"不可能"的想法放在一边，而只想自己是否完全尽力，是否想尽了一切办法，尽了一切可能。如果将心灵的焦点对准"难"，那么大脑也会随后找出千万个理由，证明真的很"难"，人就很容易屈服，面对如此"难"的问题很自然地就产生畏惧心理，畏惧使人无法冷静地应对问题，甚至导致行动的瘫痪。所以当你面对困难的时候，先不要问难不难，而要想自己是否尽了最大努力，这样你就会把注意力集中在尽力挖掘自己的潜能上，这样反倒更容易解决问题。

很多人在面对困难的时候，总是会发出这样声音，"我真的是尽力了，我真的是无法再往前走一步了""我真的是尽力了，这是我能做到的最好的状态了"。其实，这不过是不愿意接受挑战的借口。这只是他们内心里的自我设限，认为自己已经尽力。其实这仅仅是一种假象，很多人的无法竭尽全力都是因为这种"我已尽力"的假象。

被日本经济界誉为"经营之圣"的稻盛和夫，在他所创办的京都陶瓷公司刚创业不久的时候，就接到著名的松下电子公司的显像管零件 U 型绝缘体的订单。因为公司刚创办不久，这份订单对于他们来说意义非凡，所以京都陶瓷公司对这份订单非常重视。但是，与松下公司做生意绝非易事。商界对松下电子公司有这样的评价："松下电子会把你尾巴上的毛拔光。"

对待京都陶瓷这样的新创办公司，松下电子公司看中其产品质量好，给了他们供货的机会，但在价格上却一点都不含糊，且年年都要求降价。对此，京都陶瓷公司的一些人开始灰心，因为他们认为："我们已经尽力了，再也没有潜力可挖，再这样做下去的话，根本无利可图，不如干脆放弃算了。"稻盛和夫认为这一难题确实很难解决，但是，就这样屈服于困难，是给自己找借口。

于是稻盛和夫在分析了公司的情况后，经过思考，终于想到了解决问题的方法。公司创立了一种新的管理方式，叫作"变形虫经营"。其具体做法是将公司分为一个个的"变形虫"小组，作为最基层的独立核算单位，将降低成本的责任落实到每个人。即使是一个负责打包的老太太，也都知道用于打包的绳子原价是多少，明白浪费一根绳会造成多少损失。这样一来，公司的营运成本大大降低，取得了可观的利润。后来京都陶瓷公司成为日本最著名的高科技公司之一。

有些困难的确非常顽固，想了很多办法，仍然无法解决。有人便认为"已到极限"，再去努力也是白搭。其实，当你真正经过一番努力就会知道，所谓"难"，其实只是你自己的"心灵桎梏"，只是自己给自己找的借口。潜能是在不断的努力中慢慢开发出来的，所以越是努力，开发的潜能就会越来越大。

努力不够，当然也就不知道自己的潜能到底有多大。所以，我们在面对困难的时候，要竭尽全力，把自己的焦点对准解决问题。要从"我已尽力"的假象中把自己解放出来。这样你就会发现，原来那所谓的困难也不过如此。

5.做事情讲究方法和技巧

做任何事情都要讲究方法和技巧，只要思想不滑坡，办法总比问题多。有了正确的方法和巧妙的技巧，做起任何事情来都会得心应手，甚至可以扭转乾坤，将不可能变为可能。

生活中总会遇到这样那样的问题，遇到问题并不可怕，因为任何人都不可能是一帆风顺的，关键是在面对问题的时候，能够运用自己的聪明才智，找到解决问题的方法。有些人一遇到困难就开始逃避、退缩，这样做对解决问题的本身没有任何的意义。问题出现了，总会有解决问题的方法，不怕做不到，就怕想不到。

　　哥白尼提出日心说，被教会处死，但仍然有很多追随者。某天，又有两个追随者被教会的人抓了起来。教皇审问道："太阳为什么是宇宙的中心？你们有证据吗？"第一个人说："圣经简直就是胡说八道，地球根本不是宇宙的中心，太阳才是，我用望远镜观察过，我有精确的计算结果，我还有一大堆证据可以证明——"但是还没等他把话说完，就已经被拉出去处决了。

　　轮到第二个人了，只听到他说："无上的教皇，我尊敬的上帝，请允许我说出自己的言论吧。我相信，仁慈善良的上帝是不会处罚一个仅仅是爱说话的人。"他停了一下，观察后发现教皇没有怒色，于是开始陈述自己的理由："地狱和恶魔是在地下的，地下是黑暗的，而天堂是光明的，上帝就是住在天堂里的。光明的源头就是上帝，但我们见到的光是从太阳发出来的，可见上帝是住在太阳里的，这个宇宙是以上帝为中心的，因此太阳才是宇宙的中心。有人说地球是宇宙的中心，这些人是别有用心的，难道恶魔会是宇宙的中心吗？显然不可能。所以经过我的苦心研究，终于证明了太阳才是宇宙的中心。下面是各种辅助证据……"

　　教皇听完这个人的话，若有所思。但他仍然没有放过他，因为教皇之所以让他们说出理由，只是想知己知彼。这个人没有被处决，而是被流放到了一个荒岛。这总比失去生命好多了。同一种意思，换了一种巧妙的说法，结果就截然不同了。

　　真正下定决心去解决一个问题，就应该竭尽全力去想办法解决。方法不怕你做不到，就怕你想不到。人常说"精诚所至，金石为开"，其实不然，它让人们误认为只要有精诚就够了。精诚不是成功的敲门砖，没有方法你可能永远也无法到达成功的彼岸。有了方法你就会少走很多弯路，会使你离你的目标更近一步。

只要思想上有战胜困难的决心，那么想出解决问题的方法就是简单的事情了。如果思想上根本没有解决问题的决心，那么要想出真正解决问题的方法就不会那么容易了。

不论你的生活多么糟糕，不论你对自己的处境多么烦恼，你仍然有很多优势没有好好利用，有很多资源没有好好挖掘。其实糟糕的往往不是你的处境，而是你面对处境的心情。如果能够以积极的心态去面对，任何人都会发现，再恶劣的环境也没有自己想象的那么坏。资源就在我们的附近，就在我们的头脑里，就在我们自己的双手里。只要去想，办法就一定会有，资源就一定会有。

当我们面对糟糕的境况时，要将注意的焦点集中在找方法上，而不是在找借口上。要始终坚信：成功一定有方法。不要说不可能，任何问题都能找到解决的方法。思路决定出路，时时告诫自己：不是不可能，只是暂时还没有找到方法。只要努力想办法，就一定能有好办法。

6.不要让自己的潜能沉睡

借口是掩饰缺点、推卸责任的"万能器"。很多人把宝贵的时间和精力放在了如何寻找一个合适的借口上，而忘记了自己的职责和使命。借口还是一张敷衍别人、原谅自己的"挡箭牌"，助长了自己的懒惰麻痹思想，扼杀了创新进取的精神。更为可怕的是，借口就像一朵美丽的罂粟花，经常品尝它，人会变得消极颓废，不思进取，最终会走向失败甚至毁灭。

很多人都有过类似的经历。在中学时代，当我们考试成绩不理想被家长询问的时候，我们会说自己太笨了。在大学时代，当我们被问到为什么考试这么差的时候，我们可能会说自己太倒霉了。在参加工作之后，当单位里有人因为被领导表扬的时候，我们可能又会说，学历没有人家高，技术没有人家高，当然没有自己的份了。

其实，不是你太笨，不是你运气不好，也不是学历不如人，技术不如人。而是你在意识里为自己的潜能设定了一个极限，没有尽自己的努力去挖掘潜能，让潜能一直处于酣睡的状态下。

人的潜力是无限的。在生活或者工作中，潜力以多种形式存在着。遗憾的是我们常常熟视无睹，因此失去了创造力的基础。我们每个人对自己的创造力了解得太少了。心理学家詹姆斯曾经说过："我们所知道的仅仅是我们头脑和身体资源中极少的一部分。"

我们每个人的潜力就像是漂浮在海面上的一座冰山，我们看到的仅仅是露出海面极小的一部分的冰山角，而巨大的冰山却隐藏在海水的下面，被我们忽视。如果我们能意识到这一点，就会对自己的创造力充满信心，唤醒自己的潜能。

有一个人下班后想抄近路回家，回家的途中要经过一片墓地，他不小心掉进了一个坑里，但是不管他怎么努力，始终都无法从坑里爬出来。经过几番的努力之后，他最终放弃了，瘫软在坑里。这个时候有一个醉汉摇摇晃晃地走过来，竟然也掉进了坑里，醉汉同样也是手脚并用，使劲地往坑外爬。等醉汉折腾了好久之后，这个之前掉进来的人终于忍不住了，在黑暗中摸到了醉汉的脚，便抓住醉汉的脚，对醉汉说："老兄，别爬了，我试过了，根本爬不出去。"只见话音未落，醉汉却三下五除二地爬了出去。

可见，人的潜能在一定的情况下是会被激发出来的，而这激发出来的能量可能会完成你平时根本无法完成的事情。科学家发现，人类大脑内储存的能量大得惊人，比电子计算机高100倍，可以容纳5亿本书的知识。人平常用到的仅仅是大脑中极小的一部分。当人能用到自己大脑一半的能量时，可以轻易学会40种语言，背诵整本百科全书，拿到12个博士学位。

根据资料分析，人的潜能开发几乎是无穷无尽的，伟大的科学家爱因斯坦的潜能发挥也还不到10%。这些不争的事实都告诉我们，潜能真的是一座巨大的矿山，需要我们去挖掘属于自己的宝藏。

在我们做任何一件事的时候，都应该尽自己最大的努力，尽可能地开发自

· 159 ·

己的潜能，去挑战自己的极限，突破自己。而找借口去推托，只会让自我价值不断减少，由此造成的损失才是最大的。所以，不要让你的潜能酣睡，更不要拿一些冠冕堂皇的借口来做"挡箭牌"。这面"挡箭牌"不会为我们挡住任何的困难和危险，只会挡住我们通往成功的那条路。

7.世上没有天生的成功者

任何成功者都不是天生的，成功的一个最根本的原因就是成功者尽可能多地开发了他自身无穷无尽的潜能，将一个又一个"不可能"踩在了脚下。

人类的潜能犹如地下之水，只有深层挖掘，才能品尝到这水的甘甜。

记住培根说的这句话吧："超越自然的奇迹，总是在对逆境的征服中出现的。"

我们大多数人的体内都潜伏着巨大的才能，但这种潜能一直酣睡着，只有激发它，才能做出惊人的业绩来！

迪斯尼玩具公司首席顾问玛丽娅的故事很富有传奇色彩。在她6岁那年的圣诞节，父亲要送她一件礼物，于是就带她来到世界著名的迪斯尼公司经营的一家玩具城，让她自己挑选。平时小玛丽娅就特别喜爱玩具，但由于家庭拮据买不起，她就经常自己用橡皮泥捏成各种各样的小动物。她的橡皮泥玩具几乎每天都有新的花样在翻新。

来到玩具城后，玛丽娅一件玩具也没有看中。她的这一怪异现象恰好被站在一旁的玩具公司老板唐纳德发现了。这位美国玩具商耐心地听完玛丽娅不喜欢店里玩具的原因后，将她领到自己的办公室，把她刚刚指责的玩具一样样摆在桌子上，又派人为玛丽娅取来橡皮泥，让她按自己的想象为那些玩具改变形象。结果让唐纳德大为折服。他立即与这位只有6岁的女孩子签订一项长期合同，破天荒地聘请她为玩具公司的顾问。

后来，迪斯尼公司为充分发挥和挖掘玛丽娅的天赋和潜能，每当世界各地有玩具展销活动时都要带上她，使她眼界大开，对各种玩具提出的意见和见解也更加准确，更能切中要害。经玛丽娅参与设计的玩具给公司带来了丰厚的利润。

在玛丽娅15岁的时候，她作为世界上最年轻的亿万富翁和最年轻的商人而被载入《吉尼斯世界纪录大全》。

由此我们可以看出，一个人的才能大小不在于他的年龄大小，而在于对天赋和潜能的合理开发。由于迪斯尼原来那些玩具设计者早已是成年人，失去了对童心的直接反应能力，所以目光陈旧，缺乏激情和新意。而玛丽娅恰恰能弥补这方面的不足。

美国心理学家德西曾经长期针对世界上一些大的公司进行研究。在研究结果中他向我们揭示了以下内容：

（1）员工并不是天生就厌恶工作，只会因工作而成熟，更加独立自主，能力得到更好的开发，身心得到更好的满足。

（2）员工为了自己心目中的目标，按自我价值判断而工作，能自己支配自己，是可以主动地把自己的目标与组织的目标统一起来，做到两全其美的。

（3）通过引导，人能够学会接受责任，直至寻求责任。大多数人都具有相当程度的想象力、智力和创造力，但在实际工作中，一般人的潜力往往没有得到充分发挥。

（4）为员工创造和提供机会，诱导和调动员工的成功感、自豪感，使员工在满足个人需要的同时，更好地完成自己所负责的工作。

潜能人人都具备，但却不一定人人都能发挥得潇洒自如。潜能重在有人去发现，更需要合适的环境去发掘、培养，也在于恰到好处、独出心裁的表现。

在美国的一次电视广告大赛中，万宝路香烟的电视广告获得大奖。那则广告只有一句话："跃马纵横，尽情奔放，这就是万宝路的世界。"可能有许多人不知道，设计这则广告的是一位年仅10岁的小女孩——托格尼·林非。

托格尼的舅舅是万宝路公司的销售主管，正在为香烟的广告设计方案发愁。一个偶然的机会，他来到托格尼家，无意中拿过她的作文本，见上面有托格尼描写父亲吸烟时神态的段落，是这样写的：看见爸爸吸烟时闭目养神的表情，他一定是看到了粗犷豪迈的牛仔、矫健的骏马、壮阔的群山和原野，享受着自由自在、豪放不羁的生活。

舅舅大受启发，便把托格尼带到总裁办公室，递上了托格尼的作文本。总裁看完，拍案叫绝。于是，托格尼描述的场景便出现在万宝路香烟广告的画面上，结果收到了意想不到的效果。

其实人与人之间只存在着一种很小的差异：心态的积极与消极。就是这种极小的差异往往造就了人与人之间的天壤之别，有的人成功，有的人失败。

可以说人类的潜能犹如地下之水，只有深层次挖掘，人们才能品尝到这水的甘甜。

记住培根说的这句话吧："超越自然的奇迹，总是在对逆境的征服中出现的。"

8.面对挫折不要轻言放弃

一日一钱，十日十钱。绳锯木断，水滴石穿。在很久以前，古人就已经明白，做任何事情都需要持之以恒。千百年来，持之以恒的精神仍然为很多人坚持。那些坚持的人大多是取得一些成就的人，而面对问题轻言放弃、半途而废的人，大多是碌碌无为的人。人生其实是一段并不漫长的旅途，所以，我们要在我们有限的生命里，去做有价值的事情，去实现自我价值的突破。

有人可能会说："在面对巨大困难的时候，个人的能力这么渺小，怎么可能解决呢？不放弃又能怎么样呢？"其实人生就像是一条河，河道有宽也有浅，河水有涨也有落。我们航行在人生的河面上，是不可能一帆风顺的，关键是遇到挫折和困难的时候，我们如何作出选择。两种截然不同的选择会带来两种截然不同的人生。太多的人在经历逆境时选择自我放弃，甘为生铁，庸庸碌碌地了却一生。也有很多人在经历逆境的煎熬后，就像一块铁，愈被焚烧，愈发坚韧，终于"百炼成钢"。

其实，每一个人的生活中总要有痛苦与挫折，倒下了，一定要站起来，成为一名强者。一个人如果没有这种持之以恒、坚持不懈的精神，即使他有再宏伟的理想也难以实现，即使他有再明确的目标，也难以达到。挫折仅仅是暂时的失败，它说明的是你以前的做法行不通，但是不代表你今后的努力也行不通。只要有一线希望，就要尽百倍的努力。失败仅仅是一个新的开始，并不意味着永远失败。无论何时，都不要轻言放弃。

数九寒天，寒风刺骨，一座城市被围攻，情况十分危急。如果不能尽快得到援助，整座城市就将完全失陷，这里的战士和整座城市的百姓都要面临死亡的威胁。此时，守将决定派一名士兵去河对岸的另一座城市求援。

这名士兵迅速赶到河边的渡口，但却看不到一艘船。士兵知道，这是因为兵荒马乱，船夫全都逃难去了，平时这里总是有很多船摆渡。想到这里士兵心急如焚，假如过不了河，不仅自己会成为俘虏，就连城市也会落在敌人手里。

太阳渐渐落山，夜幕已经降临。黑暗和寒冷更加剧了他的恐惧与绝望。这是他一生当中最难熬的一夜，他觉得自己真是四面楚歌、走投无路了。更糟的是，刮起了北风，到了半夜，又下起了鹅毛大雪。他瑟缩成一团，紧紧抱着战马，借战马的体温来取暖。此时此刻，只有一个声音在他心里重复着："活下来。"他暗暗祈求："上天啊，求你再让我活一分钟，求你让我再活一分钟。"当他气息奄奄的时候，东方渐渐露出了鱼肚白。他牵着马儿走到河边，惊奇地发现，那条阻挡他前进的大河，已经结了一层冰。他试着在河面上走了几步，发现冰冻得非常结实，他完全可以从上面走过去。他欣喜若狂，就牵着马从上面轻松地走过了河面。城市就这样得救了。

整个城市得救了，得救于这名士兵的不轻言放弃，得救于他的坚持不懈。如果在当时的情况下，他不想办法保住自己的性命，那么结果可想而知。人生会经历无数的挫折和艰辛，但是只要我们还拥有生命，就不要放弃。因为生命本身就是一种希望，只要希望还在，我们就决不放弃。

贝多芬曾经发出"我要扼住生命的咽喉"的呐喊，他经过顽强拼搏，坚持不懈的奋斗，终于成为震惊整个乐坛的一代"乐圣"。如果贝多芬面对耳聋的现实，只是一味地痛苦挣扎，那么他又怎么能取得辉煌的成就？爱迪生在发明灯泡的时候，试验了上千次，失败了上千次，但是他始终没有放弃自己的发明创造。面对这样的一次次打击，爱迪生仍然保持着"我已经找到了一千多种不适合做灯丝的材料"的乐观心声。最终他在坚持不懈的努力下，给全世界的人们带来了光明。

我们只看到奥运冠军在人前的辉煌，实际上他们不仅有成绩、奖牌、冠军，也有汗水、泪水、艰辛；不仅有坚韧、顽强、奋斗，还有对抗、竞争和拼搏。每一个冠军的背后都有我们无法想象的艰辛和努力，没有人能够随随便便成功。运动员们用坚强的意志和坚持不懈的精神为人类运动史书写一个又一个的美丽传奇。游泳天才菲尔普斯天天训练从不间断，受伤也忍着伤痛继续训练，终于造就了奥运会上的辉煌。有很多不了解菲尔普斯的人都羡慕他，说他是游泳天才，而抱怨自己怎么就没有这么幸运。其实天才不是天生的，他之所以被称为游泳天才，取决于他数年坚持不懈的训练和努力。

面对问题，我们需要的是解决问题的决心和信心，而不是遇见问题就选择逃避。问题永远存在，它不会因为你的逃避就会解决。轻言放弃的人，成功往往也会与他擦肩而过。很多人放弃了之后，或许会在心里暗暗庆幸，自己不用再受困苦的煎熬和折磨了，但是他却不知道，他错过的还有更有价值的东西，那就是成功。

很多人在面对问题的时候，喜欢找各种借口来说服别人和自己，从而使自己可以心安理得地放弃。这样的思想是很愚蠢的，借口永远只会阻止你的成功，而不会阻止你继续受到挫折。

我们在生活和社会中同样会遇到很多他们认为的难题，这个时候不要轻言放弃，一定要尽自己最大的努力来想办法解决。当自己实在无法解决的时候，要向长辈们请教，而不能因为自己一时能力有限，就浅尝辄止，放弃努力。

第八章 充分评估自己，正确调整自己

世界上无数的失败者之所以没有成功，主要不是因为他们才干不够，而是因为他们不能集中精力、不能全力以赴地去做擅长的工作，他们浪费掉了大量的精力，却从未觉悟。

1.要选择适合自己的目标

所谓目标，就是我们所期望的成果。很多人终其一生都在埋头苦干，但成功与否并不在于人们有多么宏伟的蓝图，而在于人们是否选择了正确的目标。目标错了，人生无异于南辕北辙，青春和汗水只能被浪费。

那么什么样的目标才是正确的目标呢？简单来说就是适合自己的目标。

有一个美国小女孩，从3岁时便开始接受音乐教育，4岁时她已掌握了一些简单的钢琴曲。16岁那年，她考入了丹佛大学音乐学院，梦想成为一名职业钢琴家。然而就在当年夏天，她却放弃了这一梦想。因为在著名的阿斯本音乐节上，她遇到了有生以来最残酷的竞争。一些刚满11岁的孩子，只看一眼曲谱，就能演奏她要练上一年才能弹好的曲子。一向颇为自负的她感觉到了自己的巨大差距，于是她鼓起勇气向父母解释说："对不起，我改变主意了。我不再想成为一个钢琴家。"父母表示接受女儿的决定，但她自己的心中却像堵了一块巨石。

好在不久，她就发现了新的目标——"国际政治概况"课程。她的导师也认为她是这一领域难得的千里马，因此尽其所能地指导她，将她引向了国际关系和苏联政治学领域。19岁时，她便获得了政治学学士学位。26岁时，她获得博士学位。由于精通4门语言，她很快成了斯坦福大学的助教，专攻苏联军事事务。33岁时，她已经成为一名杰出的教授。1987年，在一次晚宴上，她简短而有特色的致辞引起了时任国家安全事务助理的布伦特·斯考克罗夫特的注意。从此她在政界青云直上，直至成为美国历史上第一位黑人女国务卿。她就是创造了黑人女性历史的康多莉扎·赖斯。

获得成功的道路有很多条，我们不能在死胡同里浪费时间和精力。赖斯，就是最好的例子。从一个备受歧视的黑人孩子成长为叱咤风云的政坛明星，这期间赖斯的努力大家有目共睹。她善于自省、勇于放弃、并重新选择的能力，无疑更值得我们深思。倘若当年她不能放弃自己的愿望，那么她今天至多也就是一个普通的钢琴家。所以，在人生路上选择正确的目标才是首要关键。

著名经济学家张五常也有过类似的经历。

张五常小时候非常喜欢打乒乓球，自以为有这方面的天分。有一次，他碰到了一个小孩子，对方虽是初学，而且个子矮得只能踮着脚尖拍球，但是拍得"啪啪"直响。张五常便走上前去，教他打乒乓球。谁知这个小孩一教就会，不教的也会。不到两个月，张五常就发现自己已经不是他的对手，而且往往输得莫名其妙。由此，他意识到自己在打乒乓球方面并没有什么天分，转而投身其他领域，最终在经济研究方面取得了令人瞩目的成就。而那个小孩子，就是后来的世界冠军容国团。

后来，张五常离开香港去北美发展，临行前容国团教了他几手发球的绝活。第二年，他就在加拿大拿了个单打冠军。后来，他在美国加州大学与一位教授打赌，谁在乒乓球桌上赢了对方，谁的经济学水平也就更高一筹。结果，那位颇有把握的教授一连输了10局。对方吃惊地说："你怎么不去打乒乓球呢？你可以去争取世界冠军的。"张五常笑着说："你真是笨死了，我怎么打得过容国团呢？"

张五常为什么不去当乒乓球运动员？很显然，这不是他去不去的问题，而是球队收不收他的问题。同样的道理，虽然很多目标看上去很令人激动，但是并不一定适合你。

生活中，很多人都知道天道酬勤、勤能补拙的道理。这话不假，但是我们不禁要问："与其用勤补拙，那么为什么不把精力用在你原本就很优秀的方面呢？更何况，有些拙并不是一味地下苦功就能补上的，有些事并不是只有勇气和魄力就能决定的。"

这个世界上，好高骛远、不切实际的人从来都没有少过。有些人的目标甚至大得令人瞠目结舌，比如2000年5月30日因信用证诈骗被判无期徒刑的前南德集团总裁牟其中。

牟其中曾经提出过两个让人震撼的投资大设想：一个是把喜马拉雅山炸个缺口，让印度洋的暖湿气流吹进青藏高原，把亘古不化的冰天雪地变成万里良田；另一个则是搞"西水北调"，把雅鲁藏布江丰富的水资源绕道新疆引入黄河，解决中原地区的缺水问题。牟其中曾经为此一本正经地召开过新闻发布会，所有的参与者除了目瞪口呆，还是目瞪口呆。

生活中类似的例子比比皆是，只不过他们没有牟其中那么夸张而已。所以，我们在设定目标时，要结合自身条件、外部环境等主客观因素，切实考虑目标的可操作性。谁不想"乘长风破万里浪"？可是如果你没有丝毫的航海知识的话，你的那些远大的目标往往会让你葬身海底。

2.要敢于正视自己的弱点

民间有句老话叫"金无足赤，人无完人"，意思是说对人对事都不能太苛求。一直以来，人们对他人和自己的要求其实都蛮苛刻的。尤其是在面对自己的缺点时，很少有人能够坦然。更多的时候，人们会想尽一切办法去掩盖自己的弱点，让自己看起来更完美一些。

然而，这个世界上掩耳盗铃、自欺欺人到最后弄巧成拙的人和事还少吗？毛泽东说过，"知错能改，就是好同志"。更何况我们有弱点并不是错误，而且很多弱点都可以通过努力去弥补。每个人都应该正视并感激自己的弱点。因为一个人只有认识到自己的弱点，才会给自己新的学习机会，从而增长智慧，愈加成熟。这样的人，不仅更容易接近成功，而且能够得到大多数人的认可。而那些不肯或者不敢甚至不能正视自己的人，非但很难取得成就，同时也很难在社会上立足。

新年伊始，上海市一家外资企业登出招工启事，准备面向社会招聘一位经理助理。在招聘条件一栏中，有一项条件是必须具备两年以上的工作经验。

当天上午，先后有6位求职者前来应聘，前5个应聘者都称自己有类似的工作经验，但面对招聘经理的考问，他们很快显示出了对这一行业的无知。

第6位求职者是一位学生模样的年轻人，他坦率地对招聘经理说，自己并不具备这方面的工作经验，但是他对这份工作很感兴趣，并且拥有十足的信心，相信经过短暂的实践后，能够胜任工作。

"没有工作经验你为什么还来应聘？你没看到我们的招聘条件吗？不过我很欣赏你的诚实，说说你为什么能够实言相告呢？"一位外籍招聘经理用生硬的汉语问他。

"是这样的，先生，"青年人回答，"小的时候，有一次我偷了家里的鸡蛋拿出去卖钱，结果被奶奶知道了。奶奶问我时我撒了谎，奶奶在我的屁股上重重地打了一巴掌，然后告诫我：'穷不可怕，只要你诚实，你就有救。'我永远记住了这句话。"

这位应聘者被破格录取了。几年后，他成为这家公司的财务总监。

穷不可怕，只要你诚实，你就有救。同样的道理，有弱点并不可怕，而且非常正常，只要你能够正视自己的弱点，并努力弥补，你就能逐渐得到提升。

那么，为什么大多数人不愿意正视自己的弱点呢？原因就在于不自信。他们往往对自己的优点了如指掌并大肆宣扬，而对自身的弱点却不敢承认和面对，害怕弱点被别人看透，受到他人的嘲笑和蔑视。如此一来，这些弱点便不断地发挥破坏作用，对个人的发展造成极坏的负面影响。

与此相对，那些在职业生涯中有所收获的人，都是能够清醒认识自己的人。他们在知识与能力上或许并不胜人一筹，但是非常清楚自己的弱点和不足，从而能够及早规避相关危害，并积极地发挥自己的长处，扬长避短，用优点去克服或弱化自身的弱点。

即使是暴露自己的弱点，有时候也并不一定是坏事。对于相互合作者来说，这一点尤其重要。因为唯有如此，才能换来别人的信任和帮助，提高合作的成效。

飞人乔丹是美国职业篮球联赛历史上最伟大的篮球运动员。一方面由于他球

· 169 ·

技过人，曾经创造过多项世界纪录；另一方面则得益于他过人的气度和胸襟。

在当时，公牛队中最有希望超越他的新秀是年轻的皮蓬。皮蓬年轻气盛，好胜心极强，在乔丹面前，他常常流露出一种不屑一顾的神情，还煞费苦心地寻找乔丹的弱点。但乔丹却从来没有把皮蓬当作潜在威胁，更没有因此而排挤他，相反他经常对皮蓬加以鼓励。

有一次休息时，乔丹问皮蓬："你觉得咱俩的三分球谁投得更好一些？"

皮蓬听了很不高兴，阴阳怪气地说："你这是明知故问，当然是你。"因为当时的统计数据显示，乔丹投三分球的成功概率是28.6%，皮蓬的成功概率则是26.4%。

看着生气的皮蓬，乔丹微笑着纠正说："不，皮蓬，你投得更好一些。你的动作规范、流畅，你很有天赋，以后会投得更好。但我投三分球时有很多弱点，我扣篮主要用右手，而且会习惯性地用左手帮一下忙。可是你左右手投得都很棒，而且不用另一只手帮忙。所以，你的进步空间比我更大。"

乔丹的大度让皮蓬大为感动，此后他一改自己对乔丹的看法，更多的是以一种尊敬的态度向乔丹学习。因此他们二人都有了不同程度的提高，配合也越来越默契，为公牛队带来了一个又一个辉煌。

看看乔丹，再想想身边那些专事抱怨、报复的人，或者看看我们自己，怎能不慨叹？我们又怎能不汗颜？也许现在，你还在为人际关系而痛苦，为成功无望而苦恼。然而在抱怨生活不尽如人意的同时，是否应该想到，这一切，源于我们缺乏一种"晒晒"自己的勇气？要知道，有弱点并不可耻，隐藏自己的弱点，不能与合作者彼此坦诚相对，才是真正的可耻，才是最大的弱点。

3.演好自己的每一个角色

角色是戏剧、电影、电视等艺术领域的专用术语。一场戏中通常有主要角色（主角）和次要角色（配角）两种，把它借用到社会学中，便有"社会角色"一说。有道是"舞台小社会，社会大舞台"，小到一个家庭，大到一个企业，直至整个社会，要想保持稳定和谐，都需要每一个参与者密切配合，也即要求每个人自觉地扮演好自己的角色，不论你的角色多么糟糕。

新学期开始后，县中学转来一位女孩儿。看她的衣着，就知道她是普通农民家的孩子。女孩有着农家孩子的朴实和勤奋，听课专心，发言踊跃，让班主任于老师非常欣慰。

可是几天后，于老师注意到，女孩儿总是低着头走路，有时眼睛还红红的。有同学欺负她，还是想家了？带着疑问，于老师把女孩儿叫到办公室。

经过一再追问，女孩儿说出了实情：这几天她发现自己无论是穿着还是学习都不如其他同学，总认为自己低人一等，觉得父母花这么多钱让她来县城读书，最终恐怕会让父母失望。

"是这样啊。那老师给你讲个故事。"说完，于老师给她讲起了前不久看过的一个小故事。故事发生在英国一个小镇上。为了募捐，玛莎所在的学校准备排练一部叫《圣诞前夜》的话剧。得知消息后，玛莎第一个去报名要求当演员。她的目标是出演剧中的女儿。但是到定角色那天，玛莎却一脸冰霜地回到了家，因为她被告知，她的角色是一只狗。整个晚饭时间，玛莎不是抱怨牛排太咸，就是埋怨土豆太淡，搞得一家人都没了胃口。饭后，爸爸把玛莎叫到书房，两个人谈了很久。虽然他们拒绝透露谈话内容，但是第二天人们又看到了那个快乐的玛莎。她不仅没有拒绝演狗，还买来了护膝，以便更好地排练。

终于到了演出的那一天。从头至尾，玛莎穿着一套毛茸茸的道具，手脚并用地在台上爬来爬去，还不时伸个懒腰，晃晃脑袋，动作惟妙惟肖，精湛的表演吸引了所有观众的眼球，虽然她从头至尾没有说过一句台词。

后来，玛莎向人们透露了她和爸爸那天晚上的谈话内容。爸爸说："如果你用演主角的态度去演一只狗，狗也会成为主角。"说到这里，于老师加重语气说："命运赐予我们不同的角色，与其怨天尤人、自暴自弃，不如全力以赴，演好自己的角色。因为再小的角色也有可能变成主角，哪怕你连一句台词也没有。"

诚然，在生活的舞台上只有极个别能够预知未来的好导演，大多数人都无法将自己平凡的生活演绎得更加精彩。但是如果我们有了把狗当成主角演的态度，那么即使是最本色的演出，又有谁能说我们不成功、不幸福呢？

德怀特·戴维·艾森豪威尔是美军历史上唯一当上总统的五星上将。在美军历史上，他晋升速度"第一快"；在历届总统中，他出身"第一穷"。从一个平民之子到举世瞩目的美国总统，艾森豪威尔凭的是什么？用他自己的话说，这一切源于年轻时的一件小事：

有一次晚饭后，艾森豪威尔和家人一起玩纸牌游戏。他的手气很糟糕，一连几把牌都很烂。当他再次抓到一把烂牌时，他变得很不高兴，开始抱怨上帝。这时他的母亲停了下来，正色对他说道："如果你想玩，就必须用你手中的牌玩下去，不管那些牌是好是坏。"

艾森豪威尔一愣，母亲又说："人生也是如此，发牌的是上帝，不管牌怎样你都必须拿着。你能做的就是尽全力打好手里的牌，求得最好的结果。"

很多年过去了，艾森豪威尔一直牢记母亲的话。对生活，他从未存有任何抱怨，因为他总是能以积极乐观的态度去迎接命运的挑战，尽力做好每一件事。最终他成了美国总统。

无论是演戏，还是打牌，既然选择权不在我们手里，那么就永远不要抱怨。因为怨天尤人只会让人徒增烦恼，不解决任何实质问题。

我们能够做的、应该做的，是学会适应并改变它。只要不抱怨，任何角色都可以让人精彩；只要肯努力，再烂的牌也有可能会赢。

4.要摸索探求自己的长处

世界上无数的失败者之所以没有成功，主要不是因为他们才干不够，而是因为他们不能集中精力、全力以赴地去做擅长的工作。他们浪费掉了大量的精力，却从未觉悟。

有这样一则寓言故事：在广袤的草原上，一只小羚羊忧心忡忡地问老羚羊："这里没遮没拦的，我们又没有锋利的牙齿，难道天生就要成为狮子、老虎的腹中物不成？"老羚羊回答道："别担心孩子，我们的确没有锋利的牙齿，但却拥有可以高速奔跑的腿。只要善于利用，即使再锋利的牙齿，又能拿我们怎么样呢？"

认识自己，发展并经营自己的长处，你才能更准确地发现自己的最佳才能，找到到达成功目的地最迅捷的途径。

人生的诀窍就是要善于经营自己的长处。每个人都有自己的长处，要想成就一番事业，就得善于利用自己的长处。长处是人生的一片沃土，成功的种子就埋在它的下面。如果你不在这里耕耘，你就将错失原本属于你的最宝贵的东西。

富兰克林说过："宝贝放错了地方便是废物。"在人生的坐标系里，一个人如果站错了位置——用他的短处而不是长处来谋生的话，那将是非常艰难甚至可怕的。如果让武大郎去做投篮高手，他可能会在永久的卑微和失意中沉沦。

因此，具有一技之长相当重要，即使它不怎么高雅入流，也可能是你改变命运的一大财富。选择职业同样也是这个道理。你无须考虑这个职业能给你带来多少钱，能不能使你成名，重要的是，你应该选择最能使你全力以赴、最能使你的品格和长处得到充分发挥的职业。把自己安排在合适的位置上，经营出有声有色的人生。

市场中的游戏规则是每一个人依靠为他人提供服务与商品而生存。当有很多人需要你提供的服务，而你又变得不可替代时，你往往就成为一个重要人物。那么如何变得不可替代呢？你要培养自己的专长。

你的专长就是你的与众不同之处。这种专长可以是一种手艺、一种技能、一门学问、一种特殊的能力或者只是直觉。你可以是厨师、木匠、裁缝、鞋匠、修理工等，也可以是机械工程师、软件工程师、服装设计师、律师、广告设计人员、建筑师、作家、商务谈判高手、企业家、领导者等。无论怎样，如果你想成功，你不能什么都不是。

成功者的普遍特征之一就是，具有出色的专长而在一定范围内成为不可缺少的人物。

大学专业是培养日后专长的重要阶段。选择一条你最适合走的路是一项重要的功课。我们都知道：福特的专长是制造汽车，爱迪生的专长是发明各种令人激动的"小玩意"，皮尔·卡丹的专长是服装的设计与制作，曾宪梓的专长是做领带，阿迪达斯的专长是制鞋，迪斯尼的专长是画动画，盖茨的专长是编写软件与管理，巴菲特的专长是对华尔街的历史与现状了如指掌。上面所提到的这些人一开始都不能算是重要人物，但由于他们专长的不断发展，加上其他条件的配合，他们获得了成功。

为了发展你的专长，从今天开始你要做到两点：

（1）利用一切可能的机会提高自己专业领域的知识与技能。你要努力做更可口的菜，你要努力制造质量更好的机器，你要努力编写更实用的软件，你要努力写更漂亮的文章。

（2）将专业转化为专长。如果你长期这样做，不仅你的技艺在不断增进，而且你会在一领域建立起自己的信誉。信誉一旦建立，还会为你带来源源不断的财富与名望。

这也就是说，在你有实力经营企业、管理组织之前，先把自己经营好、管理好。成大事者会树立起这样的信念：我依靠比别人提供更出色的产品和服务来换取成功。

美国人本杰明·格雷厄姆是著名的"现代证券分析之父"。20世纪20年代，他从哥伦比亚大学毕业后，放弃了哥伦比亚大学文学、哲学和数学三个不同的系同时邀请他执教的难得机会，毅然进入证券经纪公司工作。由于他勤奋钻研、细心观察，很快熟悉了证券市场的运作技巧。

1929年股市暴跌时，他运用自己发明的证明投资价值评估方法，帮助客户避免了资金的巨大损失，因而声名鹊起。1934年，他和戴维·多德合著了《证券分析》。有些学者把它奉为"华尔街的圣经"。《证券分析》奠定了现代证券分析理论的基础。这本书还对证券投资专家沃伦·巴菲特、马里奥·加贝利等产生过很大的影响。为了纪念和表彰他在证券分析领域的卓越建树，美国哥伦比亚大学商学院设立了永久性的"格雷厄姆教授讲座"。

在你自己努力塑造专长的同时，还要注重立足通长，不断拓展自己的知识层面。也就是说，基础知识的广博性与专业知识的精深性相结合，是成功的重要条件。

成功学家通过研究发现，人类有400多种优势。这些优势本身的数量并不重要，重要的是你应该知道自己的优势是什么，弱势是什么，之后要做的就是敢于放弃弱势，将你的生活、工作和事业发展都建立在你的优势之上。这样你才会成功。

那么，我们又该如何发现自己的这些长处呢？只有不给自己任何借口，认真开始做每一件事情，才能发现自己的长处。借口让人浅尝辄止，在还没有发挥自己最擅长的能力前就放弃了。就好比一个挖井人，他挖了一辈子的井，在上百个地方都尝试过了，但每一次都是只挖到一米，觉得不会有水就放弃了。他一辈子都没有挖出一口有水的井。而另外一个挖井人就在前者曾经挖过的某个地方，向下多挖了几米，很快就打出了一口井。

成功学大师戴尔·卡耐基在年轻的时候曾经想过要成为一名作家，他每天埋头写作，然后把作品寄送给各个出版机构，最后得到的只是一堆退稿信。在尝试过几次之后，他明确地知道自己的天赋并不在此，于是放弃了做作家的梦想。后来他到了纽约又想当演员，可是在接受了演艺训练后，他发现自己的天赋也不在于此处。最后，他终于发现自己的演讲最能激发听众的热情，于是，他把人生的目标定在成为一名成功学导师上。最终，他也的确做到了。

没有经过认真刻苦的努力，就认定自己没有某方面的天赋，这是给自己的懒惰找的借口。哪怕是举世公认的天才，都需要潜心地学习才能取得非凡的成就。莫扎特是世界公认的音乐天才，他没有接受过专业的音乐训练，却谱写了传颂百世的乐章。莫扎特曾说："人们以为我的创作得来全不费工夫，实际上，没有人会像我一样花这么多时间来思考如何作曲，任何名家的作品我都仔细地研究过许多次。"

发挥出自己最擅长的能力对一个人的成长来说是至关重要的，这个过程既需要踏踏实实的努力，也需要自我判定的能力。一个人不可能在全部领域都拥有出众的能力，同样只要不是先天的生理缺陷，也不可能在所有的领域都落后于人。

艺术大师文森特·梵高在27岁的时候才开始学习绘画，此前，他只不过是一名普通的艺术作品经销商。从那本他与弟弟的书信集《亲爱的提奥》中，我们可以看出他对商人的生活充满了厌倦，从而下定决心开始学习绘画。与那些从小就接受正规的艺术教育的画家相比，梵高的早期美术训练基础几乎为零。在27岁那年，他从头开始学习绘画，并在以后的艺术创作中，摒弃了一切学院派的艺术教条，开始纵情地用绘画表达自己的情感，于是才有了绚烂的《向日葵》、浪漫的《星月夜》等不朽的艺术珍品。

梵高在27岁的时候发现了自己的兴趣以及天赋。虽然他错过了基础美术训练的时期，但正是因为没有经过这样程式化的训练，才使得他最后能够摆脱传统艺术的束缚，以画笔抒发自己最真挚的情感。

每个人的生活经历都是独一无二的，心灵成熟的过程需要不断地自我探索，勇敢地尝试新的领域。只有在这个过程中不给自己任何借口，才能最终找到真正适合于自己的道路。如果梵高以追求安逸生活为借口，或以绘画基础太差为借口，继续安于做一个商人，他在物质生活上可能会有一定的保障，但他的内心深处永远不会体验到真正的快乐，更不会有那些佳作的问世。发现自己最擅长的领域是个体思想成熟的标志。如果我们准许借口存在，那么就不可能成为一个成熟的人。

人力资源管理学中有一个关于职业选择的建议：一个人从学校毕业进入社会，至少应该经历三次不同的职业选择，选择三种自己感兴趣的职业，逐一尝试一下，看看自己到底在哪种行业内最受欢迎。当然，这样的机会也可以通过在校期间的实习来完成，或者通过一些兼职的机会来尝试不同的领域。通常在经历了三次选择后，大部分的人都可以找到自己喜欢又擅长的行业。

人力资源学的建议并不是让人们放弃自己的事业，而是**有理性地选择**。因为职业规划是要为以后40～50年选择一个人生目标，那么在最开始的时候，花上2～3年的时间，给自己提供更多的选择机会，以确定对自己最有利的职业。这并不是浪费时间，而是明智的行为。

人不可能只对某一个职业感兴趣，而对其他的都一概排斥。同时成长经历、教育背景和个人天赋决定了总有一些领域是比其他领域做起来更加得心应手。甘于安逸的人会给自己很多借口，诸如"目前的收入还不错""我对工作虽然没有热情，但也不讨厌""如果换一个领域会有更大的风险"，等等。但在保住了目前的工作的同时，也放弃了找到自己最擅长的工作的可能性。就像蜗牛不愿意丢下自己重重的壳，因为壳带给它们安全感，一有风雨，随时都可以躲到壳里，但它们也由此变成了行动最迟缓的动物之一。

给自己找借口的人安于现状、不求进取，用潜在的风险作为借口，拒绝更多的尝试和变更，却忽视了每一个人在成功之前都必须经过一段时间的探索，才能找到那条真正属于自己的路。

5.成大事者往往不谋于众

"成大事者不谋于众"不是猖狂，是一种智慧。不谋于众，并不是说脱离集体，它是自己思维与智慧的集中体现。相信自己的决定是正确的，只有你自己才能决定你的人生与命运，没有一个人为了你的利益活着。

不要受别人的影响而改变自己正确的决定，因为自信是成功的必要条件。一个连自己都不相信的人，会有什么主见？

你可以到别人的大脑里去吸取精华和好的创意、思想，但是，你的决定要自己做主。别人的思想与创意只能优化你的决定，绝不能改变你正确的决定。

有这样一则寓言：从前，有一位画家想画出一幅人人都喜欢的画。画毕，他拿到市场上去展出。画旁放了一支笔，并附上说明：每一位观赏者，如果认为此画有欠佳之笔，均可在画中标上记号。

晚上，画家取回了画，发现整个画面都涂满了记号——没有一笔一画不被指责。画家十分不快，对这次尝试深感失望。

画家决定换一种方法去试试。他又摹了一张同样的画拿到市场展出。可这一次，他要求每位观赏者将其最为欣赏的妙笔都标上记号。当画家再取回画时，他发现画面又被涂遍了记号——一切曾被指责的笔画，如今都换上了赞美的标记。

"哦，"画家不无感慨地说道，"我现在发现了一个奥秘，那就是我们不管干什么，只要使一部分人满意就够了。因为，在有些人看来是丑恶的东西，在另一些人眼里则恰恰是美好的。"

我们的为人处世也经常是按别人的反应来决定，而不是按照自己的意愿去行动。尤其是在向"成功""幸福"之类美丽的字眼跋涉的路上，一切似乎已经有了约定俗成的标准。弗洛伊德说："简直不可能不得出这样的结论：人们常常运用错误的判断标准——他们为自己追求权力、成功和财富，并羡慕别人拥有这些东西。他们低估了生活的真正价值。"

很多人无视你的存在，总是要你往这边走，往那儿去。他们最常挂在嘴边的是"你应当……""你不应该……"。一般人碰到这类的要求，通常都很难回绝，尤其是如果提出要求的人是你最亲密的伙伴，"不"字就更难开口了。时日一久，这种互动关系定型，形成了一种默契或是彼此的承诺。

某一天对方又要你做这个做那个，而你却坚持己见时，那会发生什么事呢？一方面，对方一定会勃然大怒，认为你违背了双方的承诺；另一方面，如果你坚持不做这些"应该"做的事，你会觉得自己有亏彼此的默契，因而心生愧疚。

你可知道为什么会有愧疚感？这是因为双方过度的情感乞求所致。当对方要你怎么做的时候，你之所以会顺从他的要求，说穿了，就是想通过这种顺从的表现来得到对方赞许、关爱的眼神，甚至是想要取悦对方。

当这种取悦方法成了你行事的模式以后，拒绝对方的要求一定会让他很不高兴，而你也会觉得很对不起他，想不愧疚都很难。愧疚的感觉很像忧惧，而忧惧就好像是坐在一张摇摇椅上，你就只能这么晃荡着，看起来好像是想要将你摇向什么地方，但却只是在原地摆荡，让你什么地方也去不了。

不要忘了，我们有权力决定生活中该做些什么事，不应由别人来代做决定，更不能让别人来左右我们的意志，让自己成为傀儡。况且，他人并不见得比我们更了解情况，也不会比我们聪明到哪里去，所以，他们所提出的这类"理所当然"的事就很可能不是我们的最佳选择。你的最佳选择还是应该经由自己深入分析、思考之后所作的独立判断来取舍。从现在起，做你自己，不要让别人的"理所当然"控制了你。

6.做一个认真负责的智者

认真就是能够做到严格地要求自己，能够认真负责地为人处世，即使在别人苟且随便时自己仍然坚持操守。它是一种高度的责任感，一种敬业精神，一种一丝不苟的做人态度。认真的人往往更能赢得他人的尊敬和信任。

一位著名作家说过："无论做什么事情，都应该尽心尽力，一丝不苟。这是因为，究竟什么才事关真正的大局，究竟什么才是最重要的，这一点其实我们也不是很清楚。也许在我们眼里微不足道的小事，实际上却可能生死攸关。"

有一个发生在第二次世界大战中期，美国空军和降落伞制造商之间的真实故事。

当时，降落伞的安全性能不够。在厂商的努力下，合格率已经提升到99.9%，仍然还差一点点。军方要求产品的合格率必须达到100%。对此，厂商不以为然。他们认为，没有必要再改进，能够达到这个程度已接近完美了。他们一再强调，任何产品不可能达到绝对100%的合格，除非出现奇迹。

不妨想想，99.9%的合格率，意味着每一千个伞兵中，可能有一个人因为跳伞而送命。后来，军方改变检查质量的方法，决定从厂商前一周交货的降落伞中随机挑出一个，让厂商负责人装备上身后，亲自从飞机上跳下。这个方法实施后，奇迹出现了：不合格率立刻变成了零。

认真地做事，认真地做人，在今日这个时代尤其需要我们身体力行。不要放纵自己的浮躁和粗心的坏毛病。因为，一个小小的不认真，或许就能结束一个人的生命。一个质量不过关的轮子会毁了一飞机的人，一个点错的标点会带来极大的财产损失，一个设计上的小小错误会使一座大桥塌陷……这样的教训太多了，我们应该引以为戒。

著名文学家胡适在《差不多先生传》中虚构了"差不多先生"这样一个人物，他代表了一种做事差不多就行、不追求更高境界的作风。胡适写道："你知道中国最有名的人是谁？提起此人可谓无人不知。他姓差，名不多，是各省各县各村人氏。你一定见过他，也一定听别人说起过他。差不多先生的名字天天挂在大家的口头上，因为他是全国人的代表。"

"差不多先生的相貌和你我都差不多，他有一双眼睛，但看得不很清楚；有两只耳朵，但听得不很分明；有鼻子和嘴，但他对于气味和口味都不很讲究；他的脑子也不小，但他的记忆却不很精明，他的思想也不很缜密。他常常说：'凡事只要差不多就好了，何必太精明呢？'"

也许在生活中，"差不多先生"对样样事情都看得破、想得开、不计较。不过在职场上，"差不多"的心态却是必须杜绝的。因为每个员工都是团队的一分子，如果每个人都是"差不多"，不仅会导致组织难以获得利润，甚至还会因不慎造成重大事故。

只有对自己要求严格，与"差不多先生"绝交，才能真正明白什么是责任，才能下决心把工作做到最好。

著名的文学翻译家、艺术评论家傅雷是一个一生都认认真真的人。他一生致力于外国文学，特别是法国文学的翻译，先后翻译了伏尔泰、巴尔扎克、罗曼·罗兰等人的作品33部。他还写了不少文艺和社会评论作品。他写给儿子的家书结集出版后受到广大读者的喜爱。傅雷为人的一个突出特点，就是"认真"。《高老头》这部巴尔扎克的著名作品，他在抗战时期就已译出，1952年他又重译一遍，1963年又第三次修改。他翻译罗曼·罗兰的《约翰·克利斯朵夫》，从1936年到1939年，花了整整3年时间。20世纪50年代初，他又把这上百万字的名著的译稿推倒重译，而当时他正肺病复发体力不支。他这样做，就是要精益求精，把最好的译作奉献给读者。

对生活中的其他方面傅雷也是十分严谨和认真。在他宽大的写字台上，烟灰缸总是放在右前方，而砚台则放在左前方，中间放着印有"疾风迅雨楼"的直行稿纸，左边是外文原著，右边是外文词典。这种井然有序的布局，多少年都没有变过。他家的热水瓶，把手一律朝右。水倒光了，空瓶放到"排尾"，灌开水时，从"排尾"灌起。他家的日历，每天由保姆撕去一张。一天，他的夫人顺手撕下一张，他看见后，赶紧用糨糊把撕下的那张贴上。他说："等会儿保姆再来撕一张，日期就不对了。"他自己洗印照片，自备天平，自配显影剂和定影剂，称药时严格按配方标准。尽管稍多稍少无伤大局，他还是一丝不苟。有一次，儿子傅聪从国外来信，信中"松""高""聪"等字写得不够规范，他便专门写信给儿子，逐一进行纠正。

成功之所以不容易获得，原因在于它是由许多小事构成的。但最基本的是要心态成熟、做事成熟，无论多小的事，都要认真地做。在生活和工作中，只有努力让自己成为一个认真的人，成功才会离我们越来越近。

7.适合自己的才是最好的

"不想当将军的士兵不是好士兵"。多少年来，拿破仑这句名言影响了无数人，也成就了许多人。然而谁都无法否认，成功并不具备普遍性。想成为比尔·盖茨无疑是好事，然而想成为比尔·盖茨绝不等于能成为比尔·盖茨。何况更多的时候，人们总是把远大理想和欲望膨胀混为一谈。面对满树的红苹果，没有人不跃跃欲试，没有人不想把它们一一收入囊中。随之而来的，自然是或欣喜，或抱怨，或抑郁，或失常，或崩溃……所以哲人告诉我们：只摘够得着的苹果。

张跃是某培训公司的著名讲师。一次演讲中，他讲了自己少年时代的一段经历：

我的小学老师是一位民办教师，当时月工资只有几十元，为补贴家用，老师和师母在自留地里种了数十棵果树，有桃树、梨树、苹果树、柿子树等，从农历五月直到十月初，老师的果园里各种果子不断。但是师母体弱多病，因此每到摘果子的时候，老师就会找几个同学去帮忙，因为我离老师家比较近，所以经常去帮忙，当然也没少吃各种水果。

有一年秋天，到了苹果收获的季节，老师又来找我和几个同学去帮忙。当时收苹果的商贩正在一边等着。因此一个同学提议说，咱们搞个摘苹果竞赛吧，看谁摘得多。几个人一听也很兴奋，老师说一人先包一棵树，到时候谁摘得最多奖励谁两个大苹果，其余的人奖1个，并罚他讲个笑话。

大家想都没想就答应下来，然后迅速选定目标，忙活起来。一开始，大家不分高低。直到低处的苹果摘完后，我才发现我落后了，因为我比较矮小，自然摘不到高处的苹果。突然我脑筋一转，我虽然矮，但是也比他们灵活呀。于是我三下两下攀到了树上，一会儿工夫就比他们摘得多了。

我一边往更高处爬去，一边想大奖非我莫属了。突然咔嚓一声，我随着一根树枝重重地跌到了地上，幸运的是毫发无伤。老师和同学们赶紧跑过来，问我摔伤没有。我甩开他们的手说，没事，我继续比赛，一定要得第一，说完又要往树上爬。

但老师却坚决不允许我再上树了，而且把同学们都叫过来，叮嘱道："有些苹果，比如最高处的那些，不用你们去摘，到时候我搬个梯子来。大家只要摘够得到的就行了。"

张跃总结道: "多年以后, 在我的理想一次又一次被现实击倒, 在我的雄心一次又一次以无奈而告终的同时, 我也反复地咀嚼过老师当初的话, 原来老师就是哲人。另一方面, 虽然现在的我仍然有理想、有目标、有追求, 但是相比以前我变得理智多了, 也成熟多了。我知道, 只有去珍惜, 获取那些够得着的'苹果', 生活才不会频频让人失望。更何况那些现在不能摘到的'苹果', 并非永远不属于我们。"

我们来看一个外国人的例子。

德国柏林爱乐乐团素有"世界第一交响乐团"之美誉。能够成为柏林爱乐乐团的首席指挥, 是很多指挥家的最高梦想。然而在1992年, 当柏林爱乐乐团邀请英国著名指挥家西蒙·拉特尔担任乐团首席指挥时, 拉特尔却出人意料地拒绝了。他说: "柏林爱乐乐团以演奏古典音乐闻名于世, 但我对古典音乐的理解还不够透彻, 如果我担任首席指挥, 恐怕非但不能带领乐团迈上一个新台阶, 反而会起到负面作用。机会虽然好, 但是我没有能力去把握, 还是放弃为好。"

不过, 这绝不意味着拉特尔不想担任乐团首席指挥一职。在谢绝邀请后, 他付出了十年如一日的不懈努力, 直到他对古典音乐的透彻理解震撼了世人, 直到他对古典音乐的精湛指挥一次又一次令听众倾倒, 直到2002年柏林爱乐乐团再次向他抛出了橄榄枝。这一次, 拉特尔没有丝毫犹豫, 当即接受了邀请。因为他知道, 现在的他已经具备了担任首席指挥的实力。事实证明, 拉特尔加盟后, 柏林爱乐乐团创造了演奏史上一个又一个奇迹。

拉特尔的放弃是一种务实, 更是一种明智之举。他的放弃, 恰到好处地为我们诠释了"放弃是为了更好地得到"的哲理。只有暂时放弃, 才能超脱自己, 给自己激励, 腾出空间和时间去接纳或学习其他更多、更好的东西, 最终取得更大的成功。所以, 当你还没有实力去采摘那些高处的苹果时, 无论你多么希望得到它, 多么需要得到它, 只要客观条件不成熟, 就必须暂时放弃, 然后通过务实的途径, 去追求事物的本质。等你长高了, 你自然会摘到更多的苹果。

8.奋斗的路上别忘了充电

在职场上，员工就好比山上那些伐木的工人，手中的斧子就是原有的知识和技能。每天吃老本，工作只会越来越吃力。随着岁月的流逝，每个人赖以生存的知识、技能也一样会折旧。在风云变幻的职场中，脚步迟缓的人很快就会被甩到后面。要想成为一名出色的员工，就应该敢于突破职业的瓶颈。

有一位勤劳的伐木工人，被指派砍伐100棵树。接受任务以后，他毫不拖延地投入到了工作当中，每天工作10个小时。可是渐渐地，他发觉自己砍伐的数量在一天天减少。他开始想，一定是自己工作的时间还不够长，于是除了睡觉和吃饭以外，其余的时间他都用来伐树，一天工作12个小时。但他每天砍伐的数量反而有减无增，他陷入了深深的困惑之中。

一天，他把这个困惑告诉了主管。主管看了看他，再看了看他手中的斧头，若有所思地说："你是否每天都用这把斧头伐树呢？"工人认真地说："当然了，没有它我可什么也干不了。"主管接着问道："那你有没有磨利这把斧头呢？"工人回答："我每天勤奋工作，伐树的时间都不够用，哪有时间去干别的？"

很多员工都像伐木工人那样，对自己知识、技能的陈旧视而不见，时间长了形成职业瓶颈，严重制约发展。

钟涛大学毕业已经十几年，在此期间，曾先后在几家大型企业工作过。由于他的工作能力较为突出，大学毕业之后其职位不断得到提升，从人力资源部小职员升到主管，然后再升到部门经理，29岁时升到高级经理。目前钟涛已经35岁，在近6年时间内，他一直在人力资源部高级经理的位子上没有挪过窝，当然薪水也在原地踏步。钟涛本来想考研究生，但一直没有行动。

在30～40岁期间，职场上普遍存在令人尴尬的瓶颈期。美国职业专家指出，现代职业半衰期越来越短，所以高薪者若不吸收新的知识，不用几年就会变成低薪，不断吐故纳新才是最佳的工作保障。

正视职业瓶颈，采取自学、培训等各种措施进行弥补，才能在职场上游刃有余。

职场人士的学习必须以积极主动为主，因为它有别于学校学生的学习：缺少充裕的时间和心无杂念的专注，以及专职的传授人员。要想在当今竞争激烈的商业环境中胜出，就必须从工作中吸取经验，探寻智慧的启发以及有助于提升效率的资讯。

当瓶颈出现之后，首要任务是了解瓶颈产生的原因。首先得从自身寻找原因，由于自身的不足而产生瓶颈的情形并不少见。不管自己在大学学的是什么专业，岗位越往上提升，对自身综合能力的要求就越高，如决策力、洞察力等方面需要再提升一个档次。

瓶颈期的职场人士可以通过几种途径来进行突破。一是通过在工作中不断吸收与消化。很多有规模的企业都有自己的员工培训计划，企业培训的内容与工作紧密相关，所以争取成为企业的培训对象是十分必要的。二是当企业不能满足自己的培训要求时，也不要闲下来，可以到大学或者培训中心接受"再教育"。首选与工作密切相关的科目，还可以考虑一些热门的项目或自己感兴趣的科目，这类培训更多意义上被当作一种"补品"，在以后的职场中会增加你的"分量"。

9.攀比的幸福不是真幸福

《牛津格言》中说："如果我们仅仅想获得幸福，那很容易实现。但我们希望比别人更幸福，就会感到很难实现，因为我们对于别人的幸福的想象总是超过实际情形。"

的确如此。生活中，有很多人总是在哀叹自己的不幸，却对他人的成绩羡慕不已。他们总是在抱怨：

小林都涨工资了，我却还在原地踏步，到哪儿说理去呢？

老高买新房子了，他和我一起进的公司，看看人家，再看看自己，唉……

人家的孩子怎么就那么争气呢？看看自己的孩子，真是没办法……

实际上，事情完全不像他想的那样：小林根本就没涨工资，只不过是他爱面子吹牛罢了；老高买的新房子全靠贷款，刚刚买完房子就后悔得直想跳楼；而他自己的孩子也不见得真的不争气。

事实归事实，现实归现实。类似的慨叹和抱怨，相信很多人都曾经有过。看着别人有钱，嫉妒；看着别人有权，诅咒；看着别人有闲，羡慕；看着别人晋升，委屈……还有些人羡慕影星、歌星、运动明星，看到他们整天地被包围在鲜花和掌声之中，就垂涎三尺，认为痛苦与他们无缘。其实，人生失意无南北，名人自有名人的烦恼。就像漫画大师朱德庸说的那样："我相信，人和动物是一样的，每个人都有自己的天赋，比如老虎有锋利的牙齿，兔子有高超的奔跑、弹跳能力，所以它们能在大自然中生存下来。人们都希望成为老虎，但其中有很多人只能是兔子。我们为什么放着很优秀的兔子不当，而一定要当很烂的老虎呢？"

当然世界少不了攀比，而且从一定的意义上说，攀比还是人类进步的侧面动力。一个人要想在社会上确定自己的位置，并不断超越自我，必须选定一个参照物。但是，我们提倡的是理性的比较，而不是盲目的比较。我们可以不知足，但是不能盲目攀比。否则就会失去自我和特色，到头来只能是徒增烦恼。

星期一早晨，万方公司的销售经理黄威突然向总经理提出辞职。鉴于黄威才华出众、业绩超群，总经理对他多方挽留，不但主动给他增加薪水，还承诺在短期内给他晋升职务。原本想跳槽的黄威最终打消了念头，留下来继续为公司服务。

这个消息很快传到了人事经理吕东风的耳朵里。吕东风想，我也是个不可或缺的部门经理，不如向黄威学习，总经理肯定也会给我升职加薪。

经过准备，吕东风走进了总经理办公室，表示自己也想辞职。不料总经理非常爽快地答应了，毫不犹豫地对他说："那好吧。既然你去意已决，我也不好强人所难。祝您另谋高就、前程似锦。噢，对了，请你尽快补交一份辞呈给我。"

原来，吕东风一向表现平平、业绩不佳，好在他比较老实、听话，总经理虽然对他早有意见，但是一时间还真找不到适当的机会。这次他主动送上门来，总经理正好顺水推舟。

故事中的吕东风弄巧成拙，不但没有像黄威那样得到升职加薪的优厚待遇，反而连原有职位也丢掉了。之所以落得如此下场，完全是因为他的盲目攀比之心。人必须正确掂量自己的分量，给自己一个恰如其分的定位。如果看不到这一点，一味地盲目与别人攀比，就会对自己产生错觉，从而做出傻事，最终搬起石头砸自己的脚。

人应该学会正视自己，学会自我开释。只要退一步想，你就会发现，生活中的很多事情其实并不需要太在意。真正需要我们在意的，是怎么才能及早去除盲目攀比、自我折磨的扭曲心理。

10.要卓越就要多下苦功

俗话说："吃得苦中苦，方为人上人。"一个人要成为杰出的人才，就得付出比别人多几倍的努力；要想在关键时刻脱颖而出，那就要在平时比别人多走几步路。

"神舟五号"升空飞行之后，中央电视台"东方时空"专门对杨利伟和他的领导进行采访，请他们回答"杨利伟怎样成为中国太空第一人"这一人们关心的问题。

而被采访的航天局的领导，只讲了三点挑选杨利伟的理由：第一，杨利伟在多年的集训期间，训练成绩一直名列前茅；第二，处理突发事件的能力强；

第三，不仅心理素质好，而且口才好，讲话有分寸、有条理。

在"神舟五号"正式上天之前，杨利伟通过了层层的考验，最后与另外两位宇航员竞争。那两位宇航员在其他方面也与他同样出色，唯一不如他的是：他们的口才没有他那么好。

因为航天局领导考虑到我国第一个进入太空飞行的宇航员，肯定要接受众多新闻媒体的采访，而且还将进行巡回演讲，到那时他的一言一行都会在全世界受到瞩目，于是最终选择了口才好的杨利伟。

一位公司的中层主管看完后感慨地说："我一直认为宇航员关键是飞，没想到最后比试的时候，竟然是把口才作为一个关键的长项。想不到平时一些不重视的东西，竟然有这样的效果啊！"

其实杨利伟的口才好，不是一个偶然。因为杨利伟不管做什么都是全力以赴去做，训练后的总结会、训练小结他都非常认真地对待。在总结会上，他总是准备充分，不仅积极发言，而且有条有理，从容不迫，显得在口才上比其他人略胜一筹。这就给大家留下了他口才好的深刻印象。

要在关键时刻脱颖而出，就要在平时比别人多走几步路。

也许在我们的印象中，有天赋的人，总能创造出奇迹来。但是，那些奇迹，仅仅只是靠天赋吗？

毫无疑问，比尔·盖茨是这个时代最聪明的人之一：抓住了信息时代发展的潮流，选择软件行业进行创业，而且擅长与资本市场结合。凡此种种，都说明他是一个智力超群的人。

然而，他是一直就这样聪明的吗？或者说，他是怎样变得这么聪明的呢？

一位微软的高级管理者曾经透露了一些比尔·盖茨年轻时的故事。在比尔·盖茨读中学时，有一次，老师布置写一篇作文，规定要写5页，比尔·盖茨竟然写了30多页。还有一次，老师让同学们写一篇不超过20页的故事，比尔·盖茨竟洋洋洒洒写了100多页，让老师和同学们目瞪口呆。

原来，天赋如此高的人，为了追求成功，也下过这样的"苦功"。

著名作家胡适说："聪明人更要下苦功。"

为何需要下苦功呢？天赋高的人，假如不努力开发，天赋也有可能被埋没。在这个世界上，应该说中等智力的人占大多数。所以当我们的天赋不高时，必须加倍下"苦功"。

我们不妨再来看另外一个美国传奇人物阿诺·施瓦辛格的故事。

阿诺·施瓦辛格从一个瘦小子一举成为全世界最著名的健美明星，荣获第3届环球先生与第7届奥林匹克先生称号，后来又成为银幕上的大牌明星。而其根本原因之一，就在于他付出了比平常人更多的代价。

在他的书中，他这样阐述了他那并不神秘的"成功秘诀"：要肌肉增长，你必须有无穷的意志力。你必须挨得痛，你不能可怜自己，稍痛即止；你要跨越痛苦，甚至爱上痛苦，甘之如饴。人家做10下的动作，你要加倍，做足20下。还有，你要用不同的方法，从不同的角度锻炼你的每一组肌肉，令它没有办法不强壮，没有办法不结实。不要松懈、不要懒，没有坚强的意志，你是不会成功的。

1975年，阿诺宣布退休，不再比赛。5年后，有制片人邀请他主演一部耗资数千万美元的《霸王神剑》。而当时的他，由于已退出比赛，身材只有5年前的2/3。为了恢复最佳状态，阿诺决定参加当年的奥林匹克先生竞赛。

这一决定震惊了整个健身界。按常理，要成功是绝对不可能的。何况此时距比赛只有数月。但是他再次以超人的意志，全身心投入训练，夜以继日，用无比的毅力和斗志，将肌肉"逼"了出来，在比赛中再次以最佳的状态胜出。通过这次奥林匹克竞赛的成功，他创造了七摘桂冠的前无古人的纪录。

所以，别抱怨不公平，或许是你自己做得还不够。

其实有一些人不是不愿意为自己的理想付出努力，但是，却总希望只付出一点努力就成功。

曾经有一位画家去拜访世界著名画家门采尔，一见面就诉苦说："我只用一天画了一幅画，卖掉它却花了我整整一年的时间。"

门采尔认真地说："朋友，你不妨倒过来试试。用一年时间去画一幅画，那么一天的时间，你准能卖掉它。"

189

齐拉格说得好："只有失败者希望马上成功。因为最佳行为者懂得，成功是通过从部分成功中吸取经验而一步步取得的。因此，任何事情在做好之前都要努力去做。"

所以我们的信心应该是：只要我付出和别人一样的努力，我也一定行。而如果我付出了比别人更大的努力，我就更行。

11.避免走进自我定位盲区

有一句流行语，叫作"有什么样的定位，就有什么样的人生"。大意是说想成为成功人士，首先需要为自己选择一个明确、具体的目标，比如你想拥有多少金钱，拥有什么样的社会地位，取得什么样的成就等。毫无疑问，一个有了自己人生定位并能为之付出不懈努力的人，相对来说肯定比那些飘忽不定、内心迷惘的人更容易接近成功。可是反过来说，就算你自己定位了，如果自我定位不切实际，或者你缺乏健康良好的心态，同样也不会取得成功。

众所周知，现在普遍存在着大学生就业难的问题。在全球金融危机日益严重的今天，在每年新增数百万大学毕业生的今天，就业危机是不可回避的，而且在一定时间内不可能得到100%的解决，甚至会更加严峻。但是另一方面，我们的"天之骄子"们在抱怨压力大、竞争激烈的同时，是否曾经考虑过自己的自我定位存在误区呢？或者说，你是不是一个眼高手低的人？

小王是某省师范大学的毕业生，在校期间各门功课成绩都很优异，毕业后却被分配到了一个小县城当老师。一直想留在省城发展的他一下子进入了平庸、烦琐的现实，仿佛从天堂掉进了地狱。为了改变自己的命运，他把全部希望都寄托在了研究生考试上，并将这看成了他唯一的出路。

但是由于诸多方面的原因，他的努力并没有换来期待中的成绩。为了自己的前途，他再次鼓起勇气，凭借着强大的意志再次捧起书本，然而第二次考研仍然没有成功。第三次失败之后，他放弃了努力，每日以酒为伴，几近崩溃。更为严重的是，由于他一心考研，极大地影响了正常的授课。经过研究，校方果断地将他开除了。这一次，他彻底崩溃了。在一个宿醉的深夜，他用一瓶安眠药结束了自己的生命。

我们不难看出，小王的种种遭遇乃至最后铸成的悲剧，皆因其自我定位过高，不肯面对现实。生活中，也经常可以听见人们把"知足常乐""只摘够得着的苹果""比上不足比下有余就行了"等挂在嘴边，这些话说起来简单，做起来却很不简单。人类从来就不缺理想，或者说贪欲，也可以说是上进心。从小到大，几乎每个人，甚至还没上学的小朋友，都会在家长们的"教育"下纷纷树立远大的理想，比如"我要做大老板""我要做大官"等。

抛开这些理想是否可行、能否实现不谈，此类家长无疑从一开始就把孩子引上了自我定位的误区，那就是做事要做大事、赚钱要赚大钱、做人要当大人物。诚然，这是每个人的权利，但是你凭什么认为自己一定会成功呢？也许你会说只要肯努力就一定会成功，丑小鸭还能变成白天鹅呢。

丑小鸭能变成白天鹅，那是因为它体内原本就有天鹅的基因。如果只是一只普通的野鸭，或许努力会让它变得更强壮一些，但它永远都不可能飞上蓝天。与其将目标定得过高，何不选择一个更适合自己的定位呢？虽然你做不了五星级大酒店的经理，但是你可以开一家小餐厅。而且随着你的能力的提升，经营五星级酒店也不是梦。

面对激烈的社会竞争，一个人怎样做才能做到稳中求胜、险中求安，最终打拼出一片属于自己的天地呢？在此为大家提供几点建议，希望能对读者有所帮助。

（1）积极肯定自我价值，乐观面对压力和挑战，制定出清晰的目标，并及时细化、优化、纠正，甚至放弃目标。

（2）正确看待自己的优势和弱点，理性看待自己的缺点，做到有则改之，无则加勉。

（3）遭遇挫折和失败时，要不断总结经验，及时调整自己的心态，脚踏实地、一步一个脚印地做好每一件事情。

（4）杜绝好高骛远，严禁朝三暮四。

（5）善待周围的每一个人，处理好人际关系，不断培养自己的人脉。

总之一句话：没有明确的自我定位不行，自我定位不切实际也不行。唯有找到适合自己的人生目标，并激励自己付出不懈的努力，梦想才有实现的可能。

第九章 要有积极心态，希望总会大于失望

成功始于"零"。即要放下成功带来的光芒，迎接新一轮的挑战；归零心态，就意味着从今天开始，以新的起点，新的希望，等待着新的收获；心态归零，并不意味着结束，而是更新的开始，让自己以轻松快乐的心情来生活，勇敢地迎接新一轮的曙光。

1.用心思考就会发现方法

其实工作不在于你怎么做，而在于你想怎么做。一个善于和勤于思考的人，总是能找到完成工作的最好的办法。这样的人，必将成为生活的强者和企业的重要力量。

现代心理学的研究表明，在困难面前积极想办法的态度会激发人的潜在智慧。一些成功的企业家在遇到困难的时候，非常注意营造一种动脑筋、想办法的氛围。他们相信天无绝人之路，而无路可走的人总是那些不下功夫找路的人。

"确实是没办法！"

"真的是一点办法也没有。"

这样的话，大家肯定是十分熟悉的。在你的周围，你也肯定会经常听到这样的声音。

当你向别人提出某种要求时，如果别人也这样回答，你肯定会觉得非常失望。

同样，如果你的上级给你下达某个任务，或者你的同事、顾客向你提出某个要求时，你这样回答，我想你同样能够体会到别人对你的失望。

一句"没办法"，我们好像就已经为自己找到了不做的最好理由。然而也正是一句"没办法"，让我们浇灭了很多创造之花，从而阻碍了前进的步伐。

是真的没办法，还是我们根本没有去好好地动脑筋想方法呢？

2001年7月13日，北京申奥成功，举国欢腾。每个国民不仅为中国的国力得到世界的承认而高兴，也为北京得到这样一个经济发展的机会而自豪。但是，你可能不知道，在1984年以前，敢于申办奥运会的国家没有几个。为什么呢？主要是因为在相当长的一段时期内，举办奥运会是赔钱的。

但是，1984年的美国洛杉矶奥运会却是一个转折点。这次的奥运会，美国政府不但没亏一分钱，反而赢利2亿多美元，创下了一个历史的奇迹。而创造这一奇迹的人，名叫尤伯罗斯，是一个商人。

在奥运会筹办活动中，尤伯罗斯将其与企业和社会的关系做了通盘的考虑，想出了很多让奥运会赚钱的方法。其中最突出的方法就是将奥运会实况电视转播权进行拍卖。在当时这是开历史之先河。

刚开始时，工作人员提出一个在当时已是个天文数字的最高拍卖价——1.52亿美元，但却仍然遭到了尤伯罗斯的否定，他觉得这个数字太保守了。

因为他已经敏感地觉察到了人们对奥运会的兴趣正在不断高涨，奥运会已经是全球关注的热点。假如采取直播权拍卖的方式，势必会引起各大电视台之间的竞争，价格肯定会不断抬高。果然不出他所料，后来单电视转播权一项就为他筹集了2亿多美元资金。

以往的奥运会火炬万里长跑接力，都是由名人担任，但尤伯罗斯却一改这种做法，表示谁都可以跑，只要身体够棒，出钱就可以。他规定每1公里按3000美元收费。

这真是一个破天荒的想法，没想到消息一公布，报名的人蜂拥而至。1.5万公里的路，总共收到了4500万美元！

这次奥运会给尤伯罗斯带来了空前的声誉。他感慨地说："世上的任何事情，只要你去想办法就会有突破点，就一定会有解决的方法。"

是的，想办法就一定会有好方法。假如畏难，又怎么可能创造出这样辉煌的业绩呢？

法国数学家、哲学家彭加勒曾经说过："出人意料的灵感，只有经过了一些日子，通过有意识的努力后才产生。没有努力，机器不会开动，也不会产生出任何东西来。"

我们平时喜欢讲一句话："眉头一皱，计上心来。"其实这也是因为有丰富的知识与经验的积淀才实现的。

在职场上，要想成为一名出色的职员，在对待工作中的问题时，就要尽一切可能去寻找各式各样的解决方法。

一位中国商人在谈到卖豆子时充满了一种了不起的激情和智慧。

他说："如果豆子卖得动，直接赚钱好了。如果豆子滞销，分三种办法处理：一、让豆子沤成豆瓣酱，卖豆瓣酱；如果豆瓣酱卖不动，腌了，卖豆豉；如果豆豉还卖不动，加水发酵，改卖酱油。二、将豆子做成豆腐，卖豆腐；如果豆腐不小心做硬了，改卖豆腐干；如果豆腐不小心做稀了，改卖豆腐花；如果实在太稀了，改卖豆浆；如果豆腐卖不动，放几天，改卖臭豆腐；如果还卖不动，让它长毛彻底腐烂后，改卖腐乳。三、让豆子发芽，改卖豆芽；如果豆芽还滞销，再让它长大点，改卖豆苗；如果豆苗还卖不动，再让它长大点，干脆当盆栽卖，命名为'豆蔻年华'，到城市里的各大中小学门口摆摊和到白领公寓区开产品发布会，记住这次卖的是文化而非食品；如果还卖不动，建议拿到适当的闹市区进行一次行为艺术创作，题目是'豆蔻年华的枯萎'，记住以旁观者身份给各个报社写个报道，如成功可用豆子的代价迅速成为行为艺术家，并完成另一种意义上的资本回收，同时还可以拿点报道稿费。如果行为艺术没人看，报道稿费也拿不到，赶紧找块地，把豆苗种下去，灌溉施肥，3个月后，收成豆子，再拿去卖。如上所述，循环一次。经过若干次循环，即使我没赚到钱，豆子的囤积相信不成问题，那时候，我想卖豆子就卖豆子，想做豆腐就做豆腐！"在这个中国商人充满智慧的设想中，你想如果他不积极地去想办法找方法，他能爆发出如此令人惊叹的智慧吗？一个人若能这样想，那么成功离他还会远吗？

2.事情总有第1001个办法

在工作和生活中，所谓的"一帆风顺"只不过是一句美好的祝愿而已，坎坷和崎岖总是会有一些的。但是我们绝不能因为怕遇到难题就不敢去做任何事情，就停止了我们前进的步伐。我们要相信困难再多总能找到解决它们的办法，一千个困难必会有一千零一个解决的方法，方法总会比困难多。

詹妮芙·帕克小姐是美国鼎鼎大名的女律师。当年她曾经被自己的同行——一位老资格的律师马格雷先生愚弄过一次，而恰恰是因为这次愚弄使得詹妮芙小姐名扬全美国。

事情是这样的：

一位名叫妮可的姑娘被美国一家著名汽车公司制造的一辆卡车撞倒。尽管当时司机踩了刹车，但不知怎么回事，卡车却把妮可小姐卷入车下，导致妮可小姐被迫截去了四肢，骨盆也被碾碎。而马格雷先生则巧妙地利用了各种证据，推翻了当时几名目击者的证词，使得妮可小姐因此败诉。

最后，绝望的妮可小姐向詹妮芙·帕克小姐求援，而詹妮芙则通过调查掌握了该汽车公司的产品近5年来的15次车祸情况——原因完全相同，最后她终于弄清楚其中的真正原因。原来该汽车的制动系统有问题，急刹车时，车子后部会打转，把受害者卷入车底。

于是詹妮芙对马格雷说："卡车制动装置有问题，你隐瞒了它。我希望汽车公司拿出200万美元来给那位可怜的姑娘，否则，我们将会提出控诉。"

而老奸巨猾的马格雷回答道："好吧，不过，我明天要去伦敦，一个星期后回来，届时我们研究一下，再作出适当的安排。"然而一个星期后，马格雷却没有露面。这时詹妮芙感到自己是上当了，但又不知道为什么上当。而当目光扫到了日历上时，詹妮芙恍然大悟，原来诉讼时效已经到期了。詹妮芙怒冲冲地给马格雷打了电话，马格雷在电话中得意扬扬地放声大笑："小姐，诉讼时效今天过期了，谁也不能控告我了！希望你下一次变得聪明些！"

詹妮芙几乎要给气疯了，她问秘书："准备好这份案卷要多少时间？"

秘书回答："需要三四个小时。现在是下午一点钟，即使我们用最快的速度草拟好文件，再找到一家律师事务所，由他们草拟出一份新文件，交到法院，那也来不及了。"

"时间！时间！该死的时间！"詹妮小姐在屋中团团转。突然，一道灵光在她的脑海中闪现，这家汽车公司在美国各地都有分公司，我们为什么不把起诉地点往西移呢？因为隔一个时区就差一个小时啊。

位于太平洋上的夏威夷在西十区，与纽约时差整整5个小时！詹妮芙决定，就在夏威夷起诉！

就这样，詹妮芙赢得了至关重要的几个小时。最后她以无可辩驳的事实，催人泪下的语言，使陪审团的男女成员们大为感动。陪审团一致裁决：妮可小姐胜诉，汽车公司赔偿妮可小姐各种费用总计500万美元。

这个故事告诉我们，尽管寻找解决问题的方法很困难，但是只要我们积极努力地去想办法，方法总是会有的。同样，工作也是这样，遇到困难，只要我们去积极思考，总会有方法解决它们。所以当我们遇到了难题时，首先就应该坚定这样的信念：方法总比困难要多。

比尔·盖茨曾说："一个出色的员工应该懂得，要想让客户再度选择你的商品，就应该去寻找一个让客户再度接受你的理由，任何产品遇到了你善于思索的大脑，都肯定能有办法让它和微软的Windows一样行销天下的。"

洛克菲勒也曾经一再地告诫他的职员："请你们不要忘了思索，就像不要忘了吃饭一样。"

只要努力去找，解决困难的方法总是有的。也只有努力地去找方法解决困难，你才有可能成功，也才会有意想不到的惊喜。

3.你是否做到了竭尽全力

俗话说："世上无难事，只怕有心人。"在这里我们所说的"有心人"其实就是指做事情尽自己最大努力，发挥自己的全部能力把事情做成做好的人。只要我们学会想尽一切办法、穷尽一切可能去努力，那么世界上就没有"天大的问题"。

之所以说事情艰难,往往是由于并没有尽到最大努力!我们说自己已经尽力了,实际上并没有把全部潜力发挥出来!面对问题和困难的时候,永远不要先说难,而要先问一问自己:"我是否真的竭尽全力了?"

的确,"难"是拒绝努力、说服自己的最好理由。但是,问题真的是那么难以解决的吗?

汽车大王亨利·福特,被誉为"把美国带到轮子上的人"。一次,他想制造一种V8型的发动机。可是当他把这个想法跟工程师交流时,工程师们都认为只能是一个美好的设想而已,现实中是绝对不可能实现的。令工程师想不到的是,尽管他们每个人都这样认为,但福特仍然坚持说:"要想办法把它制造出来。"

无奈,工程师们只有很不情愿地开始了尝试。几个月后,他们给福特的回答是:"我们无能为力。"

但福特却还是说:"继续尝试,直到成功!"

又一年多过去了,仍然没有取得多大的进展。这时所有的工程师都觉得无论如何都该放弃了。但福特还是仍然坚持"必须做出来"。

也就在这时,有一位工程师突发灵感,竟然找到了解决办法。就这样,福特终于制造出了"绝不可能"成功的V8型发动机。

为何工程师们认为"绝不可能"的事情,最后还是有方法解决了呢?

关键的一点,就是在做任何事情时,一定先要把不可能的思想束缚放一边,而只是去想自己是否真的想尽了一切办法、穷尽了一切可能。

畏惧使人无法真正冷静地应对问题,甚至还会导致行动的瘫痪。但是如果你不想问题难不难,而只想自己是否尽了最大努力,就会轻装上阵,尽力挖掘自己的潜能,反倒容易将问题解决,创造出难以想象的奇迹!

其实所谓竭尽全力,就是不给自己任何偷懒和敷衍的借口,让自己去经受生活最大的考验。

人之所以无法竭尽全力,往往是因为受到了"我已尽力"假象的迷惑——

我已经做到最好了，再也无法往前走一步了。

其实这只不过是一个不愿意接受挑战的借口罢了。

有些问题的确非常顽固，想了许多办法，仍无法解决。于是有些人便认为已到极限了，觉得再去努力也是白搭。然而，当真正经过了一番努力奋斗取得成功后，你就会知道所谓"难"，其实只是自己的心灵桎梏而已。

一定要赶快把自己从"我已尽力"的假象中解放出来，再努一把力，会发现自己还有许多没有开发出来的潜能！

4.主动热情地做好每件事

只要你拥有对工作的极大热情，即使你不具备超人的才气，也会获得极大的收获——不论是物质还是精神上。

伟大人物对使命的热情可以谱写历史，而普通员工对工作的热情则可以改变自己的人生。

热情是取得成功的源泉，你越主动、越热情，成功的机会也就愈大。

如果一个人对工作毫无热情，他就会觉得工作辛苦而单调。一个对工作充满热情的人，即使睡眠时间比平时减少一半，工作量超出平时的两倍，也许都不会觉得疲倦。

热情是一种状态。一旦缺乏了热情，军队就无法克敌制胜；一旦缺乏热情，人类就无法创造出美妙的乐章，不能用无私崇高的奉献去打动这个世界；一旦缺乏热情，即使愿望再美好、再微小，也很难变为现实。

职场上的员工，如果缺乏热情，只会到处碰壁，不但找不到实现愿望的有效的工作方式，更无法成为让企业信任的优秀员工。

曾有人请教过美国著名女影星凯瑟琳·赫本成功的秘诀，她简练地答道："精力充沛。"

而爱默生却说得更直接："没有热情，就别想完成任何伟大的事。"

热情是一种难能可贵的品质。正如拿破仑·希尔所说："要想获得这个世界上最大的奖赏，你必须像最伟大的开拓者一样，将所拥有的梦想转化成为实现梦想而献身的热情，以此来发展和销售自己的才能。"历史上许多巨变和奇迹，不论是社会、经济、哲学还是艺术，都因为参与者全部的热情才得以进行的。

放眼去看，许多杰出的演员、艺术家、经理人、推销员以及各行各业的成功人士，当旁人描述他们的工作与生活态度时，几乎都会使用几个共同的形容词："热诚""有劲""很投入"。难怪许多成就超群的人，总是让人觉得神采飞扬、魅力十足。

杜鲁门总统曾谈到他的看法："我研究过许多伟人和名人的生活，发现凡获得顶尖成就的人，不分男女，皆有一个共同的特点，就是对自己手头上的工作，都能投入全部的活力与狂热。"

当你用全部的热情去做事，去想解决问题的方法时，你每天都会尽自己所能力求完美，没有什么能阻挡你成功，而你周围的每一个人也会从你这里感染这种热情。

有位成功的理财专家曾讲过他的亲身经历。有一次，一家理财杂志社派了一位摄影师到他家中拍照。摄影师一会儿打光，一会儿要求理财专家调整姿势，几经摆布的专家终于不耐烦地抱怨："我是个大忙人，可没时间在这里磨蹭啊。"

可是这位摄影师依然我行我素，完全投入在工作之中，一直到夕阳西下，拍出令他心满意足的照片才收工。

事后，有朋友问专家："你为什么能容忍对方如此地侵占你的宝贵时间呢？"

他说："这位摄影师显然要求很高，除非拍到满意的镜头与角度，否则是不会罢休的。让我感受最深刻的，是他那份对工作的执着。我怎么忍心去打消他那股热情？"

无论你从事什么工作，担任什么职务，若每天以冷漠的态度对待你的工作，你的工作就愈显得困难。毕竟，对一个把工作看成是"无聊的苦差事"的人来说，谁能指望他的工作能"顺心如意"呢？

有句俗话说得好："潮湿的火柴无法点燃。"

对于一名员工来说，热情就如同生命。凭借热情，我们可以释放出潜在的巨大能量，发展出一种坚强的个性；凭借热情，我们可以把枯燥乏味的工作变得生动有趣，使自己充满活力，培养自己对事业的狂热追求；凭借热情，我们可以感染周围的同事，让他们理解我们、支持我们，拥有良好的人际关系；凭借热情，我们可以获得老板的提拔和重用，赢得珍贵的成长和发展的机会；凭借热情，我们可以想出更多战胜困难的方法，从而获得成功。

5.世界上没有绝对不可能

不同的发问方式，往往决定了问题的不同结果。当你一遇到问题就立即发出"怎么可能"的疑问时，那么问题百分之百会就此打住，至少你在思想上已经被吓住了，不可能再进一步。当你遇到问题时立马想到的是"怎样才能"时，那效果就会完全不一样。

生活中我们之所以说事情"没有可能"，仅仅是由于我们把自己捆绑住了。无论是生活中还是工作中，没有什么绝对不可能的事情。

当我们把"怎么可能"改为"怎样才能"时，一切难以想象的奇迹或许就会出现，所有的难题也许一切皆有可能。

假如你是一个只有19岁的穷大学生，连上学的钱都不够，能够不偷不抢也不从事任何其他非法的活动，而是完全凭自己的智慧在短短1年内赚到100万美元吗？

可能大多数人听到这样的问题时，都会笑着摇头，说："绝不可能！"

如果再问一句："你相信有这样的人吗？"可以断定，还是会有不少人会摇一摇头，说："绝不可能！"

但是我要告诉你，大多数人认为"绝不可能"的事，真的就有人做到了。

这个人名叫孙正义，一个被誉为"全球互联网投资皇帝"的人。

这个身高仅仅1.53米的矮个子男人，在19岁时就制订了自己未来50年的人生规划，其中一条，就是要在40岁前至少赚到10亿美元。如今他40多岁，而这个梦想也早已成了现实了。

看看他是如何利用智慧赚到人生第一个100万美元的。

在制订人生50年规划时，他还是一个留学美国的穷学生，正为父母无法负担他的学费、生活费而发愁。他也曾有过到快餐店打工的想法，但很快又被自己否定了，因为这与他的梦想差距太大。左思右想之后，他决定向松下学习，通过创造发明赚钱。于是，他逼迫自己不断想各种点子。一段时期内，光他设想的各种发明和点子，就记录了整整250页。

最后，他选择其中一种他认为最能产生效益的产品——"多国语言翻译机"。但这时问题马上来了：他不是工程师，根本不懂得怎么组装机子。当然这肯定难不住他，他向很多小型电脑领域的著名教授请教，向他们讲述自己的构想，请求他们的帮助。

虽然大多数教授拒绝了他，但最终还是有一位叫摩萨的教授，答应帮助他，并为此成立了一个设计小组。这时孙正义又面临着另一个问题：他手上没有钱。

怎么办？这也难不倒他。他想办法征得了教授们的同意，并与他们签订合同：等到他将这项技术销售出去后，再给他们研究费用。

产品研发出来后，他到日本推销。夏普公司购买了这项专利，而这笔生意一共让他赚了整整100万美元。

所以，一个人只要开动"脑力机器"去解决问题，去想方法，就没有什么不可能，就能创造奇迹！能够创造这种奇迹，关键在于改变发问方式：将否定式的疑问——"怎么可能"，变为积极性的提问——"怎样才能"！

有位科学家曾经研究过，如果一个人将思想聚焦在"怎么可能"的怀疑上，那么他的智力潜能就会受到一定程度的压抑，就有可能把能够实现的东西扼杀在摇篮之中！

只有将思想聚焦在"怎么才能"的探索上，让我们的脑力机器积极地开动起来，才能最终去把各种"不可能"变为可能，从而改写历史，改变命运！

6.成功就在下一个路口处

在许多工作中，一些人之所以没成功，并非他们没有努力，而是因为他们在遭遇到困难之后，在成功的前夕却放弃了努力。最后成功的人，总是抱着"成功就在下一次"的信念，继续努力，最终柳暗花明。

每遇到一次挫折，就动摇一次信心，这是人之常情。伟人与凡人的不同，就在其动摇信心的同时，总会说服自己再次树立信心。

进取心是成功的根本，如果一个人没有一种向上向前的进取态度，那么任何成功都无从谈起。但进取既要有即知即行的"道根善骨"，同时还要有坚持到底的坚忍力。

而什么是坚忍力呢？"坚"是坚持，"忍"是忍受，即在前进中遇到各种问题与困难时，能咬紧牙关忍受，不达目标誓不罢休。爱迪生说得好："失败者往往是那些不晓得自己已接触到成功而放弃尝试的人。"

人生总会遇到关口，这时候，会感觉到加倍的软弱和无力，认为自己不行了，便放弃了，由此功亏一篑。

其实不管干什么事情，最关键的是不要轻易放弃——越想放弃的时候越不能够放弃。当你觉得再也无法突破时，你一定要逼迫自己向前走一步，成功可能就在下一次！

许多历经挫折而最终成功的人，他们感受"熬不下去"的时候，比任何人都要多。但是，他们在感到"已经熬不下去"时，也"咬咬牙再熬一次"，虽然是屡战屡败，但却愈败愈战，终于在最后一刻看到了胜利的曙光。

孙中山先生号召大家推翻清朝，在全国多次发动起义，却屡屡失败。但他还是号召同志们要坚持。最后，中国终于结束了清朝的统治。

坚持到底的力量，体现在方方面面。很多时候，坚持就是取得最后成功的根本：哈维并非第一个提出血液循环理论的人，达尔文并不是第一个提出进化论的人，哥伦布并不是第一个到达美洲的人，洛克菲勒并不是最先开发石油的人，但是他们都是最能推进、最能坚持到最后的人，所以唯有他们获得特别的成功。

人和竹子一样，也是"一节一节地成长"：每过一道"坎"时，都会有战栗和紧张感，你会深深感到那种失去自我保护的痛苦，那种类似母亲分娩的痛苦，但是你必须将力量集中到一点上来，闯得过去就意味着你上了一个台阶。

人生的"关键"时刻，往往是生命的紧张和痛苦汇集到一起的时候，你必然会比平时感到加倍难受。但这是好事而不是坏事。因为如果缺少战栗和挣扎感，那就意味着你还没有触及成长的关键点，最终难以有所成就。所以，你要勇于承担那种"建设性的痛苦"。

英国牛津大学曾举办了一个"成功秘诀"讲座，邀请丘吉尔前来演讲。当时，他刚刚带领英国人赢得了反法西斯战争的胜利。他是在英国人最绝望的时期上任的，取得了伟大的胜利，他的声誉在当时可谓如日中天。

新闻媒体早在3个月前就开始炒作，大家都对他翘首以盼。这一天终于到来了，会场上人山人海。大家都洗耳恭听伟人的成功秘诀。

不料，丘吉尔的演讲只有短短的几句话：

"我成功的秘诀有三个：第一是，决不放弃；第二是，决不、决不放弃；第三是，决不、决不、决不能放弃！我的讲演结束了。"

说完他就走下了讲台。会场上鸦雀无声。一分钟后，会场上爆发出了雷鸣般的掌声……

这是一个何等震撼人心的总结啊！

我们不要抱怨播下去的种子不发芽，只要我们精心呵护，总会有收获的一天。我们最想放弃的时候，也许恰恰是我们最不能放弃的时候，因为成功可能就在下一步！

7.要掌握时间，主动出击

在寻求财富时，千万不要允许自己行动迟钝或害怕做出决策。为了使今后的事业能够获得前所未有的成功，必须克服优柔寡断和到处找借口的坏毛病。要知道，金钱只会流向果断的决策者及行动者，绝不会流向软弱者和寻找借口者。

在做某件事的时候，不要恐惧做出决策。只有做出决策，才会有开始和结束。如果做出了一个错误决策，那么要听得劝解，及时作出纠正，以免误入歧途。一定不要忘记，一旦做出了一个决策，即使是一个错误的决策，也是处在通向你成功的道路上的，而这只是一个成功前的失败罢了。错误的决策可以被纠正，而永远不做决策的最终结果就只会导致沮丧。

如果迈出了第一步，那就成功了一半。即使第一步失败了，那也是将来成功的垫脚石。

即使具备了知识、技巧、能力、良好的态度与成功的方法，比其他人懂得还要多，如果不付出行动的话，可以肯定的是你是不可能成功的。一百个知识抵不上一个行动。

21世纪是信息时代，信息的传递，使得整个地球上的国家就如同天涯比邻，远在天边发生的事情当天就能知晓。

不管在什么时候、什么地方，你都可以轻易得到所需要的知识与信息。你也会知道昨天晚上是否有一些所不知道的信息被你的竞争对手掌握了。或许对现在的年轻人来说，可以很容易地知道许多人成功的经验。

我们一定要掌握时间，马上行动。只有这样才能助你一臂之力，打败竞争对手，并克服找借口的坏习惯。总而言之，助你成功可用两个词语来表示，一是行动，二是速度。做事拖延往往是导致失败的主要原因之一，失败者总是犹豫不决，这些人时时都在思考、在分析、在判断，就是迟迟下不了决定，总是优柔寡断。好不容易做了决定，又不停地更改，自己想要的是什么也不清楚，抓怕死，放怕飞。

这样的人怎么可能成功呢？拖延与犹豫是失败的原因，行动与速度是取得胜利的关键。

人的一生短短几十年，在前行的旅途上，与其为不可能会实现的事情操尽心思，不如把手边的每一个机会牢牢地抓住。为明日做准备的最好办法，就是将你所有的智慧，所有的热忱都集中起来，把今天的工作做得尽善尽美，这就是能应付未来的唯一方法。

今天就是一个崭新的开始，此刻就是崭新的一刻，别为以前的悲伤事、内疚事、郁闷事而影响生活、工作和学习，同时也不要总去担忧未来。

在日常生活中，大多数人都有拖延的习惯，很可能因此而"赶不上火车""上班迟到"，甚至错过人生最重要的时刻。因此，提醒广大朋友们，凡事只要想到就要做到。如果你在梦想产生时没有立刻去做，可能会因为一再犹豫、无行而终。一定要记住：立刻去做。

8.成功，始于零的起跑线

《老子》中写道："合抱之木，生于毫末；九层之台，起于垒土；千里之行，始于足下。"世界上成功的人很多，而失败的人也很多，有些人明白古人说的"不积跬步，无以至千里；不积小流，无以成江海"。而多数人只会抬头看远处的风景，却不懂顾及身边的机会，更不愿意从身边的每一件事做起，把身边的财富和机遇看成透明的，任其白白流走。应该努力做不找借口的生活强者、命运强者和人生强者。

综观每个有成就的人，他们无不是从基础做起，从小事做起。老子曾说："天下难事必做于易，天下大事必做于细。"任何一个东西或事物都会有一个量变到质变的过程。古人说："千里长堤，溃于蚁穴。"足以说明一点小问题就能毁掉你的一生。成功的人懂得从小事做起，努力把每一件小事做好，将来才能做成大事，因为成功来自积累。

上帝把0到9这10个数字摆在10个人面前，让他们从中选一个，只能选其中一个。几个人争先恐后地上去，把从9到3的大数都抢走了，只拿到2和1的人，埋怨自己的运气太不好，只拿到这么一点。有一个人却心甘情愿地取走了0。其他的人都说他傻："拿个0有什么用？还是什么也没有。"但他却说："万事从零开始。"从此以后，他不仅事事从小事做起，而且还要求自己遇到困难应做到"零"借口，不给留任何退路，整天埋头苦干。终于有一天他获得了1，加上他原来的0，就便成为10；在他获得5时，他就拥有了50……"0"这个数字把他获得的一切10倍地增加，让他最终成为世上最富有、最耀眼、最成功的人。

所有的成功都是从"零"开始的，就像高楼大厦要从一砖一石开始，千里之行要一步一步地迈。民间曾流传这样一句话："丢了一个钉子，坏了一只铁蹄；坏了一只铁蹄，折了一匹战马；折了一匹战马，伤了一位战士；伤了一位战士，输了一场战斗；输了一场战斗，亡了一个国家。"一个小钉子，决定一个国家的存亡，多么不可思议。伏尔泰曾经说过："使人疲惫的不是远处的高山，而是鞋子里的一粒沙子。"

无数的事实证明，生活中，将人击垮的不是那些巨大的挑战，而是被人忽视的一些借口。当一个人踌躇满志去实现自己的理想时，总觉得应把所有的精力都放在最重最大的事上，因而忽略了自己的责任。因为它们是生活的细枝末节，让你感到微不足道，不予重视，最后却成为你最大的绊脚石。

正所谓"千里之行，始于足下"。一个人要建功立业，就必须从自身的小事做起，实实在在地做事开始，一切从零开始。

每到子夜，时钟都会归零，才会有新的一天；磅秤在称完东西后，都要归零，才能使下一次更加精确；计算器只有归零，才能重新计算。人也是这样，不管是在成功还是在失败后，都要让自己心态归零，有从头再来一次的准备。

海尔集团首席执行官张瑞敏说过，我们主张产品零库存，同样主张成功零库存。只有把成功忘掉，才能面对新的挑战。海尔的年销售额数百亿元，可首席执行官张瑞敏从未有过一丝飘飘然的感觉，而是始终向员工灌输危机意识，要求大家面对成功始终保持一种如履薄冰的谨慎。一个人的成功仅代表他的过去，倘若一味沉迷于以往成功的回忆，那他就注定再也不会进步。

爱迪生在发明电灯时，为了选择最好的发光材料曾做了1000多次的实验才成功。人们都认为爱迪生是经过近1000多次的失败才取得成功的，但他本人却不这样认为。他说自己成功地排除了1400多种不适合发光的材料，自己的每一次实验都是成功的，每做一次，就从头再来一次。人这一生，不可能永远没有失误，一个人想要成功，就必须要有归零的心态，有从头开始的勇气。就像在给杯子倒水时，杯子原本是空的，倒入水就满了，可如果再往里倒就会溢出来，装不进新鲜的水。唯一的办法就是将杯子清空。

一件事，要么成功要么失败。成功了又怎样？失败了又能怎样？一次失败不能代表永远失败，一次成功也不能代表永远都成功，唯一的解释："这只能代表你现在。那么以后呢？就此停下了吗？"答案是否定的。不管是多么巨大的成功，也不论是多么惨重的失败，都要在明天过后忘记它的存在，更不要为自己的成功、失败找出各式各样的借口。要记住：不因成功而骄傲，不因失败而气馁。每天都将是新的一天。在五彩缤纷的现实生活中，任何人都不可能只拥有成功，也不可能只拥有失败。人的一生，就是在成功和失败之间荡秋千。

成功一次不难，难的是一辈子持续地成长和成功。失败一次也不难，难的是让自己从中走出来。放下往日所有的得与失，放下一切的思想负担，放下成功后的花团锦簇，放下那些失败的阴影，放下那成功的豪迈，放下所有的是非功败，把心归零，每天刷新你自己。

零意味着过去的结束和未来的开始，意味着一个新的起点。重新归零，能让人们静下心来去发现自身所存在的优点和缺点，从而找到更好的弥补办法；重新归零，是对自己的挑战，也是一种人生的挑战，更是对借口的对势。

成功始于"零"，要放下成功带来的光芒，迎接新一轮的挑战。归零心态，就意味着从今天开始以新的起点、新的希望，等待着新的收获；心态归零，并不意味着结束，而是更新的开始。让自己以轻松快乐的心情来生活，勇敢地迎接新一轮的曙光。

9.卓越者比其他人更用心

凡是卓越者，一定是重视找方法的人。在他们的世界里，不存在困难这样的字眼。他们相信凡事必有方法去解决，而且可以解决得很完美。事实也证明，许多看似极其困难无法解决的事情，只要用心，必定会找到突破口，得到解决的方法。

上帝在制造1个困难的同时，会制造3个解决它的方法出来。世界上只要有困难，就会有解决的方法，而且"方法总比困难多"。如果你正面对困难不知所措，那只是说明你暂时没有找到合适的方法而已，并不意味着困难是无法解决的。在学习、工作或者生活的过程中，我们会遇到了很多的难题，面对困难我们应该找方法，而不是找借口。成功者找方法，失败者找借口。

有句话叫作"不撞南墙不死心"，现在就有很多的人偏偏要去撞南墙。他们不但要去撞南墙，而且一定要撞出个洞然后再钻出去。

1999年，马云在已经经历了数次创业挫折之后，与一批跟随自己多年的合作伙伴，从北京回到杭州，创立了阿里巴巴网站。虽然屡屡碰壁，但他们的共同理想仍然没有动摇过，始终都是要做中国最好的企业。随着中国电子商务的飞速发展，到2005年的时候，阿里巴巴已经拥有500万中小企业会员，赢利从2002年互联网最低谷时期的每天1元钱，到后来每天营业额100万元，再到每天利润100万元，现在阿里巴巴企业已经实现每天缴税100万元，其成长速度快得惊人。用马云自己的话讲就是："现在，阿里巴巴拿着望远镜都找不到对手。"

10.怨天尤人不如努力解决

生活中的种种困难都有各种各样的解决方法。自行车轮胎跑气，自然有解决的方法；水龙头漏水，自然有解决的方法；电视机没有信号，自然有解决的方法；公司销售业绩不好，自然有解决的方法。同样，你的技能不够好，自然有解决的方法；你的收入不高，自然有解决的方法。问题是你以怎样的心态去面对这一个又一个接踵而至的困难。是怨天尤人，还是积极面对，努力想办法来解决？

发明大王，并不是天生就会发明。爱迪生的每一项发明都是经历重重困难而最终成功的。爱迪生在发明电灯时，更是遇到了无数的困难，但他始终没有放弃自己追求的目标，他坚信总有办法解决这无数困难。他一再坚持实验，经过了一千多次试验，终于发明了电灯。王永庆在早期卖米时，因为当地有很多卖米大户，而他刚刚起步，营业额一直上不去。但他不气馁，他坚信总有办法。他仔细了解了当时当地的市场，然后根据这些情况找到了解决的方法。那就是做服务。他主动送米上门，并记下每户有多少人口，送的米大概在多少天后会吃完，然后在每户人家米快吃完的时候就派人再去送。他还记下每户人家发工资的时间，等到发工资了就去收米钱。

可见任何困难都是有解决方法的。面对困难时有要解决问题的信心和决心，那么你就一定会找到解决问题的方法。其实，人的大脑是个很奇妙的创造体，当你的思维告诉你自己要解决掉这个问题的时候，大脑就会一刻不停地高速运转，帮你找到解决问题的方法。

布鲁金斯学会以培养世界上最杰出的推销员著称于世，于1927年创建于美国。它有一个传统，在每期学员毕业时，设计一道最能体现推销员能力的实习题。1975年，一名学员成功地把一台微型录音机卖给尼克松。2001年5月20日，布鲁金斯学会把刻有"最伟大的推销员"的一只金靴子赠予一位名叫乔治·赫伯特的推销员，因为乔治·赫伯特成功地把一把斧子推销给了小布什总统。这是时隔26年该学会的又一学员获得了如此殊荣。

在克林顿当政期间，他们的毕业实习题是："请把一条三角裤推销给克林顿总统。"但是一直到小布什总统上任时，这个问题仍然没有学员能够解决。于是学会又把题目更改为"请把一把斧子推销给小布什总统"。鉴于前8年的失败教训，许多学员知难而退。甚至有个别学员认为，这次会和克林顿当政期间的那道题一样毫无结果。他们之所以这样说是因为他们认为现任的总统什么都不缺少，所缺少的东西会有人给他买好，也用不着他亲自购买。即使他要亲自购买，也不一定正赶上自己去推销的时候。然而乔治·赫伯特却做到了，并且没有花多少工夫。

布鲁金斯学会在表彰乔治·赫伯特的时候说："金靴子奖已空置了26年。26年间，布鲁金斯学会培养了数以万计的推销员，造就了无数百万富翁。但是这只金靴子之所以没有授予他们，是因为我们一直在寻找一个人。这个人从不因别人说某一目标不能实现而放弃，从不因某件事情难以办到而不去寻找解决的方法。"

一些困难看上去不能克服，其实，不是这些事情难以做到，而是因为我们没有用心去找方法解决。那些遇到困难积极寻求方法的人，大多都是有所作为的人。方法永远比困难多，任何困难都是人生对我们的考验，经历过重重困难的考验和磨炼之后，你会拥有更加珍贵的财富。这些财富将会帮助你走向成功。如果你也想成为卓越的人，拥有辉煌的人生，那就应该立即行动起来，开动脑筋，运用自己无穷的智慧向前进路上的一个个困难挑战。

越读越聪明

YUE DU YUE CONGMING

跟鲁迅一起读
42部不可不知的
国学经典

南浩博 编著

研究出版社

图书在版编目（CIP）数据

跟鲁迅一起读42部不可不知的国学经典 / 南浩博编著.
— 北京：研究出版社，2013.3（2021.8重印）
（越读越聪明）

ISBN 978-7-80168-772-2

Ⅰ.①跟 …

Ⅱ.①南 …

Ⅲ.①国学—通俗读物

①Z126-49

中国版本图书馆CIP数据核字（2013）第041463号

责任编辑：之　眉　　责任校对：陈侠仁

出版发行： 研究出版社

地 址：北京1723信箱（100017）

电 话：010-63097512（总编室）010-64042001（发行部）

网址：www.yjcbs.com　E-mail: yjcbsfxb@126.com

经　　销： 新华书店

印　　刷： 北京一鑫印务有限公司

版　　次： 2013年5月第1版　2021年8月第2次印刷

规　　格： 710毫米×990毫米　1/16

印　　张： 14

字　　数： 180千字

书　　号： ISBN 978-7-80168-772-2

定　　价： 38.00 元

前　言

　　鲁迅是中国现代最有影响力的作家，他创作的作品，体裁涉及小说、杂文、散文、诗歌等。有《鲁迅全集》二十卷，1000余万字传世。其多篇作品被选入中小学语文教材，对新中国的语言和文学有着深远的影响。如其散文代表作《从百草园到三味书屋》、短篇小说《孔乙己》。

　　鲁迅在学术上也有很高的造诣，著有《中国小说史略》等。《中国小说史略》对中国小说的发生和发展过程进行了系统的探索。全书纵论中国小说的酝酿、产生、发展和变迁，评述历代小说兴衰变化的社会历史背景和思想文化原因，介绍历代主要的有代表性的作家和作品，评析各种各类小说思想艺术的特色、成就和得失。此书内容非常丰富，是一部自成体系的具有历史发展的完整性的中国小说通史。

　　作为我国新文学的奠基人，鲁迅对我国的古典文学也有着极其深入系统的研究和独特的观点，他曾经计划写作《中国文学史》，可惜由于各种原因未能实现，留下来的只有一本《汉文学史纲要》。该书原系鲁迅于1923年厦门大学讲授中国文学史课程时编写的讲义，题为《中国文学史略》；次年在广州中山大学讲授同一课程时又曾使用，改题《古代汉文学史纲要》。

　　在上面两部学术著作中，鲁迅评析国学经典，给出了许多精辟的评价。如评《史记》："史家之绝唱，无韵之《离骚》。"再如评《三国演义》："写刘备仁近似伪，写诸葛亮谋近似妖。"这些评价本身已成为无法超越的经典。鲁迅犀利、深刻、独到的评析，无疑将为我们阅读理解国学经典提供引导和帮助。这本《跟鲁迅一起读42部不可不知的国学经典》，撷取鲁迅《中国小说史略》《汉文学史纲要》中的精华评析作为切入点，引领读者跟随鲁迅了解42部国学经典，为想要了解并学习国学的朋友提供选择指南。

每一篇目都撷取了鲁迅先生的精华评析，既有对作者的介绍或评价，也有对著作的介绍或评价，这无异于为每部经典添加了一双眼睛。读者可通过这些经典引言，提纲挈领，对每一部经典国学作品进行大体了解，作为阅读的引导，也可作为阅读后对全文的概括总结，加以记忆。本书的正文部分依次介绍作者、背景、内容、评价，语言精简，内容殷实，多角度多层面解读经典佳作，使读者对每部经典都能有一个较为完整深入的了解。

在这本书里，一种全新的阅读线索，多角度多层面的解读，使学习国学经典不再困难。让我们跟随鲁迅先生一起，走进这不可不知的四十二部国学经典，为将来开启更为广阔的阅读之旅做好准备。

目 录

CONTENTS

跟鲁迅一起读42部不可不知的国学经典

GEN LUXUN YIQI DU 42 BU BUKE-BUZHI DE GUOXUE JINGDIAN

跟鲁迅一起读42部不可不知的国学经典

GEN LUXUN YIQI DU 42 BU BUKE-BUZHI DE GUOXUE JINGDIAN

《尚书》 /现存最早的史书

其文质朴，亦诘屈难读，距以藻韵为饰，俾便颂习，便行远之时，盖已远矣。

——《汉文学史纲要·〈书〉与〈诗〉》

作者 · 相传是孔子编写的

关于《尚书》的作者，历来有不同的说法，但司马迁和班固都认为是孔子编写的。孔子生活在礼、乐废弛，《诗》《书》缺佚的春秋末期，他周游列国之后回到鲁国，把晚年的精力都花在编订《诗》《书》《礼》《易》《乐》《春秋》六经上面，还为《尚书》作了序。《尚书》有今文和古文之别，今文《尚书》由汉代伏生口授，在汉代有欧阳氏、大小夏侯氏三家传授。东晋末年，又有梅赜献出的古文《尚书》，两者综合起来，便形成了今天流行的《尚书》。但据清代阎若璩、惠栋等人考证，确认古文《尚书》为伪本。不过其中仍保留了原已散佚的今文《尚书》，因而仍有一定的史料价值。

背景 · 大量文书需要整理

在攻克殷商之后，西周进入青铜器铭文的大发展时期。这与当时形势对文书的需要有关。周人以小邦（周）战胜大邦（殷），很快因军事胜利而导致政治上的膨胀，社会制度进入快速的发展调整之中。诸如

新的政治、经济制度亟待制订。周朝正处于上升时期，贵族集团内的地位、权力分配亦处于激烈的过程中。这些情况导致周初在相当时期内礼制建设十分活跃。西周仍处于典型的青铜时代，加之周人重礼又由器藏礼，因此青铜器成为各种礼制的主要承载形式。文书要刻铸于鼎彝之上，于是青铜器铭文这种特殊形式的政法文书大量涌现。其中包括策命、训诰、盟誓、刑狱、律令及土地财产关系等各方面内容，成为呈现西周社会历史的宝贵资料。这些文书大部分出自史官之手。由于西周时代礼制的发达，史官已总结出一定的经验与规律，因而文书撰作技巧表现出相当的纯熟，这从文件制定形式方面集中为《尚书》的编纂提供了资料上的准备。另一方面自周初以来，文书的日益积累已对史官提出予以总结的要求。这样以西周为中心同时包括对夏商以来档案文件进行总结的《尚书》编纂问题历史性地被提出来了。

内容·商周政府文书选集

《尚书》即上古之书，是儒家经典《六经》之一，故又称为《书经》，也简称《书》。它是我国现存最早的一部史书，其体裁属史料选辑，它的内容主要是商、周两代的政府文书，如政府报告、公告、誓词、命令之类，因而可以说它是一部远古的行政档案汇编。

《汉书·艺文志》和《隋书·经籍志》中都言明《尚书》为百篇，但经过秦始皇焚书，《尚书》一度散佚，到了汉文帝时，才由伏生口授出来，共28篇。这就是所谓的今文《尚书》。

28篇中以朝代分，计《虞书》2篇：《尧典》《皋陶谟》；《夏书》2篇：《禹贡》《甘誓》；《商书》5篇：《汤誓》《盘庚》《高宗肜日》《西伯勘黎》《微子》；《周书》19篇：《牧誓》《洪范》《大诰》《金滕》《康诰》《酒诰》《梓材》《召诰》《洛诰》《多士》

《无逸》《君》《多方》《立政》《顾命》《费誓》《吕刑》《文侯之命》《秦誓》。

《尚书》是以记言为主的史书，其内容大都是历史人物的言语以及朝廷的文诰。若按其性质可分为以下六类：1.讲述帝王事迹：如《尧典》，这已经可以称之为正式历史；2.记载典章制度：属于后来志书性质，如《禹贡》，可以说是我国最早的地理志；3.议论国家政治：《洪范》就是箕子为武王论天地之大法、谈治国平天下的道理的文本；4.誓师词：如《甘誓》《牧誓》；5.策命：如《文侯之命》；6.诰：在全书中所占比重最大，其内容所涉及的范围也很广，有的是自上而下，也有的是自下而上。由此可见，前三类是历史记载，后三类是文书档案。

虽然仅存28篇，但它所涉及的历史很长。《虞书》两篇的内容上有较为密切的联系，可以看作是姊妹篇。《尧典》着重记载尧和舜的事迹，反映原始社会末期氏族制度解体的历史。《皋陶谟》的中心问题是讨论治国的方略，提出"知人""安民"，同时提出了"五礼"与"五刑"。这说明当时等级制度与国家

伏生授经图 明 杜堇

伏生为汉代济南人，字子贱，原为秦博士。秦始皇坑儒伏生隐居不出。直到西汉文帝时，求能治《尚书》者。时伏生年已九十，老不能行，文帝使晁错前往学习《尚书》，得二十八篇，即所谓《今文尚书》。图中坐于方席上者即为伏生，鬓髯苍苍、老态龙钟。伏案疾书者为晁错。全图布局细腻，体现了院体画的风格。

机器正在酝酿产生中。《夏书》两篇反映夏代两件大事：大禹治水和夏王伐有扈。大禹治水是我国古代一个重要的历史传说，先秦古籍中多有记载。夏王伐有扈则是中国社会制度转化的一件大事。此外《禹贡》还是一篇不可多得的古代地理名著，文中详细地记载了山川的方位和脉络，在行政区域划分方面将全国区分为9州。《甘誓》一篇虽然文字极为简短，但它所写的战争事件意义非常重大，为研究我国奴隶社会的建立提供了文献依据。《尚书》中记载殷商时代历史的共有5篇：《汤誓》记载了商王朝的建立；《盘庚》《高宗肜日》两篇记载了商王朝的中兴；《西伯勘黎》《微子》记载了商王朝的衰亡。可见这5篇基本上反映了商王朝的发展过程。记载周代历史的共有19篇，在今文《尚书》中所占篇幅最多，其史料价值最高。由《牧誓》至《顾命》这15篇，所记载的是西周初期的历史，亦即文王、武王、成王、康王时期的历史。《吕刑》《文侯之命》《费誓》等的主要内容是写周王朝建立过程中的重大历史事件，以及周王朝建立以后所采取的巩固政权的措施。就历史事件而言有：武王伐纣、平定武庚禄父及三监的叛乱、周公执政、成王之死与康王受命。

评价·最难读的古代典籍

在所有中国古代典籍中，《尚书》最为难读。因此要阅读《尚书》，必须参照其他书。其中最有参考价值的是《史记》中的《五帝本纪》《夏本纪》《商本纪》和《周本纪》，司马迁在写作时，利用了《尚书》中的大量资料，并用当时的语言叙述出来，因而对阅读《尚书》很有帮助。此外，孔颖达的《尚书正义》、蔡沈的《书经集传》、孙星衍的《尚书今古文注疏》以及刘逢禄的《尚书今古文集解》等，这些书各有所长，可供读者选读。

《诗经》/最早的诗歌总集

> 自商至周，诗乃圆备，存于今者三百五篇，称为《诗
> 经》。其先虽遭秦火，而人所讽诵，不独在竹帛，故最完。
>
> ——《汉文学史纲要·〈书〉与〈诗〉》

作者·采诗官取自大众

《诗经》是我国古时的一部诗歌总集。它不是一个人或者几个人写出来的。《诗经》的作者，有的本诗中就有记载，例如《小雅》的《节南山》明说"家父作诵"，《巷伯》明说"寺人孟子，作为此诗"；《大雅》的《崧高》《保民》都明说"吉甫作诵"。有的可以从别种古书上查出来，例如《尚书》说《鸱》的作者是周公旦；《左传》说《载驰》的作者是许穆公夫人；《常棣》的作者，《国语》说是周公，而《左传》说是召穆公。

但有作者可指的诗毕竟是极少数，大多数诗是采诗官从民间收集起来的，我们无法知道诗歌的作者到底是谁。我们可以假想这样一个情景：人高兴或悲哀的时候，常愿意将自己的心情诉说出来。日常的言语不够，便用歌唱。碰到节日，大家聚在一起酬神作乐，也要用歌唱表达感想。歌谣越唱越多，留在了记忆里。有了现成的歌谣，就可借以抒发感情，要是没有合适的，就删改一些，直到满意。这样，歌谣经过大众的修饰，再经采诗官记录下来，结成集子，就是现在看到的《诗经》。

因此可以说，《诗经》的作者就是古代的大众。

背景 · 诗歌昌盛的时代

《诗经》中作品的年代大多不可考，它所收录诗歌的年代断限，一般由最早或最晚的几首诗来确定。《豳风》中的《东山》《破斧》据记载是反映"周公东征"的。周公东征在周成王四到三年左右（公元前1113~前1112年）。《诗经》中最晚的诗是《陈风·株林》，它所反映的是"刺灵公"的事。据《左传》记载，陈灵公淫乱的事发生在周定王七年（前600年），相当于春秋中叶。也就是说，《诗经》中诗篇的时代，应上起西周初，下不晚于春秋中叶。

西周和春秋时代，周王朝实行的是分封制，中国由许许多多诸侯国统治着。那时各国都养着一班乐工，各国使臣来往或者宴会时都得奏乐唱歌。乐工们不但要搜集本国乐歌，还得搜集别国乐歌；不但搜集乐词，还得搜集乐谱。那时的社会有贵族与平民两级。乐工们是伺候贵族的，搜集的歌谣自然得迎合贵族的口味，平民的作品往往必须经过乐工们的加工后才会入选。

除了乐工搜集的歌谣以外，太师们会保存一些诗歌。所保存的有贵族们为了特殊事情，如祭祖、宴客、房屋落成、出兵、打猎等等所作的诗，这些可以说是典礼的诗。当时还有这样一种风气，臣下想要劝谏或者赞美君主的时候，往往不直接说出自己的意见，而是作了诗献给君上，让乐工唱给君上听，这就是献诗。太师们保存下这些带着乐谱的唱本、唱词共有三百多篇，当时通称作"《诗》三百"。到了战国时代，贵族渐渐衰落，平民渐渐抬头，新乐代替了古乐，乐工纷纷散走，乐谱就此亡失，但还是有三百来篇唱词流传了下来，这便是后来的《诗经》。

内容·有国情亦有民情

《诗经》是我国第一部诗歌总集，共收入诗歌305篇，最初称《诗》，汉代儒者奉为经典，乃称《诗经》。《诗经》分为《风》《雅》《颂》三部分。《风》包括《周南》《召南》《邶风》《风》《卫风》《王风》《郑风》《齐风》《魏风》《唐风》《秦风》《陈风》《桧风》《曹风》《豳风》，共15《国风》，诗160篇；《雅》包括《大雅》31篇，《小雅》74篇；《颂》包括《周颂》31篇，《商颂》5篇，《鲁颂》4篇。《诗经》歌咏的内容很复杂，由于诗歌的性质不同，描述的内容也相应有所不同。下面我们举几例说明。

《周颂》是周王室的宗庙祭祀诗。除了单纯歌颂祖先功德以外，还有一部分诗歌，用于春夏之际向神祈求丰年，或秋冬之际酬谢神灵，我们从中可以看到西周初期农业生产的情况。如《丰年》中唱道："丰年多黍多稌，亦有高廪，万亿及秭。为酒为醴，烝畀祖

幽风图之八月剥枣　清　吴求

幽风图册表现的是《诗经·国风》中产生时间最早的诗的内容，一些章节与周公有关。"豳"是原是周人的祖先公刘的居住地，由于周人对农业极为重视，所以豳诗多与农桑稼穑有关。"剥"是"扑"的通假字，有"击打"的意思。本图依据《豳风·七月》的内容绘制而成，主要讲述农历八月，枣子已熟，农人打枣、拾枣的情景。

姒，以洽百礼，降福孔皆。"而《噫嘻》则描绘了大规模耕作的情形："噫嘻成王，既昭假尔，率时农夫，播厥百谷。骏发尔私，终三十里。亦服尔耕，十千维耦。"

《大雅》中的《生民》《公刘》《绵》《皇矣》《大明》五篇是一组周民族的史诗，记述了从周民族的始祖后稷到周王朝的创立者武王灭商的历史。如《生民》叙述后稷的母亲姜嫄神求子，后来踏了神的脚印而怀孕，生下了后稷，不敢养育，把他丢弃，后稷却历尽苦难而不死："诞寘之隘巷，牛羊腓字之。诞寘之平林，会伐平林。诞寘之寒冰，鸟覆翼之。鸟乃去矣，后稷呱矣。实覃实讦，厥声载路。"

西周后期，由于戎族侵扰、诸侯兼并，社会剧烈动荡。《大雅》《小雅》中有很多批评政治的诗产生于这一时期。如《瞻卬》中说："人有土田，女反有之。人有民人，女覆夺之。此宜无罪，女反收之。彼宜有罪，女覆悦之。"更多的政治批评诗，表达了作者对艰危时事的忧虑，对统治者的强烈不满。如《十月之交》写道："烨烨震电，不宁不令。百川沸腾，山冢崒崩。高岸为谷，深谷为陵。哀今之人，胡憯莫惩！"

《国风》中也有这一类的诗，如《伐檀》："坎坎伐檀兮，置之河之干兮。河水清且涟猗。不稼不穑，胡取禾三百廛兮？不狩不猎，胡瞻尔庭有悬貆兮？彼君子兮，不素餐兮！"《相鼠》也是类似的作品："相鼠有皮，人而无仪。人而无仪，不死何为！相鼠有齿，人而无止。人而无止，不死何俟！相鼠有体，人而无礼。人而无礼，胡不遄死！"

关于战争和劳役的作品也很多。《小雅》中的《采薇》《杕杜》《何草不黄》，《豳风》中的《破斧》《东山》，《邶风》中的《击鼓》，《卫风》中的《伯兮》等，都是这方面的名作。这些诗歌大都从

普通士兵的角度来表现他们的遭遇和想法，着重歌唱对战争的厌倦和对家乡的思念。其中《东山》写出征多年的士兵在回家路上的复杂感情，在每章的开头，他都唱道："我徂东山，慆慆不归。我来自东，零雨其濛。"又如《卫风·伯兮》："伯兮朅兮，邦之桀兮。伯也执殳，为王前驱。自伯之东，首如飞蓬。岂无膏沐，谁适为容？其雨其雨，杲杲出日。愿言思伯，甘心首疾。焉得谖草，言树之背。愿言思伯，使我心痗。"这首诗是以女子口吻写的。她既为自己的丈夫感到骄傲，因为他是"邦之桀（杰）"，能"为王前驱"，又因丈夫的远征、家庭生活的破坏而痛苦不堪。

《国风》中最集中的是关于恋爱和婚姻的诗。《召南·野有死麕》："野有死麕，白茅包之，有女怀春，吉士诱之。""舒而脱脱兮，无感我帨兮，无使尨也吠。"一个打猎的男子在林中引诱一个"如玉"的女子，女子劝男子别莽撞，别惊动了狗，表现了又喜又怕的微妙心理。《郑风·将仲子》写道："将仲子兮，无逾我里，无折我树杞！岂敢爱之，畏我父母。仲可怀也，父母之言，亦可畏也！""仲子"是作者所爱的情人，但她却不敢同他自由相会，且不准他攀树翻墙，只因父母可畏。《国风》中有许多情诗，咏唱着迷惘感伤、可求而不可得的爱情。如："月出皎兮，佼人僚兮，舒窈纠兮，劳心悄兮！"（《陈风·月出》）"南有乔木，不可休思。汉有游女，不可求思。汉之广矣，不可泳思。江之永矣，不可方思。"（《周南·汉广》）《国风》中还有许多描写夫妻间感情生活的诗。像《唐风·葛生》，一位死了丈夫的妻子这样表示："夏之日，冬之夜，百岁之后，归于其居。"《邶风》中的《谷风》，《卫风》中的《氓》，是最著名的两首弃妇诗。《诗经》中写恋爱和婚姻问题的诗，内容丰富，感情真实，是全部《诗经》中艺术成就最高的作品。

评价 · 古典的美感享受

阅读《诗经》，我们能获得美的享受。诗歌的美不仅体现在内容上，而且体现在手法与节奏上。古人说《诗经》有"六义"，即风、雅、颂与赋、比、兴。风、雅、颂是诗的性质上的分类，赋、比、兴则是诗的创作手法上的分类。朱熹《诗传纲领》云："赋者，直陈其事；比者，以彼状此；兴者，托物兴词。""赋"是直抒情意，直述人事；"比"是借物为比，喻其情事；"兴"是托物兴起，抒写情意。例如，"关关雎鸠，在河之洲。窈窕淑女，君子好逑"。这一章，以河洲上雎鸠之关关而鸣以求其偶为比，以兴起后二句所赋的淑女、君子之为佳偶，这一类诗是"兴"的作法。

《诗经》中的诗以四言诗为主，但也有例外。《郑风·缁衣》云："缁衣之宜兮，敝，予又改为兮。适子之馆兮，还，予授子之粲兮。""敝"和"还"是一言的。《小雅·祈父》云："祈父，予王之爪牙。""祈父"是二言的。《召南·江有汜》云："江有汜，之子归，不我以。不我以，其后也悔。"前四句都是三言的。《召南·行露》云："谁谓雀无角，何以穿我屋？谁谓女无家，何以速我狱？"都是五言的。《小雅·十月之交》的"我不敢效我友自逸"，是八言的。但以全部《诗经》而论，终以四言诗占绝对多数。《诗经》中也有"兮"字调，如《周南·麟之趾》的"麟之趾，振振公子，于嗟麟兮"，则每章末句用"兮"字；《召南·摽有梅》的"摽有梅，其实七兮。求我庶士，迨其吉兮"，则间一句用"兮"字。以全部《诗经》而论，虽然"兮"字调只占极少数，但还是可以看出由《诗经》增变到《离骚》体的"兮"字调的痕迹来。

《周易》 /古代最早占卜书

《易》又称《周易》，我国古代占卜书。分经与传。经有
卦、卦辞、爻辞三部分；传有十篇，是对经的解释。

——《汉文学史纲要·自文字至文章》

作者·是众人智慧的结晶

对《周易》的作者说法不一，传说伏羲氏画
卦，周文王作象辞，孔子作传，不见得可靠。据
近人研究，它可能产生于殷周之际，是对于古代
卜卦的记录，经过较长时间的积累而成。而
其中的传等，形成于战国晚期，是多人合
手而成的。

周文王姬昌像

背景·迷信占卜通灵之术

在原始社会，由于生产力低下，人们对自然和社会现象的客观情况
和规律性缺乏认识，因而产生宗教迷信，当时人们是根据神灵的启示来
判断吉凶的，而通达神灵启示的手段是占卜。进入阶级社会之后，占卜
逐渐成为一门专业，从事这门专业的人叫做"卜人"或"筮者"。这些
人把他们积累的经验编辑成书，以便翻检和传授。在夏朝有《连山》，
在商朝有《归藏》，在周朝时出现了《周易》。

内容·占卜之人的经验书

《周易》，又称《易经》，简称《易》，包括"经"和"传"两部分。"经"的部分主要包含卦象、卦辞和爻辞。"传"的部分主要包含彖传、象传、文言、系辞传、说卦传、序卦传和杂卦传等，古称"十翼"。从不同的角度而言，它是古代的卜筮学、哲学、预测学、信息学、系统学、伦理学、宇宙代数学的混合产物。它涉及到天文、地理、气象、历法、数学、物理、化学、生物、医学、武术、炼丹、养生、哲学、历史、文学、艺术、教育、民俗、心理、伦理、军事、宗教、卜筮等领域。它还有许多有价值的方法和思想，如简单性原则、相似性原则、循环原则以及稳定与不稳定、无穷演化的思想等等。

《周易》认为，阴阳是天地、万物的总起源，自然界与人及动物没有什么两样，也是由两性相交产生的。万物在阴阳两势力的矛盾中产生变化，而变化的形式就是通过交感。《周易》认为世界上没有东西不在变化。变化又是有阶段性的，发展到最后阶段，就会带来相反的结果，"物极"就要走向反面。

《易传》是《易经》的解释。它包括《彖》上下、《象》上下、《系辞》上下、《文言》《说卦》《序卦》《杂卦》，也称《十翼》。《彖》是对卦辞的解释。《象》是对爻象和爻辞的解释。《系辞》总论《易经》的基本观点，阐发这些基本观点如何应用于自然和社会。《文言》专论乾、坤两卦的基本概念。《说卦》论述六十四卦的排列秩序。《杂卦》说明卦名的意义及其相互关系。

《易传》的基本思想：（一）宇宙存在说：第一，八卦产生不是人类主体思维之虚构，它来自人们"近取诸身、远取诸物"，是对宇宙客观存在的认识。第二，八卦论说宇宙生成存在的逻辑思维，是从人

的生命之源，来推演宇宙其他事物之源与其变化。男女交而生人，故宇宙亦在交合中产生。第三，宇宙是对立统一体。第四，八卦用对立统一解释事物的普遍性质。六十四卦来自八卦之重叠，八卦最终取自阴阳二符号，二符号是对六十四卦所阐述的各种具

秋窗读易图　南宋　刘松平

《周易》一书自从问世以来，便成为士大夫的必读书，观卦象、玩卦辞，将人生哲理结合本身生活经历一一加以发挥，以便更好地修身养性，陶冶性情。秋窗读《易》，足见《易》中境界之宏伟。

体事物的普通性质的抽象化，抽象的对立统一物，代表了事物的普通性质。（二）"变则通"的宇宙发展论：第一，《易传》肯定事物都在发展变化中存在，"易穷则变，变则通，通则久"。第二，变化是事物吉凶的征兆。第三，事物变化的原因是事物间相互交感的矛盾运动。

（三）《易传》社会学说：《易传》对自然的揭示，为人类社会管理提供了摹拟的依据。在孔子看来，有一种本质无边的东西存在，那就是天（乾）一定在上，地（坤）一定在下，在上者必尊，在下者必卑。这种上下有序、尊卑有别的思想，便形成了儒家政治思想的基础。

《周易》把"道"作为宇宙的本体，如履卦九二爻辞有："履道坦坦，幽人贞吉。"随卦九四爻辞："有孚在，道以明，何咎。"这里所讲的"道"，就是作为宇宙本体的"道"。"十翼"对于《周易》所提

出的作为宇宙本体的"道"可以说是理解很深刻、发挥很透彻的，超越了《周易》作者的水平。

评价·中国文化的源头活水

《周易》的内容极其丰富，对中国几千年来的政治、经济、文化等各个领域都产生了极其深刻的影响。无论孔孟之道，老庄学说，还是《孙子兵法》，抑或是《黄帝内经》，无不和《易经》有着密切的联系。《周易》堪称我国文化的源头活水。

《周易》在春秋战国时代得到进一步完善，是我国先人的集体创作，中华民族智慧的结晶。《易经》里的思想已经渗透到中国人生活的方方面面，即使人们并没有意识到这一点，事实也是如此。今天，我们谁不曾说过某某人阴阳怪气，某某人又变卦了，或者扭转乾坤，否极泰来之类的口语和成语，这些词汇都是直接从《易经》里来的。

《周易》在西汉时期就被列为六经（易、诗、书、礼、乐、春秋）之首。在我国文化史上享有最崇高的地位。秦始皇焚书时亦不敢毁伤它。

《周易经》研究被称为《易经》或"易学"，早就成为一门高深的学问。《汉书·儒林传》记载："孔子读易，纬编三绝，而为之传。"上下五千年，《易经》代代相传，释家林立。许多学者皓首穷经，考证训诂，留下了三千多部著作，蔚为大观。

阅读《周易》，重在理解其最基本的概念，以及它对宇宙、社会、人生的看法。但是阅读起来还是有相当困难的，这里着重推荐如下几个版本，以供读者选择：唐代李鼎祚撰《周易集解》、孔颖达撰《周易正义》，宋代朱熹撰《周易本义》、清代丁寿昌撰《读易会通》。而最能帮助读者理解的当属近人顾颉刚的《周易卦爻辞中之故事》和高亨的《周易古经今注》《周易大传今注》。

《道德经》/中国哲学的源头

老子尝为周室守书,博见文典,又阅世变,所识甚多,班固谓"道家者流盖出于史官,历记成败存亡祸福古今之道,然后知秉要执本,清虚以自守,卑弱以自持"者盖以此。然老子之言亦不纯一,戒多言而时有愤辞,尚无为而仍欲治天下。其无为者,以欲"无不为"也。

——《汉文学史纲要·老庄》

作者·出关前留下五千言

关于老子其人、其书及其"道论"历来有争论。根据《史记》介绍:老聃,姓李名耳,字伯阳,楚国苦县厉乡曲仁里(今河南鹿邑东)人,是春秋时著名的思想家,道家学派的创始人。他的生卒年月不详。老子做过周朝的"守藏室吏",所以他谙于掌故,熟于礼制,不仅有丰富的历史知识,并且有广泛的自然科学知识。他和孔子是同时代的人,较孔子年辈稍长。世称"老子"。公元前520年,周王室发生争夺王位的内战,这场长达5年的内战,最终以王子朝失败告终。王子朝失败后,席卷周室典籍,逃奔楚国。老子所掌管的图书也被带走。于是老子被罢免而归居。由于身受当权者的迫害,为了避免祸害,老子不得不"自隐无名",流落四方,后来,他西行去秦国。经过函谷关(在今河南灵宝县西南)时,关令尹喜知道老子将远走隐去,便请老子留言。于是老子写

下了5000字的《道德经》。相传老子出关时，骑着青牛飘然而去，世不知其所终。

背景·百家各有治世之方

春秋战国时期，奴隶制走向崩溃，封建制度逐步确立，社会矛盾尖锐复杂。封建制度先后在各个国家确立起来后，社会主要矛盾已经不是新兴地主阶级同奴隶主阶级的矛盾，而是地主阶级与农民阶级的矛盾，同时也有地主阶级内部的矛盾。当时国与国之间的战争，各个政治集团的争夺，就属于地主阶级内部矛盾性质。面对当时的社会动乱，诸子百家都提出了自己的济世之方。儒家主张礼治、德治和贤治；墨家反对礼治，但也主张德治和贤治；法家反对墨家而主张法治。同诸家相对立，老子则主张无为而治，认为社会之所以动乱，在于人们的智巧太多，欲望太甚；而智欲的根源在于物质生活的发达和种种造作有为的政治。

内容·"道可道，非常道"

《道德经》又名《老子》《老子五千文》，是中国道家的主要经典，全面反映了老子的哲学思想。全书共81章，分上下两篇，上篇37章为《道经》，讲的是世界观问题，下篇44章为《德经》，讲的是人生观问题。全书文辞简奥，哲理宏富，且体系完整，内容丰富，涉及宇宙、社会、人生、军事、政治、医学等各个方面。其中"道"的观念，是其思想体系的核心。老子反对儒墨两派的道德观，认为真正的道德是不追求道德，提倡柔弱虚静，减少私欲，知足不争；理想政治是无为而治，理想社会是小国寡民的社会。老子提出了以"道"为核心的哲学体系，用"道"来说明宇宙万物的本质、构成、变化和根源。老子认为"道"是天地万物的本源，他的"道论"的中心思想是："道即自然，自然即

道。"他说，"道"是万物之母，"道可道，非常道。名可名，非常名。无，名天地之始。有，名万物之母"。也就是说，作为宇宙的本原就是道，它是永远存在的。道的运行是自由的、必然的，即按其自身的规律而运行。天地万物都是由它产生的，它是宇宙的母体。老子认为，道产生了天地，德是道的性能，天地生养着万物，万物各成其形，各备其用。所以万物没有不尊道而贵德的。道的尊崇，德的贵重，不是由谁封赐的，而是自然而然的，所以道产生天地，德畜养万物，长育万物，成熟万物，覆盖万物。老子的"道"是超形象、超感觉的观念性存在，是无，没有颜色，没有声音，没有味道。

《道德经》一书中具有丰富的辩证思想。它触及了矛盾普遍存在的原理，提出了一系列对立范畴：阴阳、刚柔、强弱、智愚、损益……它认为这些对立双方处在互相依存之中，而且这些对立的双方又是互相成就、互相转化的。对立双方之所以能互相转化，乃是因为它们的相互包含，不过对立面的转化有一个量的积累过程。老子的辩证法是来自实际、返诸现实的。老子观察了自然界的变化，生与死、新与旧的相互关系，观察了社会历史与政治的成与败、福与祸等对立的双方的相互关系，发现了事物内部所具有的一些辩证规律。同时还深刻地论证了相反相成的道理：长和短二者只有彼此比较才能显现出来，不同的声音产生谐和，前后互相对立而有了顺序。总之，老子承认事物是在矛盾中发展的。老子还初步意识到量的积累可以引起质的变化。

老子的"道论"，基本上可以概括为"天道自然观"。所以老子的人生哲学和政治哲学基本上是人当法道，顺其自然。至于如何治理国家，老子认为最好是采取"无为而治"的办法，让人民去过自由自在的生活，用无所作为任其自然发展的办法，来达到治理好国家的目的。在老子看来，无为正是有所作为，"无为而无不为"。老子反对用刑、

礼、智这些来治理国家，反对向人民加重赋税，反对拥有强大的兵力。在老子看来，人类社会不要"圣智""仁义""巧利"，国家就大治了。这三种东西不足以治国，最好的办法是使人们着意于"朴素""少有私欲"，不求知识，就可以没有忧患了。

老子所向往的理想世界是小国寡民的原始社会。他的这一设想在一定程度上反映了当时人民迫切要求休养生息和减轻剥削的愿望。这是老子政治思想的进步因素。但是，小国寡民的理想却是幻想，它是违反社会历史发展规律的。

评价 · 无与伦比的影响力

《道德经》一书，基本是抽象地理论阐发，而不涉及人物描写。它的艺术特色主要表现为句式比较整齐，多用韵语，读起来琅琅上口，便于记忆。但在韵语之外，又恰到好处地结合了散体文章，这种韵散结合的文体，使得它在先秦诸子的散文中独树一帜，既不同于《论语》的语录体散文，也不同于《诗经》的韵诗，而显得别具一格。

《道德经》的第二个艺术特色是善用比喻。为了说明一个比较深奥的道理，老子常用身边的事物打比方。如为了说明"有无相生"的道理，他以碗为例：如果一个碗做成实心的，看起来是"有"了，可它起不到碗的作用，也就是说它在碗这个意义上是"无"；而如果把它做成空心的，看起来它的中心是"无"，可正是这必要的"无"，使它有了碗的功用。这些例子，都取之于人们的生活，所以显得通俗易懂，但却能将"有无相生"这样抽象深奥的道理讲得透彻明白。

《道德经》的第三个艺术特色是它的行文凝练精妙，多用格言警句。如："合抱之木，生于毫末；九层之台，起于垒土；千里之行，始于足下。"（《道德经》第六十四章）这些格言警句短小精悍，而且寓

意深刻，具有很深的启发意义。和差不多同时期的语录体《论语》相比，显得更为精警洗练。因此有人认为《道德经》不是一人一时所作，而可能是不同时期的人们，将生活中的谚语和格言汇总在一起而形成的，所以不是每一句话都紧扣道家的思想。

《道德经》对中国乃至世界的影响是无与伦比的。它对中国传统文化有着巨大的影响，对中国思想史有不可替代的作用。战国时期，儒家的孔子、道家的庄子、法家的韩非子都受到《道德经》的影响。汉初，黄老之学盛行，并渗入到政治生活中，名相萧何、曹参在治国时，"镇以无为，从民之欲而不扰乱"（《汉书·刑法志》）。东汉末年，道教奉老子为教主，视《道德经》为经典。魏晋时期，玄学昌盛，在朝的玄学家注重《道德经》的无为而治，在野的玄学家提倡《道德经》的"自然"之说，《道德经》的思想成为抒发政治主张、抨击现实的武器。大唐盛世，帝王

老子出关图　清　任颐

自称为老子后裔，为之立庙，唐太宗采用"无为而治"为兴国方针，唐高宗封老子为"太上玄元皇帝"，唐玄宗将《道德经》开为贡举策试的经典之一，并亲身为它作注。宋代帝王对道教情有独钟，宋真宗加封老子为"太上老君混元上德皇帝"，宋徽宗把《道德经》列为太学及地方学校的课本。这一时期，《道德经》的思想对理学也有所渗透，并影响甚大。在中国几千年的历史里，每个朝代在其鼎盛时期，无一例外地采用"内用黄老，外示儒术"的治国理念，即内在的、起领导作用的是中国传统文化中的道家理想。

《道德经》的影响不仅时间久、历史长，而且领域广、方面多。在宗教上，它是道教的开山之作；在修身方面，"功成身退"是文人入世的信条；在军事方面，"以柔克刚"成为军事家奉行的准则；在管理方面，老子的"以人为本"是日本企业最基本的信条；在艺术方面，"道法自然"成为书法家、绘画家、诗人遵循的理念；在文学方面，《道德经》精警凝练，处处闪烁着哲人的智慧，妙语巧喻、格言警句比比皆是，蕴含人生哲理。

《道德经》的影响不仅在中国，在世界上，它也备受关注和推崇，形成了老子热。《道德经》被译成多种文字，海外发行量居中国传统文化经典之首，堪与《圣经》比肩。他的思想影响了诸如托尔斯泰、奥尼尔、海德格尔、爱因斯坦、汤川秀树等世界级的文学家、思想家和科学家。

《道德经》是一部哲理诗，用诗歌的语言来说明深奥的道理，往往缺乏必要的论证，这也是造成人们理解不一以致误解的重要原因，这就要求阅读时，一定要把握其特点，一定要弄清《道德经》所谈问题的针对性和角度，这样才能真正理解其深刻含义，从中吸取其有利于自身健康发展的东西。

《论语》 /美德的最高文本

孔子以周灵王二十一年（前五五一）生于鲁昌平乡陬邑，年三十余，尝问礼于老聃，然祖述尧舜，欲以治世弊，道不行，则定《诗》《书》，订《礼》《乐》，序《易》，作《春秋》。既卒（敬王四十一年＝前四七九），门人又相与辑其言行而论纂之，谓之《论语》。

——《汉文学史纲要·〈书〉与〈诗〉》

作者·一生颠簸讲学立说

孔子（公元前551—前479），名丘，字仲尼，春秋后期鲁国人，是儒家学派的创始人、中国古代最著名的思想家和教育家。孔子的先世是宋国的大臣，后迁于鲁，但孔子出生时家境已衰落。他父亲孔纥，又名叔梁纥，曾做过陬邑（今山东曲阜东南）宰，本身属于贵族阶级下层的"士"。孔子早年接受过良好的教育，十分熟悉

孔子像

六艺，加上他天资聪明，谦虚好学，因此学识日进。孔子30岁时，他的博学举世闻名，并且开始招收门徒，传授古代文化典籍。孔子早年在鲁国执政季氏手下担任管理仓储、牛羊的小官，都能恪尽职守。后因鲁

国内乱，旅居齐国，后又回鲁国收徒讲学，门下弟子达三千之众。50岁后，一度被鲁国国君委以官职，做到司寇，主管鲁国的司法工作。但由于他的主张与当政的季氏等三家大夫产生了矛盾，被迫离开鲁国。此后，孔子为了推行自己的政治思想，先后到过卫、曹、宋、郑、陈、蔡、楚等诸侯国，并在卫国、陈国停留了较长的时间，但他始终没有找到贤明君主来实现自己的政治抱负。在奔走于各国期间，孔子仍坚持不懈地进行治学和教育，留下了很多著名的言论。公元前484年，浪迹约40年的孔子重返鲁国，此后他一边继续讲学，一边整理文化典籍，对诗、书、礼、乐、易、春秋六部典籍进行删订，编成最后的定本。孔子晚年生活屡遭不幸，独子孔鲤、得意门生颜渊和子路都先他而去世。公元前479年孔子病逝于家中，弟子们为其举行了隆重的葬礼。然而终其一生，他没有为自己著书立说。他逝世之后，他的弟子及再传弟子根据其平日的言传身教收集整理，编辑成《论语》。

背景·各诸侯国改革争霸

春秋时期，是一个奴隶制向封建制过渡的大变革时期。各诸侯国的社会经济继续发展，奴隶和自由民的反抗斗争不断，一些主要大国，在争霸的形势下，为了顺应社会变革的潮流，都实行了不同程度的改革，社会变革的结果是：诸侯的逐渐崛起和周王室的日益衰落，一些大国尽力发展自己的实力，出现了旷日持久、错综复杂的"大国争霸"局面。各诸侯之间争霸战争以及频繁相互交往，构成了这一时期的历史特点。

内容·记录孔子言行的书

《论语》是一部语录体散文集，全书总共20篇，计有《学而》《为政》《八佾》《里仁》《公冶长》《雍也》《述而》《泰伯》《子罕》《乡党》《先

孔子杏林讲学图　明

进》《颜渊》《子路》《宪问》《卫灵公》《季氏》《阳货》《微子》《子张》《尧曰》等，篇名取篇首的前两三字为题，无意义。全书言简意赅，古朴生动，既富有启发性、哲理性，又幽默诙谐，口语化，体现出语录体散文的独特魅力。

《论语》的核心是仁的精神和境界。而在《论语》中对"仁"这个概念作了多角度的阐释，一是"仁者爱人"；二是"克己复礼为仁"；三是"仁者人也"。我们可以看出孔子对"仁"的最简单表述就是"爱人"，即对人尊重和有同情心。孔子认为：一个人如想达到"仁"的标准，就必须"克己复礼"，通过对自己的克制和约束以提高道德水平，从而符合礼的要求。孔子将"仁"看作道德的最高准则，也是道德的主体。孔子还提到很多其他道德名目，如忠、孝、义、信、廉等。但他认为这些都是局部性的东西，能做到某项或几项值得肯定，但还不能算是达到"仁"。孔子把求仁看作是人生的根本原则。他认为，礼和乐固然能陶冶性情，加强修养，但一个人能否成为品质高尚的君子，关键还在于他能否自觉地按照"仁"的要求去进行实践活动。孔子反对"过"和"不及"，以中庸为至德，对人处世常采取"无可无不可"的态度，但在求仁行义问题上，他认为求仁或违仁是君子与小人的分水岭，有志之士应当为实现崇高的道德理想而奋斗。

孔子把以"仁"为核心的伦理道德思想贯彻到政治领域，提出"仁政"的学说。他希望统治者"节用而爱人，使民以时"，反对对人民过分剥削压榨，而提出富民惠民的主张。他又希望统治者"为政以德"，

反对一味使用严刑峻法，而要先用严格的道德标准要求自己，以身作则，通过道德感化搞好政治。综观《论语》，孔子以德治天下的决心和构想昭然可见。在礼崩乐坏的春秋乱世，孔子的德治主义自然是四处碰壁，但孔子并不因此而改变初衷。

孔子向国君阐述礼乐之道

在天道观上，孔子不否认天命鬼神的存在，但又对其持怀疑态度，主张"敬鬼神而远之"。相对天命而言，孔子更加注重人事，强调人的主观能动性，把探讨和解决人世间的实际问题放在优先地位。

孔子重义轻利，但并非一概否定功利。他重视公利，主张见利思义，旨在谴责见利忘义、为谋私利而不择手段的行为，要人们追求合乎正道的利益。孔子的义利观，有义利相分的倾向，也有义利并重的倾向。

与从政事业相比较，孔子一生在教育领域取得的成就要大得多。他是中国历史上第一个向平民普及文化教育的人。他不但提出"有教无类"的原则，而且还创立了一套行之有效的教育方法，提出"因材施教"，重视启发式教育，注意培养学生的学习自觉性和独立思考能力。

评价·传统文化奠基之作

《论语》是一部以记言为主的语录，同时具有一定的文学价值。它以当时通俗平易、明白晓畅的口头语言为主，又吸收古代书面语言精

粹洗炼、典雅严谨的长处，形成了一种言简意赅而又深入浅出、朴实无华而又隽永有味的独特语言风格。《论语》善于从常见的生活现象中概括出深刻哲理，尤其善于把深邃的哲理凝聚于具体的形象之中，使抽象的说理文字具有某种诗意。如"岁寒，然后知松柏之后凋也"（《子罕》），通过赞扬耐寒的树木，来歌颂坚贞不屈的人格，形象鲜明，意境高远，启迪了后世无数文人的诗情画意。《论语》词汇丰富、新鲜、生动、活泼，大量使用排比、递进、并列、对偶等手法，句式长短相间，错综变化，造成迂徐婉转、抑扬唱叹的效果，有很强的表现力。同时，《论语》中经常采用"比物连类"的含蓄手法，造成特殊的意蕴和审美效果。如《阳货》："不曰坚乎！磨而不磷。不曰白乎，涅而不缁。吾岂匏瓜也哉，焉能系而不食？"连用三件具体实物，一层进一层地表明自己的政治态度，把微妙的心理寄寓在浅近的形象之中，再辅以重叠反诘的句式，更显出一种无可奈何的苦衷，耐人寻味。

　　《论语》自西汉武帝以后，由于孔子及儒家地位的提升，成为每个文人的必读书。从元代仁宗皇帝开始直到明清，更是被定为科举考试的教科书，不仅是平民百姓教育子孙的启蒙读物，而且也是士人考取功名、齐家治国平天下的宝典。北宋赵普曾对太宗赵光义说："臣有《论语》一部，以半

子路问津图　明　仇英

部佐太祖定天下，以半部佐陛下致太平。"可见，《论语》包含有深邃的政治思想和治国之道。

该书的另一大价值体现在文学上。由于它是中国散文的最初形式——语录体，多为记言，所以言简意赅，生动凝炼，质朴无华，不少篇章闪烁着智慧的光芒，妙语联珠，发人深省，如"子在川上曰：'逝者如斯夫，不舍昼夜。'"由东流之水联想到人生的沧桑，富有诗意，含着哲理。这样的句子，《论语》中比比皆是，许多已成为今天常用的成语，如因材施教、当仁不让、过犹不及、三思而行、功亏一篑等等。此外《论语》大量运用语气词、叠句、排比、对偶等手法，许多章节富有故事情节和感情色彩，对后世的小说、散文、诗歌产生了很大影响。

总之，作为构成中华文明的儒家经典，《论语》对几千年来中国人的心理结构、文化价值观、道德素质、风俗习惯都有着不可估量的作用，是了解中国古代社会的一把钥匙。

阅读《论语》一书，关键是在于读者的出发点。这里所提出只是可供选择的版本。自《论语》成书以来，最有代表性的是三国魏何晏的《论语集解》、南朝皇侃的《论语义疏》、北宋邢昺的《论语注疏》、南宋朱熹的《论语章句集注》、清刘宝楠的《论语正义》，还有近人杨树达的《论语疏证》、杨伯峻的《论语译注》。

《论语》的思想具有两重性。一方面，它体现了鲜明的民本思想，要求君主重视老百姓的利益和愿望，"使民以时，与民实惠"，而"不可滥施刑罚，不教而诛"。另一方面，它是站在统治阶级维护统治的立场，要为恢复礼乐教化而努力，因此提倡"仁悌孝信"，反对"犯上作乱"。这种矛盾是由孔子当时所处的阶级、社会、时代的局限性所决定的。在阅读的时候，应该客观地进行分析，剔除那些落后的东西，保留那些有价值的东西，以充分吸取《论语》中熠熠发光的珍贵思想。

《墨子》 /宣扬普世价值与博爱

> 墨子亦鲁人，名翟，盖后于孔子百三四十年（约威烈王一至十年生），而尚夏道，兼爱尚同，非古之礼乐，亦非儒，有书七十一篇，今存者作十五卷。然儒者崇实，墨家尚质，故《论语》《墨子》，其文辞皆略无华饰，取足达意而已。
>
> ——《汉文学史纲要·老庄》

作者·与孔子比肩的墨子

墨子，姓墨名翟，春秋战国之际的政治家、思想家，墨家学派的创始人。近代学者一般认为，墨子生于公元前476年左右，卒于公元前390年左右。墨子出生何地存在争议。《史记·孟子荀卿列传》说他是"宋之大夫"，《吕氏春秋·当染》认为他是鲁国人，也有的说他原为宋国人，后来长期住

墨子像

在鲁国。墨子自称"今翟上无君上之事，下无耕农之难"，似属当时的"士"阶层。但他又承认自己是"贱人"。他可能当过工匠或小手工业主，具有相当丰富的生产工艺技能经验。有学者认为墨子的祖先是宋国的贵族，后来在宋国的内乱中迁往鲁国。到墨子时，已经降为贱人。墨

子擅长于车辖、兵器、机械制造，并且曾经与公输班较量过智巧。墨子早年时"学儒者之业，受孔子之术"，后来因为不满于儒家崇尚天命、繁文缛节、厚葬久丧、尚宗费财及爱有差等，就自己成立了一个学派，招收徒弟进行讲学。他把"兴天下之利，除天下之害"作为教育目的，与儒家并峙。在先秦诸子百家中，儒、墨两家号称"显学"，墨子在当时的声望与孔子差不多。墨子"日夜不休，以自苦为极"，长期奔走于各诸侯国之间，宣传他的政治主张。相传他曾止楚攻宋，实施兼爱、非攻的主张。他"南游使卫"，宣讲"蓄士"以备守御。又屡游楚国，献书楚惠王。他拒绝楚王赐地而去，晚年到齐国，企图劝止项子牛伐鲁，未成功。越王邀墨子做官，并许以五百里封地。他以"听吾言，用我道"为条件，而不计较封地与爵禄，目的是为了实现他的政治抱负。墨子一生主要从事讲学和政治活动。墨家学派既是学术团体也是政治组织。墨子倡导尚贤、尚同、兼爱、非攻、节用、节葬等主张，基本反映了广大劳动阶层的呼声，因此，墨子被誉为劳动人民的哲学家。

背景 · 在社会大变革时期

墨子生活的时代正处在春秋战国之交，奴隶制度已经开始分崩离析，封建制度正在逐步建立过程中，这是一个社会大变革时期。墨子代表的是作为小生产者的手工业阶层，他们具有独立的经济地位，但在政治上没有发言权。社会的动荡给他们带来极大的苦恼，这些小生产者一方面希望社会的变革，一方面又害怕社会变革所带来的混乱给自己造成损失。因此，他们一方面反对传统保守的社会制度，憧憬尧舜禹时代的社会理想，一方面又反对战争，反对暴力，他们幻想通过博爱来实现美好的社会。

内容 · 墨家学派思想总集

《墨子》是记载墨翟言论和墨家学派思想资料的总集，由墨子及其弟子乃至后学相递著述而成。《汉书·艺文志》著录《墨子》71篇，今存15卷53篇。全书大致分五个部分：卷一：《亲士》《修身》《所染》《法仪》《七患》《辞过》《三辨》7篇；卷二至卷九共24篇，有《尚贤》《尚同》《兼爱》《非攻》《节用》《节葬》《天志》《明鬼》《非乐》《非命》《非儒》11个题目；卷十、卷十一有《经上》《经下》《经上说》《经下说》《大取》《小取》六篇，通称为《墨经》；卷十二、卷十三有《耕柱》《贵义》《公孟》《鲁问》《公输》五篇；卷十四、卷十五有《备城门》等11篇。《墨子》记录了墨家的哲学、社会政治学说、伦理思想、逻辑学说、自然科学观点和城守兵法等，尤其是它的逻辑思想，是先秦逻辑思想史的奠基作。

《墨子》的政治思想主要反映在《尚贤》《尚同》《非攻》《节用》《节葬》《非乐》诸篇中，主张任人唯贤的用人原则，反对任人唯亲，反对世袭制度，主张从天子到下面的各级官吏，都要选择天下的贤人来充当。墨子反对侵略战争，声援被侵略的国家，并为此而奔走呼号，主持正义。墨子主张对统治者要限制，不能让统治者过骄奢淫逸的糜烂生活。对葬礼，墨子主张节俭，反对铺张浪费。

关于伦理思想主要反映在《兼爱》《亲士》《修身》等篇中，墨子的伦理思想以兼爱为号召，以交相利为实质。他认为人们之间不分贫贱，都要互爱互利，主张"兼相爱"，反对儒家的等级观念。国君要爱护有功的贤臣，慈父要爱护孝顺的儿子，人们处在贫困的时候不要怨恨，处在富有的时候要讲究仁义，对活着的人要仁爱，对死去的人要哀痛，这样社会就会走向大同。

墨子的哲学思想主要反映在《非命》《贵义》《尚同》《天志》《明鬼》《墨经》诸篇中。墨子一方面倡天志明鬼，一方面非命尚力。他认为，天有意志，创造了一切，天能赏善罚恶，主宰人类一切行为。人类社会秩序的建立，国家的形成，都是天志的体现。天志的核心是兼相爱，交相利。墨子反对命定论，把人力的作用提到十分重要的地位。他主张把知识分为"闻知""说知""亲知"三类，"闻知"是传授的知识，"说知"是推理的知识，"亲知"是实践经验的知识。同时，在认识论方面，墨子提出了著名的"三表法"："有本之者，有原之者，有用之者。于何本之？上文之于古者圣王之事。于何原之？下原察百姓耳目之实。于何用之？废以为刑政，观其中国家百姓人民之利。此所谓有三表也。"即要重视历史经验、直接经验和实际效用。

逻辑思想主要反映在《经上》《经下》《经说上》《经说下》《大取》《小取》6篇中，其中提出了辩的任务、目的和原则，揭示了概念、判断和推理的实质作用，并做了较科学的分类。《墨经》6篇内容，已构成墨辩逻辑体系，它与亚里士多德逻辑、佛教因明逻辑并称世界三大逻辑体系。在《小取》中论述了辩论的作用，即分析是非的区别，审查治乱的规律，弄清同异的所在，考察名实的道理，判别利害，解决疑似；还阐述了辩论的几种方式，对推理的研究也甚为精细。

军事思想主要反映在《备城门》《备高临》《备水》等篇中，由于墨家主张"兼爱""非攻"，因而反对侵略战争，所以它的军事思想主要是积极的防御战术。

《墨子》中有丰富的自然科学知识内容，涉及数学和物理知识的有40余条，包含了器械制造、冶金化学、动物等自然科学知识。

评价·古代劳动者的哲学

《墨子》一书所蕴涵的思想极其丰富，在中国思想发展史上具有重要的学术地位。《墨子》思想代表了广大劳动人民的利益和要求，是劳动人民智慧的结晶。由于秦汉以来，封建统治者崇儒抑墨，墨学逐渐衰微，直到清中叶以后才出现复苏之势。墨学倡导的"兼爱"思想成为中国传统文化的宝贵遗产，它的经世济民的态度也比儒家更为积极。墨家的舍己为人、大公无私、吃苦耐劳、勤俭节约的精神风范，反映了古代劳动人民的朴素本色。因而，墨子哲学被视为古代劳动者的哲学。

阅读时要注意墨子前后期思想的差异，特别要注意墨子前期思想中与儒家思想相似的地方。着重把握墨子的逻辑思想，同时可以联系亚里士多德的三段论进行学习。

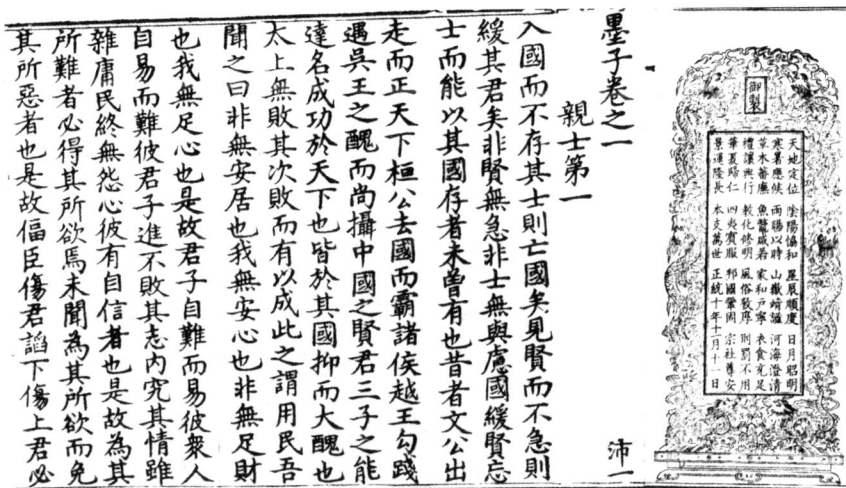

《墨子》书影

《孟子》/垂范千年的儒家经典

> 孟子名轲（前三七二生二八九卒）者，邹人，受学于子思，亦崇唐虞，说仁义，于杨墨则辞而辟之，著书七篇曰《孟子》。生当周季，渐有繁辞，而叙述则时特精妙……
>
> ——《汉文学史纲要·〈书〉与〈诗〉》

作者·仅次于孔子的亚圣

　　孟子（约公元前372—前289），名轲，字子舆，邹国（今山东省邹县一带）人，是战国中期著名的思想家、政治家和教育家，是战国中期儒家学派的主要代表，是孔子嫡孙子思的学生。被尊奉为仅次于孔子的"亚圣"。一般认为他生于周烈王四年（公元前372年）。孟子的经历与孔子颇为相似。孟子从30岁到40岁这段时间，主要的活动是收徒讲学，宣扬儒家学说。44岁时，孟子便带领着学生周游列国，宣扬他的"仁政""王道"学说。他游历宋、齐、滕、魏等国，以王道、仁政学说游说诸侯，一度担任过齐宣王的客卿。鲁平王即位以后，他的弟子乐正克为政，孟子曾到鲁国，但未曾见用。滕文公即位后，孟子又来滕国。梁惠王后元十五年，孟子到梁国，这时已经七十岁左右。次年，惠王死，襄王嗣位，孟子就离开了。但是孟子所处的时代，是各国诸侯互相兼并的战国时代，各国统治者只注重争霸争利，一般不相信孟子的"性善"论和"仁政"学说。孟子在实践中不断碰壁后，晚年和学生一起，"序

《诗》《书》，述仲尼之意，作《孟子》七篇。"（《史记·孟子荀卿列传》）孟子62岁结束周游生活，84岁去世。

背景·割据混战，百家齐唱

战国以来，由于社会经济迅速发展，各地区间经济、文化联系日益密切，割据混战的局面已成为社会经济进一步发展的严重障碍。在尖锐激烈的社会变革和错综复杂的社会矛盾下，各个学派的代表人物都提出了自己的思想主张。他们著书立说，聚徒讲学，成为那个时期学术界、政治界的活跃人物。各派各家之间展开激烈争论，各自宣扬自己的主张。

内容·记录孟子的思想言论

司马迁在《史记》中说"作《孟子》七篇"，但班固在《汉书·艺文志》中却说"《孟子》十一篇"。现在一般认为是《孟子》七篇，即《梁惠王》《公孙丑》《滕文公》《离娄》《万章》《告子》《尽心》。本来《孟子》七篇并没有分上下篇，到东汉赵岐著《孟子章句》时，才把七篇分为上下篇，后来加以沿用。在形式上有模仿《论语》之处，亦是摘取每篇开头的几个重要字眼来命名，并没有别的意义。《孟子》一书以问对、答辩方式展开，以驳论为主要的论证方法，与语录体散文《论语》略有不同。《孟子》翔实地记载了孟子的思想、言论和事迹，保存了丰富的历史资料，是研究孟子思想和先秦文学、历史、经济和哲学的重要著作。孟子的政治思想是行"仁政"，即主张以德政争取人心，统一天下。"仁政"学说的新发展是"民为贵，社稷次之，君为轻"的民本主义思想。"仁政"学说的理论基础是性善论。孟子认为人生而具有天赋的"仁心"，即善的本性，这是实行"仁政"的保证。为了实施"仁政"，孟子还提出"劳心者治人，劳力者治于人；治于人者食人，治人者食于人"的社会分工论，反对"君民并耕"的主张。孟子认为王权是"天"授予，"天"是宇宙万物的主宰，

"天"意通过贤明的君主来实现。孟子十分强调人的主观能动性,主张"万物皆备于我"。强调思的作用,重视理性认识。

《孟子》一书的思想可以概括如下:

第一,仁者无敌。《孟子》一书中,反映最突出的是仁义思想。仁是儒家学说中的中心,孔子常讲仁很少讲义,孟子则仁义并重。孟子的性善说是他仁政思想的理论基础。他说:"先王有不忍人之心(即善性),斯有不忍人之政(即仁政)矣。"孟子把法家的以法治国、以力服人,称为霸道,把儒家的以仁政治国、以德服人,称之为王道,并且孟子深信"仁者无敌"。在此基础上,孟子提倡"民为贵,君为轻"的思想,把能否赢得民心看作是统治者成就伟业的关键,提倡"省刑罚,薄税敛","不违农时"等主张。在后来封建社会历史上,对于反对暴政、重视民生等问题有很好的影响。

第二,人皆可以为尧舜。孟子超凡的胆略和自信,也源于他对人性的思索。孟子认为,每个人都具有与生俱来的善端,只要个体能够自觉地实行仁义礼智,经过努力就都可以成为像尧舜那样的圣人。他不仅有这种观点,而且还常常以古代圣贤为榜样,激励自己奋发向上。孟子的性善论有个根本的观点,那就是认为仁义礼智的本性,具体表现在人们服从现实社会的君臣、父子等伦理关系这些方面。他主张尚贤,重视修养,提倡为臣的要以仁义规劝君主,反对阿谀奉承,这有益于培养士大夫知识分子的骨气,有益于澄清吏治、限制朝廷的胡作非为。

第三,"乐以天下,忧以天下"。孟子与孔子相似,都想做一个周公式的贤相,以辅佐当世的圣君,实现大治天下的伟业,并且在气魄和胆略上还略胜一筹。他认为自己是民众中的先知先觉者,有责任以正道去启发引导天下万民。他认为,历史上每经五百年必定有圣王兴起,其中还必定有声望很高的辅佐者。那么从周朝到孟子生活的年代,已经有七百多年

了，且逢诸侯争霸、烽烟四起的乱世，以他的眼光看，正当仁人志士有作为的时候。孟子认为，社会责任感是人和动物相区别的

孟母择邻版画

根本标志，人不能只考虑自身的完满，而必须为他人和社会作出贡献。这种"乐以天下，忧以天下"的精神是《孟子》中最富感染力的部分。

评价·传统道德奠基之作

《孟子》一书的地位一开始并没有很高，《汉书》"艺文志"仅仅把《孟子》放在诸子略中，视为"子书"。汉文帝把《论语》《孝经》《孟子》《尔雅》各置博士，叫作"传记博士"。到五代十国的后蜀时，后蜀主孟昶命令人楷书十一经刻石，其中包括了《孟子》，这可能是《孟子》列入"经书"的开始。到南宋孝宗时，朱熹将《孟子》与《论语》《大学》《中庸》合在一起称"四书"，并成为"十三经"之一，《孟子》的地位才被推到了高峰。在明代与清代时，四书被列为官方取士的教科书，《孟子》也成了读书人必读之书。

孟子思想对当今社会仍有重大影响。孟子的主要思想就是：仁、义、善。孟子的经历和孔子差不多，都是周游列国，去宣传自己的思想，但是因为"民为贵，社稷次之，君为轻"的这条建议不被大部分的君王所接受，这样的状况保持了很长的一段时间。与此同时，孟子对气节也十分看重，对于嗟来之食，孟子应该是不屑一顾的。

《庄子》/具有浪漫色彩的道家智慧

　　然文辞之美富者，实惟道家，《列子》《鹖冠子》书晚出，皆后人伪作；今存者有《庄子》。庄子名周，宋之蒙人，盖稍后于孟子，尝为蒙漆园吏。著书十余万言，大抵寓言，人物土地，皆空言无事实，而其文则汪洋辟阖，仪态万方，晚周诸子之作，莫能先也。今存三十三篇，《内篇》七，《外篇》十五，《杂篇》十一；然《外篇》《杂篇》疑亦后人所加。

——《汉文学史纲要·老庄》

作者·安于穷困，保持豁达

　　庄子（约公元前369—前286），名周，字子休，战国时宋国蒙（今河南商丘东北）人，先秦著名思想家，道家学派的主要代表人物。庄子与梁惠王、齐宣王是同时代的人，较孟子稍晚，为惠施挚友。他曾做过蒙地漆园小吏，管理生产漆的工匠，任职不久即辞官。庄子轻视仕途，不追逐官禄，因而家境贫寒，一生穷困潦倒，除讲学、著述外，有时靠打草鞋维持

庄子像

生活，有时靠钓鱼糊口。曾经向监河侯（官名）借过粮食，也曾经穿着粗布麻鞋见魏王。相传楚威王以厚金聘他做楚国的丞相，但他却坚辞不就，后来终身脱离仕途，过着隐居的生活。庄子蔑视权贵，鄙视吏禄，追求个人自由。他猛烈地抨击当时的社会，在文章中大声疾呼"圣人生而大盗起"，直接把矛头指向暴君，表现出对统治者和当时社会制度的不满和蔑视。庄子还是一位十分豁达的文人，面对什么事情都能处之泰然，并练就了一套"喜怒哀乐不入于胸次"的功夫。庄子一生虽处于穷困之中，但他能在逆境中博览群书，这使他具备了丰富的知识和敏锐的思维。庄子的思想与老子相近，推崇并发展了老子的学说，并且"著书十余万言"，后被编成《庄子》一书。

背景·乱世价值观受怀疑

　　庄子处于战国乱世，当时的许多统治者口尧而心桀，盗用仁义之空名，行争权夺利、压迫人民之实，造成了社会黑暗和人生灾难。庄子生活的宋国，当时宋王偃"射天笞地"，荒淫无道，不得人心。在此背景下，庄子对人生的前途和传统的价值观念丧失了信心，产生了悲观厌世的情绪。因而更加推进了老子的自然无为思想。

内容·记录庄子思想的书

　　《庄子》亦称《南华经》，根据汉代流传的古本，有52篇，内篇7，外篇28，杂篇14，解说3，共10余万字。但传世的郭象注本只有33篇：内篇7，外篇15，杂篇11。这些是否都是庄子所著，历来有争议。一般认为，《内篇》思想连贯，文风一致，是全书的核心，应当属于庄子的著作，《外篇》《杂篇》冗杂，有可能是庄子门徒或后学者所作。

　　《内篇》是全书的核心，包括《逍遥游》《齐物论》《养生主》

《人间世》《道充符》《大宗师》《应帝王》7篇，各篇各有中心思想，又具有内在联系，反映了庄子的宇宙观、认识论、人生观、道德观、政治观和社会历史观。

《逍遥游》是《庄子》的第一篇，主旨是讲人应该如何才能适性解脱，达到逍遥自由的境界。他认为只有忘绝现实，超脱于物，才是真正的逍遥。庄子认为人生种种苦恼和不自由的根本原因在于"有待""有己"，而"逍遥"的境界是"无所待"的，即不依赖外在条件、他力的。

《齐物论》表述了庄子的"天地与我并生，万物与我为一"的思想，强调自然与人是有机的生命统一体，肯定物我之间的同体融合。认为一切事物都是相对的，如果要达到解脱逍遥，就必须齐物，所谓"齐物"就是齐同物。首先，从绝对"道体"的高度来看，认识对象的性质是相对的，处于不断转化之中，其性质因而就无法真正认识。其次，人的主观认识能力和知识的可靠性也是相对的，没有客观标准，所以知与不知是不能证明和区分的。再次，探求事物的是非、真假，应该是没有意义的，因为没有客观标准。所以庄子认为，不论客观万物还是人的内心世界都受"道"的主宰，因而事物的彼此、认识上的是非等都是相对的。

《养生主》主要讲人生观，即养生之道或原则。庄子正面阐述养生的原则，就是要"缘督以为经"，即顺乎自然的中道。而后，又以"庖丁解牛"等具体说明：在错综复杂的社会中，如何找出客观规律，以适应现实并"游刃有余"，形体的缺陷不影响养生，养生主要是使精神得到自由，人之生死是自然现象，不必过分感情激动而影响养生，养生之道重在精神而不在形体。

《人间世》是讲处世哲学，提出了"心斋"的命题。他认为耳目心智无法去认识道，只有使精神保持虚静状态，才能为道归集，悟得妙

道。又以一连串的寓言来说明待人接物要安顺，并说明有用有为必有害，无用无为才是福。

《道充符》主要是讲道德论。通过寓言的形式，写了几个肢体残缺、形貌丑陋的人，但他们的道德却完美充实。庄子所指的"德"指领悟大道，因循变化，顺其自然。

《大宗师》的主旨是讲"道"和如何"修道"。"道"是客观存在的，又是看不见摸不着的，其存在不以它物为条件，不以它物为对象，在时空上是无限的，是一无始无终的宇宙生命。万物的生命，即此宇宙生命的发用流行。庄子认为，人们通过修养去体验大道，接近大道，可以超越人们对于生死的执着和外在功名利禄的束缚。修养的方法就是"坐忘"，即通过暂时与俗情世界绝缘，忘却知识、智力、礼乐、仁义，甚至我们的形躯，达到精神的绝对自由。

《应帝王》主要是讲政治。通过寓言来强调"无为"的重要性。

《外篇》和《内篇》中还有许多有价值的思想，如在《秋水篇》中提到物质的无穷性、时空的无限性和事物的特殊性；在《则阳》篇中论述了关于矛盾对立面相互依存和相互作用的思想；《天下》篇是介绍先秦几个重要学派哲学思想的专论。

评价·文笔纵横，气势磅礴

《庄子》艺术上最大的特色就是，善于用艺术形象来阐明哲学道理。庄子认为，至高无上的大道理难以用语言表达，逻辑的语言并不能充分地表达思想，只能借助于直觉领悟。因此，《庄子》采用了"寓言""重言""卮言"为主的表现形式。所谓"寓言"，意思是言在此而意在彼，作者借助河伯、海神、云神、元气，甚至鸱鸦狸狌、山灵水怪等艺术形象，演为故事，来讲述一定的道理。所谓"重言"，是借重

古先圣哲或当时名人的话，或另造一些古代的"乌有先生"来谈道说法，让他们互相辩论，或褒或贬，没有一定之论。但在每一个场合的背后，却都隐藏着庄子的观点和身影。"卮"是古代的漏斗，所谓"卮言"，就是漏斗式的话。漏斗的特点是空而无底，"卮言"隐喻没有成见的言语。通过这三种暗示性的表现方式，《庄子》把深奥的哲理化作具体生动的艺术形象，给读者留下了广阔的想象空间，似乎具有无限阐释的可能性。

在《庄子》中，作者为人们展现了一个奇幻丰富、光怪陆离的艺术想象世界，使得作品充满了浪漫主义的瑰丽色彩。作者向古代神话传说汲取了丰富的养料，再加上自己匠心独运的艺术创造，编制出新奇怪诞的形象和故事，使作品充满了神奇莫测、出人意表的境界。在作者富有想象力的生花妙笔下，小到草木虫鱼，大到飞禽走兽，都获得了人的思想、情趣和性格，而在这些生物的活动以及它们所发的议论中，又表现出作者自己的思想和观点。《庄子》这种恣肆纵横、奇特瑰丽的浪漫主义特征对后世影响极大，后人因此把《庄子》与浪漫主义的另一典范

庄生梦蝶图 元 佚名
此图取材于"庄周梦蝶"的典故，画家将此场景置于炎夏树阴。童子倚树根而眠，庄周袒胸卧木榻，鼾声正浓，其上一对蝴蝶翩然而乐，点明画题。笔法细利削劲，晕染有致。

《离骚》并称为"庄骚"。

《庄子》是道家的经典，对后世产生了极其深远的影响。在封建社会，庄子曾被统治者封为南华真人，《庄子》被封为《南华真经》。从魏晋玄学，到宋代理学，从嵇康、阮籍、陶渊明，到李白、苏轼，再到汤显祖、金圣叹、曹雪芹，《庄子》博大精深的思想影响了一代又一代的中国文人。

《庄子》文笔纵横、气势磅礴，读来往往有心神清旷、超然欲仙的感觉。《庄子》的后世注笺本比较多，其中最为有名的是郭象的《庄子注》、郭庆藩的《庄子集释》、王先谦的《庄子集释》、刘武的《庄子集释内篇补正》。文笔风流，各具千秋，可以说是读者阅读和领略《庄子》神采的理想选本。

《楚辞》 /瑰丽的骚体之祖

在韵言则有屈原起于楚，被谗放逐，乃作《离骚》。逸响伟辞，卓绝一世。后人惊其文采，相率仿效，以原楚产，故称"楚辞"。较之于《诗》，则其言甚长，其思甚幻，其文甚丽，其旨甚明，凭心而言，不遵矩度。

——摘自《汉文学史纲要·屈原及宋玉》

作者·怀石自沉的屈原

《楚辞》是我国古代又一部重要的诗歌集，它编纂于西汉末年。编纂者是著名的文学家、目录学家刘向。《楚辞》的主要作者是屈原和宋玉。

屈原，名平，字原，战国时楚国秭县（今湖北省秭归县）人，约生于公元前340年，卒于公元前277年。出身贵族，是楚武王后裔，曾任左徒、三闾大夫。怀王时，主张联齐抗秦，选用贤能，但受其他贵族排挤而不见用。遭靳尚与上官大夫等人毁谤，先被放逐到汉北，又被流放至江南，终因不忍见国家沦亡，怀石自沉汨罗江而死。传说，屈原投汨罗江这天，正是农历五月初五，村民得知他投江，赶紧划着船，在江上打捞。但江水茫茫，已经无法寻找。村民们怕鱼儿咬食屈原的尸体，就用竹叶包了米饭，撒在江中喂鱼，就算是对屈原的祭奠。从此以后，每年的这一天，人们为了怀念屈原，都要划龙舟、包粽子。这一习俗流传下

来，就成了后世的端午节。

至于宋玉，传说他是屈原的学生，所作辞赋很多，战国后期楚国辞赋家，也是古代四大美男之一。所谓"下里巴人""阳春白雪""曲高和寡"的典故皆由他而来。

背景 · "个性"的楚文化

与黄河流域一样，长江流域也孕育着古老的文化，楚文化就是这一地域文化的代表。楚人很早就和中原的国家有联系，同时，它也始终保持着自身强烈的特征，因而楚人长期被中原国家看作野蛮的异族。楚文化的兴起比中原文化迟，原始宗教——巫教盛行可以说是楚文化落后的表现。但在其他方面，楚文化不一定落后，甚至有许多地方远远超过中原文化。

南方的自然经济条件比北方优越，在南方谋生比较容易，不需要结成强大的集体力量去克服自然、维持生存，所以楚国没有形成像北方国家那样严密的宗法政治制度。在这样的生活环境中，个人受集体的压抑较少，个体意识相应就比较强烈，这就造成了楚国艺术的高度发展，这是楚文化明显超过中原文化的一个方面。中原文化中，艺术包括音乐、舞蹈、歌曲，主要被理解为"礼"的组成部分。与此不同，在楚国，艺术，无论娱神的还是娱人的，都是在审美愉悦的方向上发展，展示的是人的活跃的情感。就是在这样的背景下，楚地的歌谣演变出了楚辞。

内容 · 痛苦的灵魂自传

《楚辞》中选编了屈原的《离骚》《九歌》《天问》《九章》《远游》《卜居》《渔父》及宋玉的《九辩》《招魂》等名篇。

《离骚》是屈原最重要的代表作，写于屈原被放逐之后。全诗370余

句，2400余字，是中国古代最宏伟的抒情诗。《离骚》的题旨，司马迁解释为"离忧"，班固解释为"遭忧作辞"；王逸则解释为"离别的忧愁"。这三种说法都有一定的道理。总之，这是屈原在政治上受到严重挫折之后，面临个人和国家的厄运，对于过去和未来的思考，是一个崇高而痛苦的灵魂的自传。

《离骚》从第一句"帝高阳之苗裔兮"开始，诗人用大量笔墨，从多方面描述自我美好而崇高的人格。他自豪地叙述他是楚王的同姓，记叙自己降生在一个吉祥的时辰（寅年寅月寅日），被赐以美好的名字，又强调自己禀赋卓异不凡，并且叙述自己及时修身，培养高尚的品德，锻炼出众的才干，迫切希望献身君国，令楚国振兴。诗人自我的形象，代表着美好和正义。"党人"是同诗人敌对的，代表着丑陋和邪恶。他们只顾苟且偷安，使楚国的前景变得危险而渺茫，还"内恕己以量人，各兴心而嫉妒"，"谓余以善淫"，诬蔑诗人是淫邪小人。诗人受到沉重的打击，却更激起了诗人的高傲和自信。他反复用各种象征手法表现自己高洁的品德。同时，再三坚定地表示：他决不放弃自己的理想而妥协从俗，宁死也不肯丝毫改变自己的人格。而后诗人在想象中驱使众神，上下求索。他来到天界，然而帝阍——天帝的守门人却拒绝为他通报。他又降临地上"求女"，但那些神话和历史传说中的美女，或"无礼"而"骄傲"，或无媒以相通。诗人转而请巫者灵氛占卜、巫咸降神，给予指点。灵氛认为楚国已毫无希望，劝他离国出走；巫咸劝他留下，等待君臣遇合的机会。于是，诗人驾飞龙，乘瑶车，扬云霓，鸣玉鸾，自由翱翔在一片广大而明丽的天空中。在幻想中，正当诗人"高驰邈邈"的时候，"忽临睨夫旧乡。仆夫悲余马怀兮，蜷局顾而不行"。他发现自己根本无法离开故土，既不能改变自己，又不能改变楚国，那么，除了以身殉自己的理想，以死保全自己的人格外，也就别无选择。

- 44 -

《离骚》闪耀着理想主义的光辉异彩。诗人以炽烈的情感、坚定的意志，追求真理，追求完美的政治，追求崇高的人格，至死不渝，具有巨大的艺术感染力。

《九章》由九篇作品组成：《惜诵》《涉江》《哀郢》《抽思》《怀沙》《思美人》《惜往日》《橘颂》《悲回风》。《九章》的内容都与屈原的身世有关，这与《离骚》相似。在《九章》中，《橘颂》的内容和风格都比较特殊。作品用拟人化的手法，细致描绘橘树灿烂夺目的外表和"深固难徙"的品质，以表现自我优异的才华、高尚的品格和眷恋故土、热爱祖国的情怀。在描写过程中，诗人既不黏滞于作为象征物的橘树本身，又没有脱离其基本特征，从而为后世咏物诗的创作开辟了一条宽广的道路。其他篇章，多为屈原在放逐期间所作。《涉江》是屈原在江南长期放逐中写的一首纪行诗。诗中叙写作者南渡长江、又溯沅水西上、独处深山的情景。其中的风光描写最为人称道。楚辞中这类风光描写，成了后代山水诗的滥觞，屈原也被推为我国山水文学的鼻祖。《哀郢》作于秦将白起攻陷楚都以后。屈原在流亡中，亲眼目睹了祖国和人民遭受的苦难，心情沉痛，写下这首诗，哀叹郢都的失陷。《怀沙》是屈原临死前的绝笔。诗人一面再次申说自己志不可改，一面更为愤慨地指斥楚国政治的昏乱，表现出对俗世庸众的极度蔑视。诗人希望世人能够从自己的自杀中，看到为人的准则。《九章》的大部分都反映了屈原流放生活的经历，这些诗篇善于把纪实、写景与抒情、议论相结合，以华美而富于表现力的语言，写出复杂的、激烈冲突的内心状态。

《天问》是一篇奇文。它就自然、历史、社会以及神话传说，一口气提出172个问题。这些问题，有些是在当时已经有公认答案的，但诗人并不满足，还是严厉地追问，想找到新的答案。比如尧舜，在当时已被

儒家奉为偶像，在《离骚》《九章》中也被反复当作理想政治的化身来歌颂，但在《天问》中，他们仍然不能逃脱深刻的怀疑。

《九辩》是宋玉的代表作，它明显受到屈原的影响。《九辩》中袭用或化用《离骚》《哀郢》等作品中现成语句的地方共有十余处。《九辩》借悲秋抒发"贫士失职而志不平"的感慨，塑造出一个坎坷不遇、憔悴自怜的才士形象。《九辩》的哀愁，主要是一种狭小的、压抑的哀愁，基调是"惆怅兮而私自怜"。宋玉的文才，他的怀才不遇的遭遇，他的见秋景而生哀的抒情模式，都影响了后世标榜清高而自惜自怜的文人，写出许多伤春悲秋的诗文。

评价·土生土长的楚辞

楚辞受楚地歌谣的影响很深。楚歌的体式和《诗经》不同，不是齐整的四言体，而是每句长短不一，句尾或句中常用"兮"字作语气词。这也是楚辞的显著特征。

楚地盛行的巫教也影响了楚辞，使楚辞具有浓厚的神话色彩。楚辞充满奇异的想象和炽热的情感。诗人在表现情感时，大量运用神话材料，驰骋想象，上天入地，飘游六合九州，给人以神秘的感受。比如《离骚》由"神游"到"降神"，都借用了民间巫术的方式。这是楚辞的另一个突出的特点。

中原文化对楚国的影响在楚辞中也有明显的痕迹。《九章》中的《橘颂》全诗都用四言句，在隔句的句尾用"兮"字，可以看作《诗经》体式对《楚辞》体式的渗透。这种影响正是春秋战国时期华夏民族融合过程的反映。

《吕氏春秋》 /诸子百家思想的总结

秦始皇帝即位之初，相国吕不韦以列国常下士喜宾客，且多辩士，如荀况之徒，著书布天下，乃亦厚养士，使人人著其所知，集以为书，凡二十余万言，号曰《吕氏春秋》，布咸阳市门，延诸侯游士宾客，有能增损一字者予千金。

——《汉文学史纲要·李斯》

作者·买卖太子的吕不韦

吕不韦（？—前235），战国末年秦相。原是卫国濮阳（今河南濮阳西南）人，后来到韩国经商，成了"家累千金"的"阳翟大贾"。吕不韦在赵都邯郸见入质于赵的秦公子子楚（即异人），认为"奇货可居"，遂予重金资助，并游说秦太子安国君宠姬华阳夫人，立子楚为嫡嗣。后子楚与吕不韦逃归秦国。安国君继立为孝文王，子楚遂为太子。次年，子楚即位（即庄襄王），任吕不韦为丞相，封为文信侯，食河南洛阳10万户。没过几年，庄襄王死去，年幼的太子政立为王，即后来的秦始皇，尊吕不韦为相国，号称"仲

吕不韦像

父"。至此，吕不韦在政治上达到了空前显赫的地位。门下有食客3000人，家僮万人。命食客编著《吕氏春秋》，有八览、六论、十二纪，共20余万言，汇合了先秦各派学说，"兼儒墨，合名法"，故史称"杂家"。执政时曾攻取周、赵、卫的土地，立三川、太原、东郡，对秦王政兼并六国的事业有重大贡献。后因叛乱受牵连，被免除相国职务，出居河南封地。不久，秦王政复命其举家迁蜀，吕不韦自知不免，于是饮鸩而死。

背景 · 割据混战，渴望统一

战国时期，由于社会经济快速发展，各地区间经济、文化联系日益密切，割据混战的局面已成为社会经济进一步发展的严重障碍，实现全国统一在战国后期已成为历史发展的必然趋势。当时各国都想以自己为中心来实现统一，为实现统一的目的，必定要进行兼并战争。当时秦国的变法比较彻底，在兼并战争中，无论军事、政治、经济等各方面，都逐步取得了压倒性的优势。

内容 · 熔诸子百家于一炉

《吕氏春秋》，又名《吕览》，战国末年秦相吕不韦集合众多门客共同编辑。完成于秦始皇八年（公元前239年）。该书是以儒家学说为主干，以道家理论为基础，以名、法、墨、农、兵、阴阳家思想学说为素材，以封建大一统政治需要为宗旨，熔诸子百家之说于一炉的理论巨著。全书分十二"纪"、八"览"、六"论"三大部分，共160篇，20余万字。

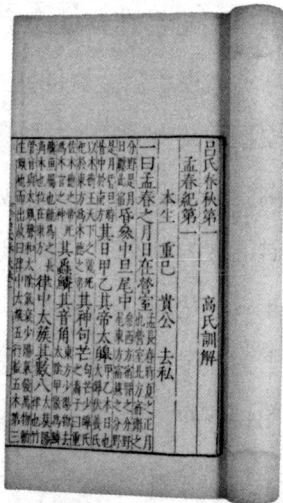

《吕氏春秋》书影

《吕氏春秋》对先秦诸子的思想进行了总结性的批判，它写道："老聃贵柔，孔子贵仁，墨翟贵廉，关尹贵清，列子贵虚，陈骈贵齐，阳生贵己，孙膑贵势，王廖贵先，儿良贵后。"《吕氏春秋》并没有均等地对待各派学说，并没有简单地把各家观点原封不动地糅合在一起，而是赋予所吸收的各家学说以新的内容，以儒家思想为主干融合各家学说。它改造和发展了孔夫子开创儒家学派时的儒家思想。如关于儒家维护"君权"的思想，在《吕氏春秋》里，实质虽然没有变，但有其独特的形式，它主张拥立新"天子"，即建立封建集权的国家。对法家、农家、墨家和阴阳家的思想，《吕氏春秋》也是遵循这一原则。《吕氏春秋》中的法家是儒家化了的法家，墨家是兵家化了的墨家，如此等等。

　　《吕氏春秋》依照预定计划编写，有明确的目的，有大体上统一的学术见解。全书分纪、览、论三部分，以纪为主干。按其形成而论，十二纪是采用阴阳家的《月令》作为章法，仿照《管子》的《幼官》和《幼官图》作的。它把一些论文分配在春夏秋冬四季之下。《吕氏春秋》分配在春季之下的论文都是阐述养生方法的，分配到夏季的论文大部分是有关教育和音乐的，把主要是兵家和法家关于战争的论文分配到秋季，把提倡忠信、廉洁、气节、中庸、节葬等内容的论文分配到冬季。

　　《吕氏春秋》的《八览》《六论》则分门别类地对其他一些问题进行了论述。天文、地理、政治、经济、生产技术等无

秦长城遗址　战国时期

所不及，每览八篇，每论六篇。

《吕氏春秋》中有不少朴素的唯物主义思想和辩证法思想。在关于物质起源的问题上，认为"太一"是万物的本原，世界万物都是从"太一"那里产生出来的，由阴阳二气变化而成的。"太一"就是"道"的名称，是看不见摸不着，没有形状的"至精"的气——"精气"。"精气"派生的万物是在不停地运动着，上至天上的日月星辰，下至地上的水泉草木，都处于不断地运动变化的状态中。在认识的来源上，《吕氏春秋》认为人的知识绝非天生，而是从学习中得来的；在认识的方法上，主张要想取得对事物的正确认识，必须去掉主观偏见，强调认识事物还要随着客观情况的变化而变化；在社会历史观方面，承认社会历史是不断变化发展的，社会历史是一个统一的、前后相连的历史，是不能割裂的。了解今天的事情，有助于了解古代的事情，知道古代的事情，对了解今天的事情有帮助。

评价·糅合各家精华的产儿

《吕氏春秋》是中国历史上最早的一部具有一定规模和统一系统的私人学术著作。它以生活的具体实践和一定的体验为基础，对先秦诸子百家的观点进行批判地继承，包含了丰富的思想内容。它吸收了各种不一致的学说，反映了当时全国走向统一的趋势。它对先秦诸子的思想进行了总结性的批判，并没有照搬，而是吸收，并且随着时代的变化而增加了新的内容。但与此同时，因其中诸家杂陈，远比不上《荀子》和《韩非子》的总结所达到的理论深度。值得一提的是，它所提供的一些寓言故事，至今仍脍炙人口，富有启发意义。

《史记》 /史家之绝唱，无韵之离骚

　　恨为弄臣，寄心楮墨，感身世之戮辱，传畸人于千秋，虽背《春秋》之义，固不失为史家之绝唱，无韵之《离骚》矣。惟不拘于史法，不囿于字句，发于情，肆于心而为文，故能如茅坤所言："读游侠传即欲轻生，读屈原，贾谊传即欲流涕，读庄周，鲁仲连传即欲遗世，读李广传即欲立斗，读石建传即欲俯躬，读信陵，平原君传即欲养士"也。

——《汉文学史纲要·司马相如和司马迁》

作者·为了写书而活下去

　　司马迁，字子长，汉朝左冯翊夏阳（今陕西韩城）人。他大约生于汉景帝中元五年（公元前145年），约卒于汉武帝征和三年（公元前90年），是西汉著名历史学家和散文家，自幼深受父亲司马谈的学术思想熏陶。他的父亲司马谈，是汉武帝时的太史令，崇尚道家，曾以黄老学说为主，著有《论六家要旨》，对儒、墨、名、法、阴阳、道等各家学说，进行过批判和总结。这种家学传统，对司马迁影响很大。司马迁自幼好学，博闻强记，十岁的时候便通读《左传》《国语》等史籍。青少年时，向古文学家孔安国学过《古文尚书》，向今文学家董仲舒学过《春秋》《公羊》学。他涉猎的范围很广，使他积累了丰富的文化

知识，精通天文历法、史学、儒学等各家学说。20岁时，开始到各地游历，足迹遍及名山大川，从而更广泛地领略到人间冷暖和风土民情。此次远游，使他开阔了眼界，认识了社会，积累了知识，并对其进步历史观的形成产生了巨大的影响。回长安以后，入仕郎中，其间随武帝巡游了很多地方。元鼎六年（公元前111年）奉命"西征巴蜀"，到达邛、笮、昆明一带，从而进行了第二次大游历。元封元年（公元前110年），父亲司马谈病逝，元封三年，即继任父职做了太史令，时年38岁，这使他有机会阅读宫廷收藏的大量文献典籍。此时，在司马迁的主持下，于太初元年（公元前104年）冬制成新历——《太初历》。同年，司马迁开始撰写巨著《史记》。专志写作的司马迁因李陵之祸而被武帝下狱并遭腐刑。他在身心上受到极大摧残，痛苦之中，数欲"引决自裁"，但恨《史记》未能成稿，以坚韧不拔的精神，忍辱发愤过了8年。出狱之后，任中书令，继续笔耕。征和二年（公元前91年），历经16年终于完成《史记》的写作。司马迁大约卒于汉武帝末年，只活了50多岁。这部巨著问世之后，当时被称为《太史公书》或《太史公记》，也叫《太史公》。

背景·繁荣而虚耗的西汉

司马迁生活在充满阶级矛盾的汉武帝时代，此时西汉已开始从鼎盛走向衰弱。刘邦建立西汉政权后，为了稳定和巩固统治地位，采取了一些轻徭薄赋、休养生息的政策。经过"文景之治"，到汉武帝继位时，西汉经济达到了空前的繁荣。随着经济形势的好转，汉武帝采取了一系列削弱同姓诸王的措施，使封建专制主义的中央集权制得到了进一步强化。在经济繁荣的基础上，汉武帝在北方抗击匈奴，向西打通了西域，往南开辟了西南，使西汉成为大一统的封建帝国。与此同时，汉武帝好大喜功，连年对外用兵，耗费了巨大的人力、物力和财力，出现了"海

内虚耗，户口减半"的局面。所以汉武帝在位期间，农民与地主阶级矛盾日益尖锐，农民暴动、起义事件时有发生。这就从思想上给司马迁打上了充满矛盾的时代烙印。

内容·第一部纪传体通史

《史记》全书130篇，由本纪12篇、表10篇、书8篇、世家30篇、列传70篇组成，计52.65万字。它记载了上起黄帝轩辕氏，下迄汉武帝太初四年（公元前101年)，近3000年的历史。

司马迁的伟大历史功绩之一，在于他开创了新的历史著作的编写方法，它就是后世史学家所称誉的"纪传体"。它由"本纪""表""书""世家""列传"5种体例组成。《史记》的五体结构是一个完整的体系。

"本纪"是全书的提纲，按编年记载历代帝王的兴衰和重大历史事件。专取历代帝王为纲，以编年的形式，提纲挈领地记载了上起轩辕，下迄汉武这一历史阶段的国家大事。

"十表"以年表形式，按年月先后的顺序，记载重要的历史大事。以清晰的表格，概括地排列各个历史时期的人事，或年经国纬，或年纬国经，旁行斜上，纵横有致。分世表、年表、月表三类，以汉代年表为详。

"八书"记载各种典章制度的演变，以及天文历法等，以叙述社会制度和自然现象为主体，对礼乐、天文、历法、经济、水利等制度的发展状况进行了系统记述，具有文化史性质。

"三十世家"记载自周以来开国传世的诸侯，以及有特殊地位的人物事迹，其中主要包括春秋战国以来的诸侯国君、汉代被封的刘姓诸侯子侄以及汉朝所封的开国功臣。此外，还有《孔子世家》《陈涉世家》和《外戚世家》。

"列传"记载社会各阶层代表人物的事迹，其中有著名的思想家、政治家、军事家、文学家等，还有循吏、儒林、酷吏、游侠、刺客、名医、日者、龟策、商人的传记。该部分以"扶义俶傥，不令己失时，立功名于天下"为标准。最后，还专录《太史公自序》一篇。

评价·全面进步的历史观

《史记》作为我国古代第一部正史，包括政治、经济、军事、文化、少数民族和外国历史等丰富的内容。具有以下长处：

首先，发凡起例，创纪传史书体裁。秦汉以前，诸朝列国史书体例纷杂，记事笔法各异，鉴于这种情况，太史公确立以人物为中心的述史体系，首创五体，互为表里。因此，《汉书》以降，直至《明史》，整个封建正史全都袭用纪传体例，除断代为书之外，"少有改张"，就连民国期间成书的《清史稿》也一仍其旧而未变动。

其次，立意深刻，具有进步的历史观。《史记》中，歌颂什么，反对什么，态度是十分明朗的，他痛恨封建专制的残暴统治，歌颂人民的反抗斗争，同情人民所受的痛苦。比如，对于我国历史上第一次农民起义，司马迁在《史记》中，把陈胜、吴广两人的事迹列入"世家"，而且将陈胜比做汤、武，肯定他们推翻暴秦的历史功绩。又如，他也尽力描写推翻暴秦的项羽的英雄气概来和狡诈的刘邦作鲜明的对比，而且把项羽的事迹列入"本纪"，不因项羽失败而抹煞他的历史地位。司马迁不但承认历史是发展变化的，而且还试图从历史生活现象中，去寻求历史变化的原因。

司马迁不但是中国史学家之父，也是全世界古代最伟大的历史学家之一。《史记》和希腊史学名著相比较，它的特点在于全面性，尤其是对于生产活动、学术思想和普通人在历史上的地位的重视。

《山海经》 /神话故事的祖先

作者·并非出于一人一时

《山海经》的作者与成书年代，众说纷纭。传统上《山海经》被认为是大禹及其助手益所作，如《论衡》《吴越春秋》及刘歆的《上山海经表》所说。另外一些人表示怀疑，北魏郦道元作《水经注》时已发现：《山海经》编书稀绝，书策落次，难以辑缀，后人又加以假合，与原意相差甚远。北齐的颜之推注意到了书中出现的汉代地名，认为是在秦代焚书之后或董卓所加，此后随着考古学与辨伪学的发展，禹、益之说日趋被否定。当代学者较一致认为《山海经》是由几个部分汇集而成，并非出于一人一时之手。但具体看法又不同，有学者认为《山海经》由三大部分组成，其中以《山经》成书年代最早，为战国时作；《海经》为西汉所作；《大荒经》及《大荒海内经》为东汉至魏晋所作。有的学者对《山海经》中的《山经》与《禹贡》作比较研究，结论是《山经》所载山川于周秦汉间最详最合。至于时代当在《禹贡》之后，战国后期。

内容 · 一个奇异的世界

《山海经》记述的内容十分丰富，其中囊括了天文、历法、地理、气象、动物、植物、矿物、地质、水利、考古、人类学、海洋学和科技史等诸多内容。同时也保留了大量远古神话传说。《山海经》的今传本为18卷39篇，分《五藏山经》《海外经》《海内经》《大荒经》四部分，其中《五藏山经》5卷，包括《南山经》《西山经》《北山经》《东山经》《中山经》，共21000字，占全书的2/3。《海内经》《海外经》8卷，4200字。《大荒经》及《大荒海内经》5卷，5300字。

《山经》以五方山川为纲，记述的内容包括古史、草木、鸟兽、神话、宗教等。《海经》除著录地理方位外，还记载远国异人的状貌和风格。在古代文化、科技和交通不发达的情况下，尤为可贵。

卷1~5分为26节，描写了447座中央陆地上的山脉。每座山的描写至少包括它的名字、距前面提到的山脉的距离以及关于其植物、动物和矿物的信息，还包括对居住于一座山或者一群山脉上的守护神和怪物以及某些神话传说的评说。当一条河与一座山相连时，原文详细说明了河流的起源和出口、流向以及其中所见的物品。在24个小部分的末尾，还提供了一些有关山精崇拜的规定，这些记载对研究中国早期宗教是十分重要的。卷6~18的内容有些不同。地名几乎无法确认，植物学和动物学让位于虚构的民族学；医学的、占卜的和仪式的规定再也找不到了，神话纪录倒为数更多。

作者以《中山经》所在地区为世界的中心，四周是《南山经》《西山经》《北山经》《东山经》中所记录的山系，它们共同构成大陆，大陆被海包围着，四海之外又有陆地和国家，再外还有荒远之地，这就是《山海经》所描绘的世界。

《山海经》的地域范围依今天的行政区划来分析，大致如下：《南山经》东起浙江舟山群岛，西抵湖南西部，南抵广东南海，包括今天的浙、赣、闽、粤、湘5省。《西山经》东起晋、陕间的黄河，南起陕、甘秦岭山脉，北抵宁夏盐池西北，西北达新疆维吾尔自治区阿尔泰山。《北山经》西起今内蒙古自治区、宁夏回族自治区腾格里沙漠贺兰山，东抵河北太行山东麓，北至内蒙古自治区阴山以北。《东山经》包括今山东及苏皖北境。《中山经》西达四川盆地西北边缘。

评价 · 有山有水有药物

《山经》以山为纲，分中、南、西、北、东五个山系，分叙时把有关地理知识附加上去。全文以方向与道里互为经纬，有条不紊。在叙述每列山岳时还记述山的位置、高度、走向、陡峭程度、形状、谷穴及其面积大小，并注意两山之间的相互关连，有的还涉及植被覆盖密度、雨雪情况等，显然已具备了山脉的初步概念，堪称我国最早的山岳地理书。在叙述河流时，必言其发源与流向，还注意到河流的支流或流进支流的水系，包括某些水流的伏流和潜流的情况以及盐池、湖泊、井泉的记载。《山海经》中最具有地理价值的部分《五藏山经》，在全书中最为平实雅正，从形式至内容都以叙述各地山川物产为主。

另外本书中记载的医学史料、药物知识，对研究中国医药学的萌芽和演化尤为重要。据学者吕子方统计，《山海经》载录的药物数目，动物药76种（其中兽类19种，鸟类27种，鱼龟类30种），植物药54种（其中木本24种，草本30种），矿物药及其他7种，共计137种，并且所收载的药物有明确的医疗效能的记述。经过长期的研究证实，《山海经》还是世界上最古老的矿藏地质文献，所记载的226处金、银、铜、铁、锡等矿藏，现在大都可以证实。

《西京杂记》/杂载西汉人间琐事

至于杂载人间琐事者，有《西京杂记》，本二卷，今六卷者宋人所分也。

——《中国小说史略·今所见汉人小说》

作者·跋文"说谎"了吗？

关于本书的作者，新旧唐书均著录为东晋葛洪著。这是因为六卷本末有葛洪跋文一篇。跋文言"洪家世有刘子骏《汉书》一百卷，无首尾题目，但以甲乙丙丁纪其卷数。先父传之。歆欲撰《汉书》编录汉事，未得缔构而亡，故书无宗本，止杂记而已，失前后之次，无事类之辨。后好事者以意次第之，始甲终癸为十帙，帙十卷，合为百卷。洪家具有其书，试以此记考校班固所作，殆是全取刘书，小有异同耳。并固所不取，不过二万许言。今抄出为二卷，名曰《西京杂记》，以裨《汉书》之阙。"

葛洪的跋文是这样的意思：葛家有一部一百卷的汉代史书，是刘歆的父亲刘向传与刘歆，然后刘歆又继承父业接着写下去的一部尚未编定成册的书稿，然而未等这部书最后完成，刘歆就因突发的朝政事变而自杀了。葛洪把后来流行于世的、东汉班固所著的《汉书》与刘歆的这部书稿相比较，认为班固的《汉书》，其实在很大程度上就是取材于刘歆的这部书稿，两者相比，只不过是有一些小小的不同罢了。于是葛洪将

刘歆原稿中与班固不同，而且又为班固所不取的一些内容录了下来，编辑成书，并取名《西京杂记》。

其实《西京杂记》就是出自葛洪之手，但书中故事也并非全是葛洪杜撰，有些条目可能是他从当时所存典籍中摘取来的。可以看出，《西京杂记》的成书是把各相关史料加以综合分析而成。应该说《西京杂记》的成书过程其实并不复杂，但自葛洪之后又过了两百来年，到了南朝的萧梁时期，有一个名叫吴均的文人，将自己所写的一些东西擅自塞入《西京杂记》之中，冒充刘歆的原作，也许是由于吴均在齐梁之际文人中间有一定影响，竟然自此而后，人世间所流传的《西京杂记》，竟是经过吴均改篡过的书稿，从而使得《西京杂记》一书良莠混杂，造成后人读此书难辨真伪。

从唐代的众多记载中可以看出，葛洪作《西京杂记》是主流无疑。葛洪(284—364)，出身于官宦世家，字稚川，号抱朴子，东晋丹阳句容（今江苏句容县）人。葛洪自小学习儒家经典、诸史百家之言，非常喜欢神仙导养之术，世称"小仙翁"。东晋初，受封为关内侯，后隐居罗浮山炼丹，终其一生，著述不辍。后来，成为了著名的炼丹家、医药学家和道教理论家。据《晋书本传》所载，葛洪从不计较功赏，却常"欲搜求异书，以广其学"。他特别喜欢抄书，"抄五经、史、汉、百家之言，方技杂事三百一十卷"。除了《西京杂记》，他还著有《抱朴子》《神仙传》《集异传》等。

背景 · 说话玄虚，做事疏放

魏晋时期，战乱频仍。"魏晋之际，天下多故，名士少有全。"曾经积极入世的文人在环境的重压下，生活态度日渐消极，悲观厌世与感叹生死无常，及时行乐与重视服药养生，这种种看似截然不同的感情与

做派，一时成为当时文人的时尚。

与此同时，源于汉末的品评人物之风，进入魏晋时期进一步兴盛起来，名流高士品鉴人物，重风度、辞采，士大夫一旦得到好评，则往往一步登天。这种品评人物的风尚，早在汉代就已产生，当时，郡国举士注重乡里评选，这就是所谓的"清议"。到了魏晋时，实行九品官人法，中正官根据舆论升降某人的乡品，吏部则相应升降官位。名士对人的毁誉，往往决定此人终生成败。而品评的依据主要是人物言谈举止和轶闻琐事，所以当时人物"吐属则流于玄虚，举止则故为疏放"。东晋时士族标榜超脱，崇尚虚无的风气更甚，这种放任务虚的风气也使得老庄学说深得士大夫之心，清淡之风也因此而大行其事。《西京杂记》就是具有这种性质而又时代比较早的作品。

内容 · 荟萃西汉奇闻逸事

《西京杂记》原为两卷，首载于《隋书·经济志》史部旧事类，到了宋人陈振孙《直斋书录题解》始著录有六卷本。现在通行的《西京杂志》也为六卷，共一百余则，两万余言。该书主要是杂抄西汉故事和奇闻轶事的荟集之书，其中，"西京"是指西汉的都城长安。其所写人物上至帝王将相，下至士农工商，涉及了社会的各个阶层。如南越赵佗献宝于汉朝、刘邦筑新丰以迎太公、汉俗五月五日生子不举、邓通得蜀山以铸铜钱、茂陵富人袁广汉庄园之奇、司马迁有怨言下狱死、刘子骏作《汉书》诸事，则有独特的史料价值和文学价值。另外，像人们喜闻乐道的"昭君出塞""卓文君私奔司马相如"、匡衡"凿壁借光"等也都是首出此书，被后人引为典实、成语，对诗词、戏曲、小说的创作都产生过一定的影响。

《西京杂记》中对这些人物事件的记载，多为《史记》《汉书》等

所阙载，可以弥补正史的不足，或互相参证。如92条董贤受哀帝宠遇，起大帝于北阙下，跟《汉书·佞幸传》相比，在细节上写得更加完整，材料也更丰富。第11条记载赵王如意被缢杀，第18条记载霍光妻子为淳于衍起第赠金，第130条记司马迁下狱致死等，诸如此类，保存了一些历史人物的传闻。这些传闻的产生反映了某些人的某种思想感情或心理趋向。正如鲁迅说的："野史和杂说自然也免不了有讹传，挟恩怨，但看往事却可以较分明，因为它究竟不像正史那样地装腔作势。"

除了一些奇闻轶事之外，书中也有很多关于西汉宫殿掖庭及宫廷生活等的记载，未央宫、昆明池、乐游苑、太液池、开襟楼、昭阳殿、上林园、四宝宫、三云殿等处都被描绘到了。或叙形胜，或写风物，或记掌故，或摹建构，无不涉笔成趣。第40条叙述成帝皇后赵飞燕淫乱的生活，第77条记述戚夫人旧侍儿所说的宫中乐事，委曲周折，闻所未闻。

在宫廷生活这方面内容的记载中，也描写了西汉大量的苑囿宫观、奇珍瑰宝、名果异木等，不仅能广见闻，而且透过那些铺陈夸饰、纷至沓来的描叙，可以领略到汉帝国宏大的声威和非凡的气势。吉光裘、绨几、珠襦玉匣、丈二珊瑚、常满灯、被中香炉、陵寝风帘、长鸣鸡、玳瑁床等，不胜枚举，令人目不暇接。其性能之奇异，构思之巧妙，工艺之精湛，无不令人叹为观止。上林苑的名果异木多达二千多种，来自殊方绝城，奇丽绝伦（见第28条"上林名果异木"）。赵飞燕的妹妹送给她的礼品单上所开列的，都是十分珍贵罕见的宝物，巧夺天工，讲究到无以复加的地方（见第30条"飞燕昭仪赠遗之侈"）。

此外，《西京杂记》作为书面文献资料，在文物考古的研究中也有很重要的作用，涉及到了很多这方面的内容，例如第22条"送葬用珠襦玉匣"，不仅与《汉旧仪》所记大致相同，而且与1968年河北满城汉

中山王刘胜墓中出土的玉匣（即"金缕玉衣"）形制相同。第29条"常满灯被中香炉"所记被中香炉，与1963年西安窑藏中出土的卧褥香炉的实物完全相同。这些都为地下出土文物的研究提供了书面材料的印证。又如，根据当代考古发掘的实地测量，未央宫东西墙长各2150米，南北长各2250米，周长8800米，合汉代二十一里（据王仲殊《汉代考古概说》）。本书第1条"萧何营未央宫"记"未央宫周回二十二里九十五步五尺"，与当代考古学的结论大致相符。而《三辅黄图》记未央宫周长28里，《长安志》引《关中记》作31里，相比之下，都不如《西京杂记》准确。随着汉代考古学的进展，本书在这一方面的作用也将日益突出。

评价·意绪秀异、文笔可观

《西京杂记》是一部笔记小说，在文学表现手法上，具有独特的艺术特色。它的语言清秀隽永、诙谐幽默，叙事生动细腻，感情真切感人，多方面地刻画了人物的性格。以短小精悍的篇幅反映生动的故事，并通过故事折射深邃的社会意义，在一定程度上提高了杂记的艺术品位。鲁迅先生曾评价其"若论文学，则此在古小说中，固亦意绪秀异、文笔可观者也。"

不过由于此书记事诡异，历代被斥为伪书。所述西汉之事，怪诞不经，多不足以信。但杂记方面，其文字古朴雅丽，灿烂有致，历代文人墨客多取其语。连谨慎如斯的诗圣杜甫，也喜欢用此书。虽然自南北朝起，它一直处于学者的讽诵借鉴和藐视抨击的矛盾漩涡中，但是仍顽强地流传了下来，并不断发挥它的内在影响力。《西京杂记》虽不及上乘之作，但它的的确确是一部不折不扣的奇书。

《神仙传》 /志怪小说的代表

晋的葛洪又作《神仙传》，唐宋更多，于后来的思想及小说，很有影响。

——《中国小说的历史的变迁·从神话到神仙传》

作者 · 炼丹著书的"小仙翁"

葛洪（284—364）为东晋道教学者、著名炼丹家、医药学家。字稚川，自号抱朴子，汉族，晋丹阳郡句容（今江苏句容县）人。三国方士葛玄之侄孙，世称"小仙翁"。他曾受封为关内侯，后隐居罗浮山炼丹。他出身于官宦世家，早年受父母娇宠，生活懒散，好学而未苦读。十三岁丧父，又逢西晋末年八王之乱，社会动荡，家乡屡遭战火，不仅先人遗留下来的书籍烧毁一空，而且家境也每况愈下。家境的变迁使葛洪受到极大震动，并促使他振奋起来，刻苦学习，力求上进。无书可读，他就背着书箱四处求借，常以砍柴所得换取笔墨纸张。经过多年的勤学苦读，到十五六岁时，他已博览群书，小有名气。十六岁始读经史子集，探求"神仙养生之法"，以及"三元""遁甲"之术。二十岁以后，出世为官，后来虽获重任，但志转炼丹求道。晚年在罗浮山炼丹著书，成为当时金丹道的始祖，八十一岁无疾而终。

葛洪一生著述很多，《晋书》本传说他"博闻深洽，江左绝伦，著述篇章，富于班马"。认为他的著作比班固和司马迁还要多，这并不

是虚言。据史志著录，他的著作约有70余种，他在《抱朴子·自序》中说："凡著《内篇》二十卷，《外篇》五十卷，碑颂诗赋百卷，军书檄移章表笺记三十卷，有撰俗所不列者为《神仙传》十卷，又撰高尚不仕者为《隐逸传》十卷，又抄五经、七史、百家之言、兵事、方伎、短杂奇要三百一十卷，别有目录。"由此可见他的著作之多。

背景·全民求仙的痴迷时代

魏晋南北朝是中国历史上少有的动乱时期，阶级矛盾、民族矛盾以及统治阶级内部的矛盾都异常尖锐。在分裂动荡的年代里，战争连年，广大农民受到统治阶级的压榨和剥削。在这个时期，道教得到了迅速的发展。当时统治者昏庸无道，沉醉于长生不死，炼丹求道；人民长期受战乱之扰，又无力抗争，也将思想寄托在虚无缥缈的神仙传说；很多文人也追求成仙得道之术和理论研究，葛洪则是这一时期最重要的道教理论家，它为道教理论的建立和发展奠定了基础，他结合各家之所长，并将道家的一些基本概念加以神秘化的解释，使其更加迎合社会的需要。

除了道教，在这个生灵涂炭的时代，佛教文化也得到了广泛传播。佛教宣扬因果报应迎合了广大劳苦大众的心理，魏晋文人于是编造一些惩恶扬善的故事，来实现好人上天堂、坏人下地狱的愿望，以此发泄对统治阶级的怨恨和对美好生活的向往。同时，把自己的反抗呼声和追求理想的强烈愿望曲折地反映出来。

在长期的黑暗岁月和乱离社会中，随着颓废厌世思想的增长、佛道迷信的宣扬和巫术、阴阳五行说的影响，产生了一系列记载神仙方术、鬼魅妖怪、殊方异物、佛法灵异，与巫觋方士、道教、佛教有密切关系的小说题材——志怪小说，如《神仙传》《汉武帝内传》等。由于魏晋时期，人们追求文学的不朽价值，包括史传在内的各体文章大量涌出，

志怪这种以史笔写神怪幻想的文学体裁，便沿着前代开拓的道路，开始进入了创作的成熟期。

內容·84位仙人的传奇故事

《神仙传》是葛洪为补充《列仙传》，广泛取材仙经道书、百家之说以及当世所传神仙故事而编撰的一部神仙传记。《神仙传》今存十卷，记载了上古至魏晋八十四位仙人的传奇故事。从所记神仙之身份看，有王侯公卿如淮南王刘安、帝王后代如彭祖，有文人墨客如墨翟，有平民百姓，有女流之辈。

现存《神仙传》有两种版本，一为九十二人附二人传本，见于《道藏精华录百种》等道典中。二为八十四人传本，见于《四库全书》中。此外唐人梁萧又称其"凡一百九十人"，可见今人《神仙传》并非全本。

《神仙传》中故事众多，故事篇幅较长，故事情节大多复杂、奇特、生动。如《栾巴传》写仙人栾巴为民除害的故事，中间说一个庙鬼化作书生，骗太守将女儿嫁给他。栾巴见之，于是做法驱逐庙鬼，使庙鬼现形为老狸。故事以生动的情节，刻画了道教的法力，笔墨虽少，却塑造了一个为民除害的正面形象。

在对仙人超凡本领进行描绘时，葛洪对每个仙人的成仙路径和方法也都有或多或少的说明或暗示。有的是导引行气，有的是行房中之术，有的是清静守一，有的是精思交神，有的是辟谷食气，有的是胎息归真……似乎"条条道路可通仙"。作为丹鼎派传人，葛洪偏爱炼丹服食之法。综观十卷仙传，可以发现，因炼丹服食或以此为辅助而升仙的占据大半。

《神仙传》卷三《刘根传》中有一段话更能表明他的丹鼎派立场：

夫仙道有升天踢云者，有游行五岳者，有服食不死者，有尸解而仙者。凡修仙道，要在服药。药有上下，仙有数品。不知房中之事及行气导引，并神药者，亦不能仙也。药之上者，有九转还丹、太乙金液，服之皆立登天，不积日月矣；其次有云母、雄黄之属，虽不即乘云驾龙，亦可役使鬼神，变化长生；此乃草木诸药，能治百病，补虚驻颜，断谷益气，不能使人不死也，上可数百岁，下即全其所享而已，不足久赖也。

葛洪《神仙传》的宗旨，不言而喻，是要向学道之人证实：在广袤的环宇中，虽然神仙幽隐，与世异流，但并不是不存在。用葛洪自己的话来说就是要表达"仙化可得，不死可学"的思想。在世人看来，神仙之事实在"虚妄"，就是有些以为仙道可学的修炼之士也会由于学仙试验的失败而产生疑虑。这种疑虑的发展势必动摇道教的根本信仰。因此，对于神仙之事，不仅要有一套理论的证明，更要有经验的证明，要为世人提供比较确实可靠的典型，以供效法。

在《王远传》中，作者写了仙人王远和麻姑同降于蔡经家的故事，蔡经见麻姑手爪似鸟爪，心想要是自己背大痒时，有此爪扒背真妙极了。仙人王远即刻知蔡经心中所想，便在暗中以意念牵着蔡经鞭打，训斥他何以要仙姑替他扒背。如此，蔡经知其意而不见其鞭。再如班孟学仙人，葛洪说他能飞行终日，又能坐于虚空中与人谈话，能钻进地中，又能以手指刺地成井，汲水饮之，能吹人屋上瓦片飞入人家，又能口含墨水喷纸，皆成文字……像这种"神奇功效"，似乎所有仙人都具备，只不过是形式不同而已。

从"仙化可得"的基本宗旨出发，葛洪在塑造神仙人物形象时较注意相衬手法的应用。如卷六《吕恭传》写吕恭年少时爱好服食，带一奴一婢在太行山中采药，偶遇吕文起、孙文阳、王文上三位仙人，于是跟着他们去往仙界。三天后，仙人传授吕恭一首秘方，并吩咐他去探望一

下乡里。临行，三位仙人对吕恭说：“公来二日，人间已二百年矣”。吕恭归家后，发现旧宅已空，子孙也无一人。遇到乡里数世后人赵辅，问他的家人何在。赵辅反问他从何而来，怎么问起如此久远的人。这一则记叙把人世的时间与仙世的时间作了鲜明的对照，以示人世的短暂。这种情况在卷七《麻姑传》里写得更为生动：麻姑自谓：“已见东海三次变为桑田。”

任何事物都在变化之中，小至微观的细胞，大至宏观的宇宙，无不如此，这本是客观世界的发展规律，我国先民早已认识到这一点。沧海变桑田，桑田变沧海的传说正包含了先民对变动不居的宇宙的素朴认识，葛洪则将此传说拿来为说明仙界的永存服务。

评价·为后世仙传小说奠基

《神仙传》既具有杂传的文体特征，又富于浓厚的宗教色彩，其叙事艺术显得独具一格。通过对《神仙传》的叙事特征进行分析，可以更好地认识在不同的思想观念影响下，人们的文学思想与叙事风格存在的巨大差异。正是这种差异性，促进了中国古代叙事文学的发展成熟。

《神仙传》作为杂传，其最基本的叙事形式，是仿史传模式而来。作者运用讲述式的语言概括传主的生平事迹。由于道教强调“神仙可得不死，可学古之得仙者”的思想，使道教杂传中人物的结局呈开放延续性状态。这与史传和僧传都不相同，史传中人物生命终止，精神也随之消灭；僧传中的人物，生命终止后，会轮回转生到一个更高的境界之中。然而道教强调生，排斥死。

由于葛洪撰写《神仙传》，资料来源于前人著述，也有取自口头传说，因而文中保留了许多原始民间道教的特点。到南北朝时期，北朝道教经过寇谦之的改造，南朝道教经过葛洪、陆修静、陶弘景的改造，取

得了上层统治者的支持，开始有较大的发展。但是，即使《神仙传》中有与统治者发生联系的叙事，也主要是谈论修道成仙、长生不老之术，极少涉及社会、政治、战争等重大历史问题。而道教徒在君王面前展现的奇异怪诞的仙术，不外乎隐形变幻、治病禳灾等，因此总体而言，《神仙传》中的神异仙术带有浓重的平民化、市井化的感觉。

《神仙传》作为志怪小说的代表作，为后世仙传小说的产生和发展奠定了基础，随后的《续仙传》《墉城集仙录》《洞仙传》《后仙传》等书以其为基础，发展出了志怪小说的重要分支——仙传小说。无论是从写作方式上，还是从记叙手法，《神仙传》都是这些仙传小说所模仿的对象。

《博物志》 /包罗万象的奇书

梁萧绮所录王嘉《拾遗记》（九）言华尝"捃采天下遗逸，自书契之始，考验神怪，及世间闾里所说，造《博物志》四百卷，奏于武帝"，帝令芟截浮疑，分为十卷。其书今存，乃类记异境奇物及古代琐闻杂事，皆刺取故书，殊乏新异，不能副其名，或由后人缀辑复成，非其原本欤？

——《中国小说史略·六朝之鬼神志怪书》

作者·一首《鹪鹩赋》的反响

张华（232—300），字茂先，范阳方城人（今河北省固安县），西晋文学家、政治家，西汉留侯张良十六世孙。张华幼年丧父，虽然家里贫困，但是非常好学，被称为当时的奇才。曹魏末期，因愤世嫉俗而作《鹪鹩赋》，通过对鸟禽的褒贬，抒发自己的政治观点。《鹪鹩赋》引起巨大反响，阮籍叹其有王佐之才，张华自此名声鹊起。

不仅在文学上，在政界上，张华同样是一个很重要的人物。晋初张华任中书令，加散骑常侍，力劝武帝排除异议，定灭吴之计。统一后，张华被封为广武县侯，封邑万户，至惠帝时，历任侍中、中书监、司空。后被赵王司马伦、孙秀所杀。

张华博学多能，对天文地理、历史政治、大千世界、人间百态都很感兴趣，号称"博物洽闻，世无与比。"编纂《博物志》，《隋书·经

籍志》录《张华集》10卷，已佚。明代张溥的《汉魏六朝百三名家集》收有《张茂先集》。此外，张华今存诗三十二首，除少数描写自己的壮志和对贵族豪门的不满，有《情诗》五首，描写夫妇离别思念的心情。

背景·一本送给汉武帝的书

汉末以来到魏晋南北朝时期，社会一直是动荡不宁，民生多艰的惨淡现实。在长期的黑暗岁月和乱离社会中，晋人开始相信天地鬼神的存在，于是开始出现了以冥界仙乡为场景、鬼仙为主角的故事，所折射的是当时人的境遇。其诡变飘缈的描写，反映了乱世里的生命无常感，也体现了人们超越痛苦，寻找理想之境的美好愿望。

在社会动荡的大背景下，带有原始宗教色彩的巫术和秦汉间方士的求仙炼丹，以及汉末讲阴阳五行之风日盛，导致道教大兴，这是土生土长的迷信。而鼓吹世道轮回、善恶报应的佛教，则是从印度传入生根的域外信仰。道、佛两教在魏晋以后广泛传播，产生了许多神仙方术、佛法灵异的故事。

加上流行于士大夫中间的玄学清淡之风，士大夫的思想崇尚和治学方向都发生了很大改变。魏晋士人治学从汉代的白首穷经，陋识寡闻变为博贯诸子百家之言，并进而将探索领域深入于天文地理、草木鸟兽、历史人文乃至阴阳五行、占星卜筮。这种倾向进一步发展，遂变为两晋文士的搜奇好异之习。

张华对博物异事非常热衷，在一定的程度上也是为了实现自己的仕途之梦——编造一些神话和轶事为自己增加筹码扩大名气。王嘉在《拾遗记》中称"华好观秘异图纬之部，捃采天下遗逸，自书契之始，考验神怪及世间闾里所说，造《博物志》四百卷，奏于武帝，帝诏诘曰'卿才综万代，博识无伦，然记事采言，亦多浮妄，可更芟截浮疑，分为十

卷'。"正是在这种社会大背景和个人追求的双重条件下,张华采集部分古籍内容,又杂以新的传闻和轶事编撰而成《博物志》。

内容 · 刺取古书,志怪博物

《博物志》为我国第一部博物学著作,其书内容宏富,所涉及的范围十分广泛。这其中的内容,有的是张华听闻的,有的是采集前书的,鲁迅说其"刺取古书",可见书中引用、参考前人书籍的情况不少。《博物志》涉及《山海经》《河图玉版》《尔雅》《河图括地象》《禹贡》《援神考》《神仙传》《神农经》《神农本草》《神仙药服食方》《孔子家语》《异说》等三十多种典籍,内容分为三十八类,记载了山川地理、飞禽走兽、人物传记、神话古史、神仙方术等,是《山海经》后,又一部包罗万象的博物类书籍。

据东晋王嘉《拾遗记》称,此书原400卷,晋武帝令张华删订为10卷。《隋书·经籍志》杂家类著录《博物志》即为10卷。因原书已佚,故今本《博物志》由后人搜辑而成。此书有两种版本:一种是常见的通行本,收在《广汉魏丛书》《古今逸史》《稗海》等丛书中,于十卷中又分三十九目;另一种是黄丕烈刊《士礼居丛书》本,亦作十卷,不分目,次第也和通行本协调,据黄氏说此本系汲古阁影抄宋连江氏刻本,收在《指海》《龙溪》《博舍丛书》中,内容与前二书完全相同。

《博物志》所记山川地理深受《山海经》的影响,如前三卷全是讲述与地理相关的内容,即在不同地域的不同民俗。所记为山川物产、外国、异人、异俗、异产、异兽、异鸟、异虫、异鱼等,性质大略相当于《山海经》的缩写,内容部分来自古籍,又杂以新的传闻。其中既有五岳,又叙"海外各国",称五岳为"华、岱、恒、衡、嵩"。

另外一个重要的内容是卷五讲到的方士的活动,宣扬服食导引之

法。《山海经》的地理博物是巫术化和方术化了的，而张华的《博物志》"陈山川位象，吉凶有征"也多有图谶与神仙方技之说，也是同样的性质。该书虽没有被收入《道藏》，但历来被道教所重视，其中神仙资料常常为道教研究者所引用。

《博物志》极富文学色彩，受到了前代的文学作品的影响，如借鉴了寓言的形象性、故事性和趣味性，为虚构故事开创了先河。在刻画人物、叙述故事和描写细节方面又借鉴了先秦两汉的散文，如燕子丹、伍子胥等人的故事，既有史的性质，又有小说的特点。

《博物志》虽然有些只是单纯地记录事情，但大多数是一些较为复杂的故事情节，并非平铺式的记录。"蜀山猕猴"的故事写猕猴以长绳引盗大道上漂亮的女子作妻子，产子还送女家食养，故事亦写得完整生动有趣。这是猿类故事的原型，后来唐传奇中的《补江总白猿传》，《剪灯新话》中的《申阳洞记》等均承此衍传下来。

在情节的设置过程中，《博物志》的时空意识与幻想方式是相辅相成的，它以时空的遥远和变换，营造了审美上的陌生感、神秘感和惊奇感。如《博物志》卷一的物产说："员丘山上有不死树，食之乃寿。有赤泉，饮之不老。多大蛇，为人害，不得居也。"这里已有超越寿命极限的神仙幻想。

还有一些情节体现了魏晋时期的社会特点，如"千日酒"的故事，是魏晋世风的产物，是名士风流的一种体现。《博物志》卷十杂说记载，刘玄石饮千日酒醉死，埋葬三年后始醒，因有"玄石饮酒，一醉千日"的佳话。魏晋人的纵酒放达、醉生梦死反映了他们思想上的苦闷或压抑，以及消极、颓废的人生观。

另外，在题材的运用上，《博物志》出现了一个新的题材，即道家的仙话，这是以人神相遇、仙凡相通为基础的，最被广为传颂的要数

"八月浮槎"的故事。描绘有人八月乘浮槎至天河见牛郎、织女，展示了天上的星宫景象的神话，充满了美妙的神思遐想。这反映了古代人们征服宇宙的大胆幻想，将浮槎传说与七月七日牛郎织女的神话故事相结合，增强了这个传说的艺术魅力。这条记载是有关牛郎织女神话故事的原始资料。

评价 · 不副 "博物" 这个名?

《博物志》作为魏晋时期 "博物" 体志怪小说的代表作，是独具特点的一种体裁，书中记载的一些资料对于研究魏晋时代的社会文化有很大帮助，而且还有很高的史料价值，像一些史注家往往就用《博物志》来注解正史，如三家注《史记》、刘昭注《后汉书》、裴松之注《三国志》，反映了当时人们是把《博物志》当信史看待的。

在文学方面，《博物志》也有独到之处。"虽多奇闻异事"，而"简略不成大观"，但它的神话传说，尤其是一些故事性很强的篇目，也为后世的文学艺术提供了丰富的素材，在中国神话发展史、小说史上均有重要的意义。《博物志》标志着 "博物" 体志怪小说的成熟，宋代李石的《续博物志》、明代游潜的《博物志补》均承张华《博物志》而来，形成了后世文言小说的一个流派。另外，《博物志》一书中保存了许多巫术、道教等方面宗教知识以及地理医药等方面的内容，为后世研究魏晋社会及文化提供了研究资料。

《博物志》一书因受到鲁迅说其 "殊乏新异，不能副其名"，而没有得到重视，认为《博物志》中多取前代书籍的内容，名不符实。《博物志》今存本并不完整，甚至可以说是残缺不堪，因此令其 "博物" 价值大受影响，但是仍不能忽视它的价值。可以说，它不但保存了一些已经散佚的古籍的资料，也可以作为校勘工作的一个辅助工具。

《搜神记》/古代民间传说的总汇

> 《搜神记》今存者正二十卷，然亦非原书，其书于神祇灵
> 异人物变化之外，颇言神仙五行，又偶有释氏说。
>
> ——《中国小说史略·六朝之鬼神志怪书》

作者·怪事缠身的干宝

　　《搜神记》的作者是晋朝人干宝。干宝，字令升，新蔡(今河南新蔡县)人。少年时便勤于学习，博览群书，以才气闻名，被朝廷征召为著作郎。曾著《晋记》，记事忠直而文笔婉转，被誉为"良史"。又著有《春秋左氏义外传》等书。干宝喜好阴阳术数。传说，他家中曾发生两件怪事：他父亲的妾随父陪葬十余年，后来开墓，竟然生还，并说"其父常取饮食与之，恩情如生"；某年，干宝的兄长气绝身亡，尸体却未冷，很多天后复苏，叙说自己碰见鬼神的种种事情。这些事情触发干宝，"集古今神奇灵异人物变化为《搜神记》"。

背景·乱世之中寻寄托

　　魏晋时期，中国陷入长期的分裂状态，政权更迭频繁，社会动乱，民族之间矛盾尖锐，民众的生活痛苦不堪。痛苦的生活容易催生人的幻想，晋人笃信天地鬼神的存在，鬼怪故事很流行。

　　在社会动荡的大背景下，东汉后期以至魏晋南北朝，老庄哲学渐渐

兴起。对汉代的儒学感到厌倦的士人，借用老庄哲学标榜的"自然"和"无为而治"，企图摆脱传统力量的束缚。这一社会思潮的根本内涵即是对个性价值的重视。在"任自然"这个名目下，他们所要得到的是更大的精神自由，是个人选择其生活方式的权利。

佛教从两汉之际传入中土，到了东晋、十六国时期，迅猛发展起来。无论北方南方，无论是在上层下层，佛教很快成为一种普遍的信仰，寺庙建筑遍布各地。南朝梁武帝虔诚信奉佛教，甚至四次舍身到同泰寺为奴。道教则是中国的本土宗教，东汉末年正式形成。它讲求仙，讲炼丹，不但不否定现世生活，相反以各种法术来帮助享乐，也很受民众的欢迎。

鲁迅先生在《中国小说史略》中说："中国本信巫，秦汉以来，神仙之说盛行，汉末又大畅巫风，而鬼道愈炽；会南传佛教亦入中土，渐见流传。凡此，皆张皇鬼神，称道灵异，故自晋迄隋，特多鬼神志怪之说。"一语道破《搜神记》产生的背景。

内容 · 志鬼怪，寓人理

《搜神记》主要内容是记载鬼神怪魅，作者著此书的主旨在于"发明神道之不诬"，该书是较早集中记述神话传说、俗闻逸事的专书，共收集故事464篇。书中故事大都源于神话传说、宗教演义和民间传闻，虽然虚妄荒诞，却也各有理寓。讲忠孝节义的，反映儒家观点；讲神仙术数的，植根道教思想；表现因果报应的，源于佛学宗旨；劝善惩恶则是三教殊途同归的目的。如果我们撩开其鬼怪世界的神秘面纱，可以窥见民俗风情，可以了解世道人心。

书中有很多鬼故事：有的写人鬼相恋，如卷十六《紫玉》《附马都尉》《汉谈生》《崔少府墓》等，这些故事或者反映帝王扼杀自由恋爱的专制，或者反映女子对婚姻和生儿育女的渴望，都写得情节曲折，楚楚动人；有的写鬼扬善惩恶，如卷五《赵公明参佐》中勾魂使者徇情枉法，放还阳寿已尽的高官王佑，阴曹使者深情地述说放他生还的理由，"卿位大常伯，而家无余财。向闻与尊夫人辞诀，言辞哀苦。然则卿国士也，如何可令死？"又如卷十七《倪彦思》中，鬼魅痛斥前来驱鬼的典农："汝取官若干百斛谷，藏著某处。为吏污秽，而敢论吾！"那贪官污吏被揭疮疤，立即"大怖而谢之"，大快人心；有的写不怕鬼的故事，最著名的是卷十六的《宋定伯》。宋定伯不怕鬼而能制鬼获利，很耐人寻味。歌颂英雄人物的凛然正气与藐视鬼神妖怪是本书的主题之一，这类作品中传颂最广的是卷十九的《李寄》。无能昏官年年搜求童女祭祀巨蛇，巨蛇先后吃掉九个女孩。童女李寄自告奋勇，愿作祭品，设法将巨蛇杀

干莫炼剑图　清　任预

死。李寄的智勇双全，令人钦敬。

本书中的神怪故事都有"神道设教"警世醒俗的意味。神道一如人道，有正有邪有善有恶有宽有猛，秉性各不相同。同样是凡人戏谑地指神像为婚，卷四《张璞》中的庐君义还二女，而卷五《蒋山祠（三）》中的蒋侯却逼死三子，贤与不肖相映成趣。魏晋人太信神，因此多淫祀，本书对这种现象有所揭示。卷十九《丹阳道士》写龟、鼍之辈冒充庙神，徒费人间祭祀酒食。后来毁庙杀怪，地方才太平无事。卷五《张助》更妙，桑树空洞中生出李树，目痛者偶然休息在树阴下，碰巧病愈，于是哄传有神，能使盲人复明。因此不论远近的人都来祭祀，"车骑常数千百，酒肉滂沱"。后来被张助道出原委，拆穿骗局。这则故事对当时滥信神者无疑是当头棒喝，具有反迷信色彩。

本书精彩篇章不少，脍炙人口的还有卷十一《三王墓》《东海孝妇》《韩凭妻》等。这些故事反映了社会上层统治者的残暴、荒淫和昏聩，下层百姓无辜惨死的血海深仇以及他们渴望复仇申冤的强烈心态。《三王墓》中干将、莫邪的儿子眉间尺为报父仇毅然自刎，借手侠客，通过神奇的方式最终杀死楚王。这种复仇精神具有震撼人心的力量。这个故事虽然虚幻，结果却大快人心，因而被广为传诵。鲁迅先生还将这个故事改编成小说《铸剑》，收在《故事新编》中。《韩凭妻》中荒淫无耻的宋康王活活拆散韩凭、何氏一对恩爱夫妻，并将他们迫害至死。结果韩凭夫妇虽然未能同穴而葬，然而两墓各生大梓树，"屈体相就，根交于下，枝错于上"。树上早晚栖息着一对鸳鸯，交颈悲鸣。在悲剧色彩中，显示他们没有被帝王的淫威所征服，以超自然的力量重新紧密结合在一起，表现出至死不渝、忠贞不屈的抗争精神。这个故事的结局与汉乐府《孔雀东南飞》末尾"两家求合葬，合葬华山傍。东西植松

柏，左右种梧桐，枝枝相覆盖，叶叶相交通。中有双飞鸟，自名为鸳鸯，仰头相向鸣，夜夜达五更"很相似，也和后世戏曲《梁山伯与祝英台》末场彩蝶追随双飞情景相仿佛，都是不向黑暗势力屈服的象征，有浓烈的浪漫色彩。《东海孝妇》是一个著名冤案，孝妇周青被昏聩的太守判成死罪，行刑时鲜血逆流而上旗杆，行刑后东海枯旱三年。这个故事与卷七《淳于伯》情节类同，都是对"刑罚妄加"黑暗司法的控诉和揭露。

总之，《搜神记》464篇小说中有很多貌似离奇、实则广泛深刻反映社会现实的故事，读者在品味怪诞情节的同时，也能够形象地了解历史，受到启迪。

评价·后世传说的源头

《搜神记》是古代民间传说的总汇，有一部分是后来民间传说的根源。它所收的传说有许多至今还流传在平民口头上，例如"蚕神的故事""盘瓠的故事""颛顼氏二子的故事""细腰的故事"等；或者经过许多变化，而演变成今日流行的传说，成为后代戏曲的素材，比如"董永的故事""嫦娥的故事"等。《董永》《三王墓》《李寄》《韩凭妻》《毛衣女》《神农》《华佗》《嫦娥》等篇甚至得到国际民俗学界的重视。我们读《搜神记》，可以看到很多我们很熟悉的故事的雏形，这是很有意思的。

《搜神记》中有不少故事是精彩的文言小说，有人物形象、曲折情节、生动细节乃至对话、动作等，欣赏它们能够获得美的享受。然而也有些故事情节简单，形象单薄，像简要新闻。当时小说发展尚处雏型阶段，对素材的整理加工还比较粗糙，不及后世的精雕细琢。任何事物的发展期往往如此，不能因为这些瑕疵而否定全书。

《世说新语》 /一部名士的教科书

《世说新语》今本凡三十八篇，自《德行》至《仇隙》，以类相从，事起后汉，止于东晋，记言则玄远冷隽，记行则高简瑰奇，下至缪惑，亦资一笑。

——《中国小说史略·〈世说新语〉与其前后》

作者 · 颇受刘裕赏识的侄儿

《世说新语》的作者是南朝宋的刘义庆。刘义庆是宋武帝刘裕之侄，袭封为临川王。史载刘义庆自幼聪敏过人，伯父刘裕很赏识他，曾夸奖他说："此我家之丰城也。"他年轻时曾跟从刘裕攻打长安，历任中书令、荆州刺史、开府仪同三司。刘义庆为人"性简素，寡嗜欲"，"受任历藩，无浮淫之过，唯晚节奉养沙门，颇致费损"。他喜爱文艺，喜欢与文学之士交游。在他的周围，聚集着一大批名儒硕学。他自己也创作了大量著作，著有《徐州先贤传》，又曾仿班固《典引》作《典叙》，记述皇代之美；此外还有《集林》200卷，以及志怪小说《幽明录》等，其中，最著名的当然是千古流传的《世说新语》。

背景 · 追求人格解放的时代

用史学家的眼光看，魏晋南北朝是"乱世"。这一时期的政治领域最重要的现象是士族门阀制度。在汉代，形成许多世代官宦的豪门大

族，经过汉末大乱，这些豪门大族成为具有很强独立性的社会力量。他们有自己的庄园、私人武装和大量的依附农民，使任何统治者都不敢忽视。三国时魏国开始的"九品中正制"实际上形成了门阀制度，巩固了士族的地位。这一时期政权不断兴替，朝代频繁更迭，士族的地位却很少受影响。因此，他们的子弟并不关心实际的事务，而尽情追求内心的超逸。

东汉后期以来，老庄哲学兴起。厌倦了儒学空虚的士人，醉心于老庄哲学所标榜的"自然"和"无为而治"。魏晋时代，这一思潮在社会中更加深入和普遍。到曹魏末年，由于政治环境的残酷，许多文人对此既无法忍受又难以公然反抗，于是纷纷宣称"越名教而任自然"，寄情药酒，行为放旷，毁弃礼法，以表示对现实的不满和不合作，具有十分强烈的叛逆精神。

魏晋是一个大动荡的时代，也是一个大解放的时代。魏晋之际，人们从两汉的经学中解放出来，人格美被极大地高扬，主体的自我被认为高于礼法和名教。此时无论在人格审美上还是艺术审美上，都有一种重要的倾向，就是重神而轻形。所以，魏晋时期品评人物的德行标准，不再是外在的功德名节，而是对人物内在的智慧、才情、风度的欣赏，人们追慕着一种心灵的深远无极、湛若冰雪的神韵之美。魏晋名士的高扬主体人格，追求自由，注重内心的真实，不务实际，崇尚空谈，举止潇洒，行事率性，形成一种风尚，这就是所谓的"名士风度"。《世说新语》记载的，正是这些魏晋名士们的言行。

内容·记录魏晋名士的言行

《世说新语》按照以类相从的形式编排，分为《德行》《言语》《政事》《文学》《方正》《雅量》《识鉴》《赏誉》《品藻》《规箴》等三十六

门，内容主要记述自东汉至东晋文人名士的言行，侧重于晋朝。书中所载均属历史上实有的人物，但他们的言论或故事则有一部分出于传闻，不尽符合史实。本书相当多的篇幅是采自前人的记载，如《规箴》《贤媛》等篇所载个别西汉人物的故事，采自《史记》和《汉书》。一些晋宋之间人物的故事，如《言语》篇记谢灵运和孔淳之的对话等，则因这些人物与刘义庆同时或稍早，可能采自当时的传闻。

书中所记事情，以反映人物的性格、精神风貌为宗旨。书中表彰了一些孝子、贤妻、良母、廉吏的事迹，也讽

雪夜访戴图　夏圭

刺了士族中某些人物贪残、酷虐、吝啬、虚伪的行为，体现了一些基本的评价准则。就全书来说，并不宣扬教化，也不用狭隘单一的标准褒贬人物，而是以人为本体，宽泛地认可人的行事言论。高尚的品行，超逸的气度，豁达的胸怀，出众的仪态，机智的谈吐，都是本书所欣赏的；勉力国事，忘情山水，豪爽放达，谨严庄重，作者都加以肯定；即使忿狷轻躁，狡诈假谲，调笑诋毁，也不轻易贬损。这部书记录了士族阶层的多方面的生活面貌和思想情趣。

士族的实际生活，不可能如他们宣称的那样高超，但是作为理想的典范，是要摆脱世俗利害得失、荣辱毁誉，使个性得到自由发扬的。这种特征，在《世说新语》中有集中的表现。对某些优异人物的仪表风采的关注，是因为这里蕴涵着令人羡慕的人格修养。同样的例子很多。如《容

止》篇记当时人对王羲之的评价："飘若游云，矫若惊龙。"又如《任诞》篇载："王子猷居山阴，夜大雪，眠觉，开室，命酌酒。四望皎然，因起彷徨，咏左思《招隐诗》，忽忆戴安道。时戴在剡，即便夜乘小船就之。经宿方至，造门不前而返。人问其故，王曰：'吾本乘兴而行，兴尽而返，何必见戴？'"任由情性，不拘法度，自由放达，这是当时人所推崇的。《雅量》篇记载："谢公与人围棋，俄而谢玄淮上信至。看书竟，默默无言，徐向局。客问淮上利害，答曰：'小儿辈大破贼。'意色举止，不异于常。"谢安是东晋名相，当时他的侄子谢玄在淝水前线与前秦八十万大军对敌。国家兴亡，在此一举，他临大事而有静气，风度超脱。

在魏晋的玄学清谈中，士人常聚集论辩，因此锻炼了语言表达的机智敏捷，这种机智又运用到日常生活中来。《世说新语》各篇中，随处可以读到绝妙话语，有《言语》一篇作专门的记载。《世说新语》中所写的上层妇女，往往也有个性，有情趣，不像后代妇女受到严重的束缚；人们对妇女的要求，也不是一味地温顺贤惠，如《贤媛》篇记载，谢道韫不满意丈夫王凝之，回娘家对叔父谢安大发牢骚："不意天壤之中，乃有王郎！"

《世说新语》还记载了不少儿童的故事，如《孔文举》。孔文举十岁时，去拜见当地的大官李元礼，门卫不替他通报。孔文举就说："我和李大人是亲戚，你赶紧通报吧。"结果李元礼并不认识孔文举，便问："你叫什么名字？你和我又是什么亲戚？"孔文举报了自己的名字后解释道："从前我们家老祖宗孔子曾拜你们家的祖先李伯阳（即老子)为师，这么说来，我们两家从上古的时候起就有交情了。"李元礼和宾客们听了这话，都非常吃惊，连夸他是神童。只有一个叫陈韪的人不以为然，说小时候很聪明，长大了未必能成器。孔文举听说这话，立刻反驳道："想来先生你小时候，一定是很聪明的喽！"这则小说用对话活灵活现地塑造了孔文举聪明机智的生动形象。《世说新语》中这一类故事还很多，如《周处》

《王戎夙慧》等。

在《世说新语》中，记言论的篇幅比记事的多些。记言方面有一个特点，就是往往如实地记载当时口语，不加雕饰，因此有些话现在已很不好懂，如"阿堵""宁馨"等当时的俗语。《世说新语》的文字，一般都是很质朴的，有时虽然直接记录口语，而意味悠长，颇具特色，历来被人们所喜爱，其中有些故事后来成为通行的成语典故，如"捉刀人""阿堵物""坦腹东床"等等。

评价·描写人物善于抓个性

《世说新语》笔法简约隽永，含蓄委婉，给人以美的感受。它没有使用铺叙或过多的描写，反将人物本身最有特征、最富有意味的动作和语言，直接呈现出来。寥寥几笔，就把人物的形象表现得相当生动。以简单的文字再现人物自身的活动，能描绘出人物的神韵来，这是《世说新语》最显著的艺术特色。

《世说新语》的一个特点是通过人物在特定环境中的言语行动，在对比中表现不同人物的个性。如《雅量》写魏明帝砍掉老虎爪牙，放在宣武场上，让百姓去参观。此时王戎才七岁，也去观看。忽然老虎攀着栏杆大吼，声音惊天动地，观看的人群无不吓得魂飞魄散，只有王戎毫无惧色地站在那里，一动也不动。

通过细节描写，来表现人物性格特征，是《世说新语》的又一特点。如《忿狷》篇讲王蓝田吃鸡蛋，先用牙签去刺，鸡蛋滑溜溜的，刺不进去。王蓝田大怒，拿起鸡蛋往地上摔去，没想到鸡蛋在地上转了几圈，仍然不碎。王蓝田又用脚去踩它，又没踩着。王蓝田气得要命，一手就把它从地上抓起来，放进嘴里，咬了个稀巴烂。这则小故事非常形象地描绘出王蓝田个性急躁的特点。

《笑林》 /古代第一部笑话集

《笑林》今佚，遗文存二十余事，举非违，显纰缪，实《世说》之一体，亦后来诽谐文字之权舆也。

——《中国小说史略·〈世说新语〉与其前后》

作者·不经意间成笑林始祖

邯郸淳（约132—221），东汉时颍川阳翟（今河南禹州市）人。邯郸淳自小有才名，博学多艺，善写文章，曾写过一篇《曹娥碑》，被蔡邕赞为"绝妙好辞"。邯郸淳书法艺术精湛有力，懂得"苍、雅、虫、篆，许氏字指"，尤其擅长虫篆（似虫形之篆书）。袁昂《书评》称其书："应规入矩，方圆乃成。"

汉献帝初平年间，邯郸淳从三辅客游荆州。建安十三年，荆州内附，归曹操。曹操颇知书法，早闻邯郸淳大名，因而召见了他。当时，曹丕、曹植兄弟争宠，两人都想招揽邯郸淳做自己的僚属。由于当时曹操偏爱曹植，命邯郸淳去见曹植，两人促膝纵谈至暮，相互表达了敬慕之情，后来与丁仪、丁廙、杨修成为曹植的"四友"。曹丕即位后，邯郸淳官封博士、给事中，邯郸淳为报知遇作《投壶赋》上奏文帝，洋洋千余言，讲述仁义礼仪和恩威相兼的君臣之道，曹丕认为写得很好，赏赐帛千匹以嘉奖。邯郸淳有文集二卷、《艺经》一卷，今仅存《投壶赋》《孝女曹娥碑》等文。

然而，邯郸淳留名后世并非因其政绩或上述文章，主要在于他不经意的闲逸文作——《笑林》三卷，讲述了当时的许多笑话、噱头、善喻、讥讽、幽默趣事，后成为中国最早的笑话专著，而他因此被称为"笑林始祖"。

背景·一个放荡不羁的时代

汉魏之际，社会风气改变。经学崩溃，百家抬头，人们摆脱了经学的束缚，对人们的心灵是一次大解放，这使得魏晋时期的士人大都放荡不羁，标榜超脱，崇尚虚无的风气更甚。经学的轰毁为玄学的兴起创造了条件，在玄学的基础上，清谈之风开始盛行。佛教也利用这个机会来壮大自己的势力。比如佛教的《百喻经》就保存了很多关于佛教的笑话，对《笑林》的产生有一定的影响。

在这样的社会环境下，上层社会的统治者也提倡这种放荡不羁的生活，当时的曹魏集团好谐谑戏弄事实。曹植在初见邯郸淳时，"诵俳优小说数千言讫"，这说明了当时社会上流行着的谐谑笑话数量之多。由于这两方面的原因，邯郸淳创作和采编《笑林》也就是水到渠成的事了。

内容·辛辣无比的讽刺笑话

《笑林》是我国古代第一部笑话集，此书在《隋书》、新旧《唐书》中都称三卷，到宋代佚亡。但其中的一些笑话散存于《艺文类聚》《太平广记》《太平御览》等类书中。清代马国翰《玉函山房辑佚书》辑录27则笑话，鲁迅《古小说钩沉》补充3则，王利器所编《历代笑话集》将30则笑话全数收入。

《笑林》所选作品内容都是一些短小精炼的讽刺性笑话，反映了一

些人情世态，讽刺了悖谬的言行，生动有趣。

《笑林》中的故事非常注重情节的安排，通过情节的发展来描写、刻画人物。如《鲁有执长竿入城门者》的故事，讲述了一个鲁国人，拿着长竿子进城门。起初竖立起来拿着它想要进城门，但不能进入城门，横过来拿着它，也不能进入城门，他实在是想不出什么办法来了。不久，老人来到这里说："我并不是圣贤，只不过经历了很多的事情，为什么不用锯子将长竿从中截断后再进入城门呢？"那个鲁国人依照老人的办法将长竿子截断了。这则故事先写了愚笨的执长竿者无计可施，让读者期待问题的解决，而老人的到来又让读者增加了一层希望，而老人"吾非圣人，但见事多矣"的谦逊也让读者联想到了他的智慧，但老人的建议却比执长竿者更为愚笨。这则笑话充分调动了读者从期待时的紧张到醒悟后的释然这样一个快速的心理变化过程，人物形象在情节的发展中凸现出来。

《笑林》中有很多故事都反映了社会上的矛盾，并通过讽刺的形式反映出来。如：汉代司徒崔烈授予他的亲属鲍坚掾吏的职位，当他进见的时候，考虑到礼仪可能会有做不好的地方，于是就询问先到的人，有人告诉他按照监督典礼仪式侍卫官说的做。当侍卫官说"可拜"，鲍坚也跟着说"可拜"。当侍卫官说"就位"，鲍坚也跟着说"就位"。因为是穿着鞋上座的，将离席时，不知鞋所在，侍卫官告诉他"履著脚"，鲍坚也说"履著脚也"。

这个故事讽刺当时的选官制度，汉魏的选官制度是察举制，这种选官制度发展到后来，已经被士家大族所控制，并不能真正选出优秀的人才。鲍坚就是通过这种察举制被选出来的，他不仅不具备基本的礼仪知识，甚至别人告诉他，他也会理解错误，这种人连普通百姓的水平都达不到，竟然还被选出来当官，这不能不说是对当时官场的一种讽刺。

还有一些笑话嘲讽了上层统治阶级的贪吝无知，如《汉世有老人》的故事，讲的是汉朝的一个老头，很有钱，但是又非常俭朴吝啬。他每天天不亮就起来，快到半夜才睡觉，细心经营自己的产业，积攒钱财从不满足，自己也舍不得花费。如果有人向他乞讨，他又推辞不了时，便到屋里取十文钱，然后往外走，边走边减少准备送人的钱的数目，等到走出门去，只剩下一半了。他心疼地闭着眼睛将钱交给乞丐，反复叮嘱说："我将家里的钱都拿来给了你，你千万不要对别人说，以至乞丐们仿效着都来向我要钱。"老头不久便死了。他的田地房屋被官府没收，钱则上缴了国库。

评价 · 为后世笑话集开启先河

《笑林》最大的特点就是幽默生动，讽刺辛辣。在写法上，《笑林》比较注重纪实，善于通过人物的生活片断、片言只语，以白描手法、简练笔墨写出其性格特征等，通过客观叙述和描写来显示爱憎，而不直接说出。这种手法同《儒林外史》"无一贬词，而情伪毕露"的手法就非常相似。在结构上，较为完整、有一定故事情节和人物性格的篇章，实际上已跨入粗陈梗概的小说作品之列，成为《世说新语》等六朝小说的先驱。

《笑林》的出现为后世谐谑文字的集结成集开启了先河。鲁迅说《笑林》"实《世说》之一体"，由此可以看出《笑林》的影响。《笑林》之后，历史上又出现了《陆云笑林》《世说新语·俳调》、侯白《启颜录》等专以笑话为题材的的专著。

《启颜录》 /最奇的历史笑话集

《启颜录》今亦佚，然《太平广记》引用甚多，盖上取子史之旧文，近记一己之言行，事多浮浅，又好以鄙言调谑人，诽谐太过，时复流于轻薄矣。

——《中国小说史略·〈世说新语〉与其前后》

作者 · "子在，回何敢死"

《启颜录》的作者记载较为复杂，但大多数人认为是隋代的侯白。侯白大约是在隋文帝开皇元年（581年）前后在世，字君素，魏郡人。侯白好学有捷才，举秀才，任职儒林郎。善长巧辩，在京城尝与仆射越国公杨素斗智，《北史》载"好为俳谐杂说，人多狎之，所在处观者如市。"一次与杨素并马而行，路旁有棵槐树，憔悴欲死，杨素说："侯老兄，你有办法使此树活吗？"侯白说："取槐子悬树枝上即活。"杨素问："为什么？"侯白答："《论语》中说：'子在，回（槐）何敢死。'"（"子"指孔子，"回"指颜回。）

隋高祖时，闻其大名，召修国史。侯白著《旌异记》15卷、《启颜录》，皆佚，《太平广记》引用甚多。

背景 · 玄学兴起，清谈成风

魏晋南北朝四百年间的时代特征是战乱和分裂，乱世文学是魏晋南

北朝文学的典型特征。由于政权更迭的频繁，统治集团中争权夺力的斗争也充满着杀气，许多文人被卷入政治斗争而遭到杀戮，形成了文学的悲观与放达的感情基调。这一时期思想文化界的特点是：儒学衰微，玄学兴起，清谈成风，佛道盛行。玄学对魏晋文人的人生价值观念、思想作风、人生态度、审美意趣理念乃至文学的风格，都产生了重大的影响。

清谈之风的盛行，在文学上的体现就是出现了一种特殊题材的小说。这类小说专门记载魏晋六朝流行的人物的言谈举止和奇闻轶事，《启颜录》就是记载当时大量的轶事，并将其整理为一部笑话集。

内容·有文人气的民间笑话

《启颜录》是继《笑林》之后，又一部有影响的笑话类志人小说，是保存最完整的中古时期的一部民间笑话集。从历史的史料记载可以认为，《启颜录》多半为侯白草创，后人续加增益而成。其成书时间在唐太宗贞观十五年（641年）之后到唐玄宗开元十一年（723年）之间。在《启颜录》现存诸多版本中，最重要的有敦煌本和《太平广记》本，其中，敦煌遗书中所保存的唐开元年间的精美抄本，载笑话四类四十则。

《启颜录》不仅收录了不少原始笑话，而且将它们按标准分为"论难""辩捷""昏忘""嘲诮"等类。即便是没有分类的笑话故事，也多有标题，比如"千字文语乞社""山东佐史""嘲臀""子在回何敢死"等。分类自然体现了著作者对笑话较高层次上的美学把握，即对故事添加标题，在一定程度上也可以说体现了著作者或辑录者的概括和抽象，体现了他对笑话的某种理性认识。

从笑话的内容看，《启颜录》则多历史笑话，笑话愚人蠢事，调笑逗乐，愉悦大众，风格浅俗活泼，在老百姓之间口耳相传，深受人们喜

爱，是下层市井民众心态及其好恶的展现。丰富的内容，似乎都是有根有据而非杜撰或采录的故事，每则故事都几乎标上了时代的印痕，或秦或汉，或魏或晋，而以"今朝"隋唐居多，富有生活气息和时代性，生动勾勒出一幅中古时期人们生活的民俗风情画面。这也是《启颜录》的特色之一。

《启颜录》中的笑话看似轻薄，其实都带有一定的社会批判意义。例如第14则所写昏聩健忘的尚书省员外王德，竟记不住办公地点及随从；第16则所写恍惚多忘的洛阳令柳真，迎客之顷居然忘记该杖责的罪犯，让其离去。这些笑话对尸位素餐、愚蠢不堪的朝廷命官进行了讥刺、嘲讽。

尤其是第22则，写的是陈朝长沙王叔坚，性格骄豪暴虐，每次吃完饭，就问仓曹："吃完了吗？"仓曹若报道吃完，便责怪说："你想饿死我吗？"，于是便用棍打一顿。若报道没有吃完，又责怪说："你想撑死我吗？"，又命令用棍打一顿。每一次吃饭，仓曹都免不了被棍打。后来开始吃生菜，命令仓曹做生菜樊，吃完之后没有什么所问的，于是用浆水漱口。仓曹私喜，以为会逃过杖打。谁知道漱口之后，又责怪仓曹说："何因生菜第五樊中，都无（蓼）味？"于是下令杖打一顿。这则故事通过日常饮宴之事，以小见大地揭露了其无事生非、暴虐乖戾、滥加人罪的丑恶嘴脸，相当深刻传神。

另外，还有揭露僧徒虚伪狡诈的篇章，如敦煌本的第1则，讲到曾经有一个僧人，突然想吃东西，就找寺外的作坊买了数十个蜜饯，买了一瓶蜜，在房间了偷偷吃。吃完后，将剩下的留在钵盂中，蜜放在床脚下面。告诉弟子说："看好了我的东西，不要少了；床底下瓶子里，是毒性很强的毒药，吃了就会死人。"说完，这个僧人就出去了。弟子等到僧人出去后，就拿出瓶子倒出蜜，用蜜饯蘸着吃，最后就剩下两个。僧

人回来后索取留下的蜜饯，看到里面就剩下两颗，蜜也吃完了，于是很生气的怒斥道："为什么偷吃我的蜜饯？"弟子说："你走后，闻着很香，实在馋得忍不住了，就拿出来吃。害怕你回来斥责，就喝下了瓶中的毒药，希望可以立即死去，不想现在还平安无事。"僧人大怒："怎么吃了我这么多的！"弟子就伸手在钵盂中拿出剩下的两颗，接连放进嘴里，报告说："这样吃就可以吃完了。"僧人下床大叫，弟子趁机连忙逃走。这则笑话中的僧徒违犯佛家"不贪""不妄语"的戒律，悭吝欺众、既贪馋又妄语，最终反受戏弄，讽刺的锋芒非常犀利。

《启颜录》中的笑话故事批判性很强，不是一般浮薄肤浅的谐谑文字可比。此外，从中也可考见当时社会生活的风俗习尚。例如，"论难"中的故事让我们清楚地看到当时风行的"论难"的具体情形，既有佛家的论难，也有儒家的论难，还有三教论衡。作品利用儒、释、道三家言论相互辩论诘难，具有一定的社会批判意义。

在《启颜录》中，还有一个突出的特点是文人自创的笑话。这些笑话充满了智慧和寄托，反映了文人的精神面貌和生活情趣。他们在诗文创作之余，参与到笑话的创作中，提高了笑话的艺术品位和语言技巧。

如《妙语得官》，讲到魏人孙绍，官职为太府少卿，年纪很大了，也没能提升为正卿。有一次，高帝召见他，问道："陈年纪怎么这样老？"孙绍答道："臣年纪虽老，而臣'卿'还'少'。"于是高帝提升他为太府正卿。

在《老师不可嘲》中，一个叫边韶的东汉人，字孝先，教授几百人读儒家经书。有一次他在白天坐着打瞌睡，弟子们便私下嘲笑他说："边孝先，腹便便；懒读书，但欲眠。"边韶暗地里探知了这些话，想起《论语》中曾记载孔子感叹自己很久没梦见周公，就立刻作嘲语反驳道："边为姓，孝为字；腹便便，五经笥；但欲眠，思经事；寐与周公

通梦，静与孔子同意；师而可嘲，出何典记？"嘲笑的弟子们听了这话，十分惭愧。

《启颜录》中这些戏谑官职、嘲笑姓名等类型的笑话，通过比喻、相关、语音变化、写打油诗等玩文字游戏的方式制造笑料，带有鲜明的文人气息。

评价·诽谐太过，流于轻薄

《启颜录》在内容上，保存了大量的民间笑话，与《笑林》相比，《启颜录》虽然也是以滑稽可笑之事为内容，但逗乐的旨趣已有变化，即把经典、诗文、佛经资料等作为笑话题材，显示出鲜明的文人特色，而不再是民间笑话的直接反映。在写作手法上，《启颜录》运用各种巧妙的修辞手法，语言通俗易懂，风格幽默活泼。

《启颜录》具有承上启下之功，其中很多笑话的内容和题材被后代笑话集所继承和发展。唐朝的《谐噱录》、宋朝的《艾子杂说》、隋朝的《笑苑》《解颐》，都是受《笑林》和《启颜录》的影响而产生的。

由于《启颜录》中的笑话多采集历代旧文，并记述作者自己的滑稽言行。鲁迅先生评论道：《启颜录》"盖上取子史之旧文，近记一己之言行，事多浮浅，又好以鄙言调谑人，诽谐太过，时复流于轻薄矣。"虽然《启颜录》确有俳谐过甚、流于轻薄的毛病，但其中也有很多具有强烈的社会批判色彩，仍是有一定社会价值的。

《艾子杂说》 /苏东坡借古讽今之作

惟托名东坡之《艾子杂说》稍卓特，顾往往嘲讽世情，讥刺时病，又异于《笑林》之无所为而作矣。

——《中国小说史略·〈世说新语〉与其前后》

作者·文坛全才苏东坡

苏轼（1037—1101），北宋人，字子瞻，又字和仲，号"东坡居士"，谥号文忠。他出生于一个有良好文化教养的中小地主家庭，父亲苏洵、弟弟苏辙在当时都极富盛名，他们三人有"三苏"之称。

1057年（嘉祐二年），二十一岁的苏轼进士及第，得到主考官欧阳修的热情赞赏。以后的四十多年，大部分时间在地方和中央做官。但他的仕途坎坷不平，曾几次遭贬，还被下过狱，在政治上是很失意的。

苏轼一生经历了仁宗、英宗、神宗、哲宗、徽宗五朝，升降起浮，跟王安石变法引起新旧党争有密切的关系。1079年（元丰二年），谏官李定等人弹劾苏轼写诗文反对新法，被捕入狱，史称"乌台诗案"。出狱以后，苏轼被降职为黄州团练副使。他在黄州筑室东坡，自号"东坡居士"，与田野父老时时相从。后期，他更多地接受了佛道思想，在佛道思想中寻求解脱。司马光任宰相时，他因维护新法中有利于国计民生的内容，遭旧党排挤，离开中央，到杭州、赣州、扬州、定州等地任地方官。1093年（元祐八年），新党再度执政，苏轼再受打击，次被贬

至惠阳（今广东惠州市）。1097年（绍圣四年），苏轼又被再贬至更远的海南儋州。元符三年（1100年）徽宗即位，遇赦北归，次年病逝于常州，享年66岁。

在文学上，苏轼堪称全才。其文汪洋恣肆，明白畅达，与欧阳修并称欧苏，为唐宋八大家之一；诗清新豪健，在艺术表现方面独具风格，与黄庭坚并称苏黄；词开豪放一派，对后代很有影响，与辛弃疾并称苏辛；书法擅长行书、楷书，能自创新意，用笔丰腴跌宕，有天真烂漫之趣，与黄庭坚、米芾、蔡襄并称宋四家；画学文同，喜作枯木怪石，论画主张神似。著有《苏东坡全集》《东坡乐府》以及寓言专集《艾子杂说》。

背景·积贫积弱的宋王朝

宋王朝的社会背景，用四个字可以概括就是积贫、积弱。冗官、冗兵加上对辽夏的"岁币""岁赐"，使中央承担着庞大的财政支出，财政入不敷出，导致"冗费"，使得宋朝"积贫"的局面进一步恶化。"积弱"局面形成主要是由于中央集权与地方分权矛盾的进一步加深和军事上的弱势造成的。兵将分离，将帅无权，指挥不灵，以致军队战斗力削弱。官僚机构臃肿，互相牵制，行政效率低。掌权者思想保守，因循守旧，故而使贫弱积重难返。

在整个北宋社会混乱不堪的状况下，出现了一批讽刺社会现实的作品，《艾子杂说》就是其中的代表作。

内容·苏东坡化身为艾子

《艾子杂说》，共三十九则，据明《顾氏文房小说》本全录。《艾子杂说》相传是苏轼晚年遭贬惠州之后而作的作品，苏轼一生宦海浮

沉，虽胸怀抱负却无处施展，于是借寓言谈笑揭露残酷的社会现实。寓言集里的艾子形象简直就是东坡的化身，他是一个足智多谋、才华横溢、见多识广、远见卓识的正面形象。他贯穿于全书，由他作为故事、事件的当事人或评论者。文中艾子所讽，即是现实作者所讽，讽刺那些奸妄小人、贪官污吏，更是对腐朽、残忍的封建统治的批判和声讨。

在人物形象的选择上，《艾子杂说》可以分为三类：其一是常人体，寓言故事中的主角是人。如《齐王筑城》中的齐王，《非其父不生其子》中的父亲和傻儿子，《二媪让路》中的两位老婆婆，《赶兔失獐》中的魏冉以及《营丘士》中的营丘士等。《艾子杂说》中以人为主角的，他们或为今人、或为古人、或为当权者、或为贫苦百姓、或为商贾、或为文人、或老或少、或好或坏，充当着各色各样的角色。其二是拟人体，即以动物为主角。在这类寓言中，采用拟人的手法赋予这些动物人一样的智慧、思想、情感并让它们成为了寓言的主角，成为他抒情达意的载体。如《二鱼说》中河豚、乌贼，《有尾惧诛》中的鼍、虾蟆，《腹胀过而休》中的龙王和蛙，《傍人门户》中的桃符和艾人。三是超人体，即寓言中的角色为鬼、神。如《口是祸之门》中的牛头鬼、阎罗王、小鬼体《鬼怕恶人》中的大王、小鬼，《腹胀过而休》《虾三德》和《有尾惧诛》中的龙王。这些虚幻的主角，不仅能够把人们带到一个奇幻的世界，更能够让人们在感叹神奇的过程中受到陶冶和启迪。这些角色并不都是单一出现的，它们有时也穿插在一起共同为寓言的表达服务。如《口是祸之门》和《鬼怕恶人》中既有人与鬼之间的交往，也有鬼与鬼之间的交流。

《艾子杂说》的创作往往是采用诙谐幽默的口吻，整部的《艾子杂说》由于其幽默、风趣的风格最初人们曾把它当作是一部笑话集。

如《非其父不生其子》这则寓言，讲的是齐地有一个家财千金的富

人。他有两个儿子非常笨，可是作为父亲却又不教育他们。有一天艾子对他们的父亲说："你的儿子虽然长得很漂亮，可是什么都不懂，什么都不会，以后能够操持你的家业吗？"其父不认为自己的儿子笨，并且对艾子的无礼非常生气。见此情景艾子说："我们也不考他别的，就问他我们每天所吃的大米是从哪里来的，如果他能够答对的话，我愿意承担诽谤的罪名。"于是富人把他的儿子叫了过来，问他这个问题。他的儿子笑着说："我怎么会不知道这个米是从布袋子里取出来的。"他父亲听后气得脸色都变了，说"你真是太笨了，简直笨到了极点，那米是从田里取来的。"面对此情此景，艾子不得不感叹："非其父不生其子"。

这则寓言主要是借由父子两人对生活常识的缺乏而引出的一些令人啼笑皆非的故事，在此作者可谓是把其诙谐幽默的寓言创作风格运用到了极致。

《艾子杂说》中这些短小的寓言都有着极强的讽刺艺术，通过这些寓言，讽刺了深层次的社会现实。如《口是祸之门》这则寓言是艾子在梦中经历的一件事，讲述的是一个人专门探听别人隐私，并以此恐吓、要挟别人以骗取钱财，最终这个恶人被几个鬼抓到地府，被阎罗王判处五百亿万斤柴汤煮之刑。行刑前，他以十张豹皮向主管施刑的牛头鬼行贿以减轻刑罚。牛头鬼听信了他的话，把五百亿万斤柴的"亿万"去掉只用了五百斤柴代替。那恶人受完罚，临走的时候牛头鬼提醒他别忘了给他烧十张豹皮，谁知他想赖账。牛头鬼于是勃然大怒，把他叉回锅里，用了比以前更多的柴去烧煮他。艾子醒后对他的弟子们感叹说"须信口是祸之门也。"

从表面上看，这则寓言是要告诫人们不要乱说话，以免招致灾祸。但进一步也揭示了宋代人的一种消极、防御的处世之道，反映了宋代官场中贪污受贿的黑暗现实。

《艾子杂说》在对这些社会现象进行讽刺时，并不是直接展开的，而是运用了比喻、拟人、夸张等大量的修辞方法，更加形象和直观地展现了寓言的含义。

如《黄牛庙》中，苏轼把贫苦农民和地主官僚苦乐不均的不合理现象，用人们生活中随处可见的辛劳耕作的黄牛，同趾高气扬、无所事事反而受到人们香火供奉的神牛来做比喻，生动形象地表现出了他们之间的不公平待遇。又如《鸭搦兔》中，鸭终不能忍猎人一再将其掷于地以捕兔，于是"蹒跚而人语曰'我鸭也，杀而食之，乃其分，奈何加我以掷之苦乎？'"在这则寓言中苏轼赋予了鸭像人一样能说话的本领，从而把猎人的荒唐一览无余地表现了出来。

评价·一个主角的笑话集

《艾子杂说》中既有寓言，也有幽默。无论是寓言，还是幽默，都属"借古讽今"之作。与以往的笑话集不同，在《艾子杂说》中创造了一个机智幽默的形象——艾子，所有的笑话故事都是附着于这个喜剧形象之上，而像《笑林》《启颜录》则是分散于不同的喜剧主体。这种写法，使得整部书都呈现出其他笑话所没有的整一性，这在中华戏谑史上可以说是独一无二的现象。

需要说明的是，我国笑话集往往存在陈陈相因的现象。前代笑话，往往被后代人直接利用或改头换面再加以利用。《艾子杂说》也存在这样的现象，但这不能简单地认为是因袭，事实上这更应该说是一种独特的传承方式。在相因的传承中，有价值的笑话或作品得到了保存和传播。

《莺莺传》/《西厢记》的前身

元稹以张生自寓，述其亲历之境，虽文章尚非上乘，而时有情致，固亦可观，惟篇末文过饰非，遂堕恶趣……

——《中国小说史略·唐之传奇文》

作者·在宦海浮沉的才子

元稹（779—831），字微之，别字威明，唐洛阳人。其先世是鲜卑族拓跋氏，汉化后以"元"为姓，从北魏至隋，地位均极显赫，周、隋两代显贵辈出。入唐后，家族经安史之乱而衰微。9岁时，元稹做诗成熟，惊叹于长辈。因成长于民间，他对边塞风云和农村凋敝已有所了解。15岁，参加明经科考试，擢第。这以后，他益发"苦，心为文""勇于为诗"，诗文创作渐得社会名流好评，并开始了最初的政治活动。贞元十九年，25岁的元稹与大他8岁的白居易同登书判拔萃科，并入秘书省任校书郎，从此二人成为生死不渝的好友。

后来，元稹又被授予左拾遗、监察御史，但不久因触犯宦官权贵，被贬为江陵府士曹参军。他为官一直仕宦坎坷，升沉不定。唐穆宗时被擢为中书舍人，翰林承旨学士，并曾为宰相（三个月）。53岁暴卒于武昌军节度使任所。

元稹的创作，以诗成就最大。他是"新乐府运动"的倡导人和代表作家之一，与白居易齐名，世称"元白"，诗作号为"元和体"。他

的小说，骈、散文章也颇有名气。他的传奇小说《莺莺传》是唐传奇中的优秀之作，对后世说唱文学影响较大。他的作品有《元氏长庆集》60卷，补遗6卷，存诗八百三十多首，收录诗赋、诏册、铭谏、论议等共100卷。

背景·传奇文硕果累累

中国小说在魏晋南北朝时期还处于萌芽阶段，当时大量的是记述神灵鬼怪的志怪小说。唐朝统一中国以后，长期以来社会比较安定，农业和工商业都得到发展。为了适应广大市民和统治阶层文娱生活的需要，在这类大城市中，民间的"说话"（讲故事）艺术应运而生。当时佛教兴盛，佛教徒也利用这种通俗的文艺形式演唱佛经故事或其他故事，以招徕听众、宣扬佛法，于是又产生了大量变文，促进了"说话"艺术的发展。从民间到上层，"说话"普遍受到人们的喜爱。文士间流行"说话"风气，其"说话"艺术又很细致，是促使唐传奇大量产生并取得突出成就的一个重要原因。唐代传奇内容除部分记述神灵鬼怪外，大量记载人间的各种世态，人物有上层的，也有下层的，反映面较过去远为广阔，生活气息也较为浓厚。

到了中唐时期，诗歌、散文出现振兴局面，传奇文以其青春焕发的风姿吸引大批才华出众的历史家、古文家和诗人参与了传奇创作，而他们把史传卓有成效的叙事描写手段、古文的章法笔致、诗歌的意象创造融入传奇，从而大大提高了传奇文的艺术质量。

大约从唐德宗建中初到唐文宗太和初，是传奇文创作的兴盛时期。这一时期名家辈出，作品纷呈，传奇文近六十种之多，唐代最优秀的传奇文几乎都集中在此时。其中，元稹的《莺莺传》就是在这个时期产生的。

内容 · 一场始乱终弃的爱情

《莺莺传》写的是一出"始乱终弃"的爱情故事，写张生与崔莺莺相见、相悦、相恋、最终决绝的故事。

唐代贞元年间，有个叫张生的书生，他性格温和，风度潇洒。一次，张生旅居蒲州普救寺时发生兵乱，出力救护了同寓寺中的远房姨母郑氏一家。在郑氏的答谢宴上，张生对表妹莺莺一见倾心，从此念念不忘，心情再也不能平静，想向她表白自己的感情，却没有机会。

崔氏女的婢女叫红娘，张生私下里多次向她叩头作揖，趁机说出了自己的心事。婢女红娘传书，几经反复，两人终于花好月圆。后来张生赴京应试未中，滞留在京师，与莺莺情书来往，互赠信物以表深情。

但是，张生终于变心，认为莺莺是天下的"尤物"，认为自己"德不足以胜妖孽"，只好割爱。一年多后，莺莺另嫁，张生也另娶。一次张生路过莺莺家门，要求以"外兄"相见，遭到了莺莺的拒绝。

传奇中的主人公莺莺是个深情而又软弱的悲剧性人物。她在被张生追求时曾经顾虑重重，后来才冲破封建礼教的束缚，大胆和张生结合；但被张生遗弃后，却只有哀怨，而不敢责难，甚至还觉得与张生结合有自献之羞。足以看出，主人公莺莺受封建思想的残害之重。

张生是个"始乱之，终弃之"的轻薄负情的文人，抛弃莺莺之后，竟然还反诬莺莺是"不妖其身，必妖于人"的妖孽，为自己辩解。作者却称许张生为"善补过者"，经后人考证，张生其实就是作者元稹自己的影子。鲁迅在《中国小说史略》中说，"元稹以张生自喻，述其亲历之境。"陈寅恪《元白诗笺证稿》云："微之自编诗集，以悼亡诗与艳诗分归两类。其悼亡诗即为元配韦丛而作。其艳诗则多为其少日之情人所谓崔莺莺者而作。微之以绝代之才华，抒写男女生死离别悲欢之情

感，其哀艳缠绵，不仅在唐人诗中不可多见，而影响及于后来之文学者尤巨。"

贞元十五年（799年）冬，21岁的元稹寓居蒲州（今山西永济），就在那里，元稹与其母系远亲崔姓的女儿双文（即后来传奇小说《莺莺传》中的崔莺莺）开始了一场轰轰烈烈的爱情故事。元稹曾写过初恋故事的"自传"本《会真记》，后来的《西厢记》便是脱胎于《会真记》。

贞元十九年，在长安入秘书省任校书郎后，与太子宾客韦夏卿之女韦丛结婚，蒲城女子双文于是被抛弃。婚后六年，韦丛病故。不到两年，纳妾安氏，后又续娶裴淑。

从南北朝时期到隋唐这段时期，社会风气非常看重门第，史料记载有些贵族自视极高，甚至连皇室都看不起。在当时，几乎所有的文人都希望通过和贵族女子联姻来抬高自己的社会地位。事实上，元稹在抛弃了初恋情人之后，热烈追求并最终娶到的韦丛，就是一位高门的女儿。

在《莺莺传》中还有一个有代表性的角色，这就是婢女红娘。在唐代，女性的地位非常低，而婢女在女性中的地位又是最低，她们不但要服侍比她们地位高的女主子，而且没有人身自由，更不用说什么社会地位了。

当张生"私为之礼数四，乘间道其衷"时，红娘的第一反应是"惊沮"且"腆然而奔"，表现了小婢女紧张而惶恐。在那个封建礼教极其森严的社会里，婢女的这种表情和举动是很正常的。后来，听了张生的诉苦，红娘决定为崔莺莺和张生传简递信，为他们的私下交往提供了便利的条件，红娘的穿引是崔张走向自由恋爱的催化剂。

元稹之所以塑造红娘的形象是有目的的，红娘的封建思想意识正好与元稹写这篇传奇宣传封建礼教的思想相一致。在当时，封建思想意识

如此浓厚，不允许作者有倡导自由恋爱的想法和意识。红娘要做的就是遵守这样的封建秩序，不需要去打破它，所以红娘也就起不了什么重要作用。

评价·走在最前面的女性

《莺莺传》文笔优美，描述生动，于叙事中注意刻画人物性格和心理，成功地塑造了崔莺莺的经典形象。她是位出身于没落士族之家的少女，内心充满了情与礼的矛盾。小说深刻揭示了出身和教养给莺莺带来的思想矛盾和性格特征，细致地描绘这位少女在反抗传统礼教时内心冲突的过程。莺莺的性格既单纯又丰富，她最后拒绝张生的求见，体现出性格由柔弱向刚强的转变。莺莺的性格既有独特性又有普遍性，它典型地概括了历史上无数个女性受封建礼教束缚、遭负心郎抛弃的共同命运。

在中国文学史的人物画廊中，崔莺莺、杜丽娘、林黛玉都是追求自由爱情，勇于向封建礼教挑战的女性，她们都是处于不同历史阶段、具有不同内涵的光辉妇女形象，而列在画廊榜首的则是崔莺莺。相比之下，张生的形象则较为逊色。尤其是篇末，作者为了替张生遗弃崔莺莺的行径辩解开脱，竟借其口大骂崔莺莺为"尤物""妖孽""不妖其身，必妖于人"，这就不仅使得人物形象前后不统一，也造成了主题思想的矛盾。诚如鲁迅《中国小说史略》所说："篇末文过饰非，遂堕恶趣。"

《玄怪录》 /传奇与志怪的结合体

> 造传奇之文，会萃为一集者，在唐代多有，而煊赫莫如牛僧孺之《玄怪录》。
>
> ——《中国小说史略·唐之传奇集及杂俎》

作者·刚正不阿的牛宰相

牛僧孺（779—848），字思黯，安定鹑觚（今甘肃灵台）人。唐德宗贞元二十一年（公元805年），牛僧孺高中进士，步入仕林。这使他看到了腐败政治的一些内幕。公元808年，唐宪宗制举贤良方正科特试，牛僧孺在策对中毫无顾忌地指陈时政，成绩被列为上等。但是，对朝政的指责却得罪了当时的宰相李吉甫，因此遭了"斥退"的打击，久不得叙用。元和七年（公元812年），李吉甫死后，牛僧孺才得重用，被提拔做监察御史、礼部员外郎。公元820年，穆宗即位后，牛僧孺改任御史中丞，专管弹劾（检举官吏过失）之事。这时，他按治冤狱，执法不阿。穆宗长庆元年（公元821年），宿州刺史李直臣贪赃枉法，其罪当诛。穆宗皇帝当面为李直臣说情，牛僧孺据理雄辩，强调应坚持国家法制。穆宗欣赏他的做法，赐以金紫之服。长庆二年（822年），官至户部侍郎。一生历经中唐德、顺、宪、穆、敬、文、武、宣宗八朝皇帝，这正是唐中期以后走向衰亡的历史时期。牛僧孺官至宰相，居官清正，刚直敢言，为首与李德裕派形成长期"牛李党争"，声誉大兴。

牛僧孺一生酷好文学，仕宦期间，好交名人文士，颇嗜"传奇志怪"，所著《玄怪录》造传奇之文，荟萃为一集，当时有"太牢笔，少牢口"之称（太牢指牛僧孺，少牢指杨虞卿）。可惜牛氏文集不传于后，《全唐文》仅辑其文1卷，19篇；《全唐诗》辑其遗诗4首。

背景·向佛道鬼神寻安慰

牛僧孺所处的时代是唐王朝内忧外患比较深重的时期，唐代后期，对外有吐蕃及其它周边少数民族政权的侵扰，内有藩镇的分裂割据，更重要的是朝廷内部处于南衙、北司之争和朋党之争的困扰之中。以宦官为主的北司极力反对皇帝倚重翰林学士等文人儒士为代表的南衙，想尽一切办法阻止文人儒士和皇帝接近，在这种情况下，牛僧孺第一次科考虽才华横溢却榜上无名。

这个时期，是我国佛教和道教极盛的时期，上自帝王下至布衣百姓皆有信仰，或惑于佛老、祈福延年，食丹药、信道术；或泛祭求神、信巫鬼；或深信因果、笃念轮回。由于政治败坏，加上藩镇跋扈，百姓生活非常艰苦，所以无论是佛教来生之寄托，还是道教的神仙之向往，都很容易为大众所接受。人民信鬼信巫，知识分子勤于学佛，或惑于炼丹；现实人生无法满足人们的欲望，只有另寻寄托，别求安慰了。《玄怪录》就是在这样的背景下产生的。

内容·有意虚构的传奇文

《玄怪录》记述的是南朝梁至唐大和年间神怪鬼异的事，大都涉及神仙道术、定命再生、鬼怪妖物等内容，有影射官场腐败黑暗的，有反映民生疾苦的，有歌颂义士侠女的，有描写恋爱婚姻的，其中可见作者的社会理想和人生观念。

与前期的小说集相比，《玄怪录》有了很大的不同，即作者表现出自觉的创作意识，"有意为小说"，也就是说"有意虚构"，在艺术上有了一些新的东西。作者不追求事情的真实，不强调寓意的有无，更关注虚构想象自身的美感魅力，希望从中获得超越日常真实生活的幻想情趣。如《元无有》篇，历来被认作是该书的代表作，从该篇可以看出，牛僧孺明显出于有意识的假托和虚构，毫不寄予任何见解或感慨。

作者不寄托寓意，不表达任何见解或感慨，不求见信于人，完全出于"有意虚构"的目的，甚至违背生活逻辑，荒诞不经。胡应麟批评牛僧孺的作品"但可付之一笑"，这同时说明：《玄怪录》"有意为小说"的自觉程度、艺术水平已远远超过之前或同期的作品，反映了牛僧孺在传奇创作上所取得的新成就。

在怪异的故事情节里，还加强了人物形象的塑造。如《齐饶州》一篇，故事本身离奇荒诞：执无鬼之论的齐州刺史齐推女，在其妻遭到举钺之鬼杀身威胁时，不听劝告，固执己见，致使其妻亡命。为救亡妻，齐推女又受尽百般折磨，终于感动上苍，妻子死而复生。

在作者的巧妙安排下，情节极为紧张曲折，层层递进，这是作者刻意志怪的体现。由于作者增强了人物对话，并善于提炼真实而富于表现力的生活细节，使得人物鲜活的性格特征展现出来。齐推女最初不听劝告的固执、坚决，后来为救其妻的勇敢、执著，其正直、善良的性格跃然纸上；田先生在齐推女开始求助时故意摆谱、刁难，后又被其感动而慷慨帮助，还有像齐氏的软弱，仗钺将军的凶残、霸道。

《玄怪录》还以雅洁的语言描绘了清幽秀丽、优美宜人的自然景色。如《柳归舜》"周匝六七亩，其外尽生翠竹，圆大如盏，高百余尺，叶曳白云，森罗映天，清风徐吹，戛为丝竹音。石中央又生一树，高百尺，条干偃阴，为五色，翠叶如盘，花径尺余，色深碧，蕊深红，

异香成烟，著物霏霏。"《张老》："忽下一山，见水北朱户甲第，楼阁参差，花木繁荣，烟云鲜媚，鸾鹤孔雀，徊翔其间，歌管嘹亮耳目。"在这些作品中，景色与所要表现的情致十分和谐融洽，可谓情景交融，相得益彰，营造出一种诗意美的意境。

评价·用传奇手法来志怪

鲁迅先生这样评价《玄怪录》："虽亦或托讽喻以抒劳愁，谈祸福以寓惩劝，然大规则究在文采与意想。"所谓"文采"指传奇"叙述宛转，文辞华艳"之特征，也就是指叙事之精细曲折与词材的华美雅致；而所谓"意想"指的是构思和想象，即所谓"有意为小说"。这种"有意小说"主要体现在：以游戏的笔墨来叙述故事，以实现作者的审美意图；对故事情节的虚构上，充分发挥了个人的主观想象。

在写作技巧上，《玄怪录》已不再遵循原先传奇小说那种严整史传体式，而采取一种更自由、更适合短篇小说的表现形式和技巧。其中不少篇目已打破以时间、经历为序的叙事结构，运用转换叙述视角、运用时空交错、顺序与逆叙相结合的方法。有的只摄取主人公生活的几个断面，就展示了人物全部内涵；有的加快了叙事的节奏，在揭示矛盾后，迅速将故事推入高潮。与之相适应，《玄怪录》在人物塑造方面，更多着眼于动态描述，使人物更加鲜活，更有层次感。这都反映了《玄怪录》在艺术上的创新。

在手法上，《玄怪录》是一部用传奇法来志怪的小说作品集。这种手法使小说在继承志怪题材注重情节结构的基础上，不但加强了人物形象的塑造，也营造了一个个玄虚怪谲的艺术世界。这种手法为传奇的创作开辟了一条新路，为后来许多文言小说家所仿效，如李复言的《续玄怪录》，以牛僧孺续书自居；薛渔思的《河东记》，也自称是续牛僧孺之书。至于其外孙张读的《宣室志》，其承传关系更为明显。

《太平御览》 /一本空前的百科全书

宋既平一宇内，收诸国图籍，而降王臣佐多海内名士，或宣怨言，遂尽招之馆阁，厚其廪饩，使修书，成《太平御览》《文苑英华》各一千卷。

——《中国小说史略·宋之志怪及传奇文》

作者·十四个人的心血

《太平御览》是由翰林学士李昉主纂，扈蒙、李穆、汤悦、徐铉、张洎、李克勤、宋白、徐用宾、陈鄂、吴淑、舒雅、吕文仲和阮思道十三人参与修撰。李昉（925—996），字明远，深州饶阳（今河北饶阳县）人。五代后汉乾祐进士、历仕后汉、后周两朝。宋初为中书舍人，是当时的一位位高权重、修养颇高的士人。政治上，他颇受太祖、太宗皇帝的重用，曾数次担任宰相之职，可谓备极荣耀。文化上，编撰宋代著名四大类书中的《太平御览》《文苑英华》《太平广记》，为保存古代文献资料做出了贡献。

另外，李昉在当时是模仿白居易的代表，史籍记载其"为文慕白居易"。从他的诗歌创作和生活方式上，都能看出他是在向白居易看齐。

背景·建书馆，多藏书

宋朝开国至太宗初年，国家统一已接近完成，政治局面稳定，社会经济

日趋繁荣。宋太宗深知《史记》中所说的"马上得天下,岂能马上治之"的道理,为安定民心,点缀太平,以博崇尚文治之名,而置馆修书。

宋初,国家史馆藏书万余卷,后来削平诸国,把各国藏书集中到京师,宋太宗又下诏,百姓献书有赏,由此共有藏书八万卷,集中于史馆、昭文馆、集贤院,通称三馆。后来宋太宗另修新馆,有诏文书库、集贤书库、史馆书库等六库。

在稳定的社会背景和藏书丰厚的情况下,在太平兴国二年,宋太宗就下诏李昉、扈蒙、徐铉、张洎等儒臣,利用这些藏书,编类书一千卷,书名《太平总类》;文章一千卷,书名《文苑英华》;小说一千卷,书名《太平广记》。各书因为多是编于太平兴国年间,所以大都冠以"太平"二字。之后,真宗赵桓时期编纂《册府元龟》,合称为"宋代四大类书"。

内容·皇帝每天读三卷

《太平御览》是北宋太平兴国年间编写的一部综合性类书。据王应麟《玉海》引《太宗实录》记载:从太平兴国二年(977年)下诏开修,到太平兴国八年(984年)完成,共用了七年时间。初名《太平总类》,太宗赵光义为夸示自己好学,曾说:"此书千卷,朕欲一年读遍。"因而命人日进三卷,备"乙夜之览",才诏改今名。

该书以天、地、人、事、物为序,分为五十五部类,是根据《周易·辞》说的"凡天地之数五十有五"而定,"备天地万物之理,政教法度之原,理乱废兴之由,道德性命之奥",可谓包罗古今万象。在各部下又分若干类,有些类下又有子目,大小类目共计约5474类,详略不一,如地部,大类有155,其中有14类又分为538个细目,大小类目共693,是最详细的。

书中抄引上自古代、下至隋唐五代的经史百家之言，按时代先后顺序，先列书名，次录原文，仅引用古书（大都是宋以前的古籍）高达1689种之多，连同杂书、诗、赋、铭、箴等，引书实用2579种。其中有汉人传记一百种，地方志二百种，门类繁多。

《太平御览》所引之书大多今天已经亡佚，而从《太平御览》中可找到一些可贵的文献资料，例如：论述农业技术的《范子计然》《氾胜之书》原书早已不见，我们靠《太平御览》的引用才得以知道两书的一些内容，知道两千多年前有关农业生产的一些知识。又如，我国古代科学家张衡创制浑天仪和地震仪的原著早已亡佚，但在《太平御览》卷二天部浑仪目内，就有记载。又如，崔鸿的《十六国春秋》是记述五胡十六国时期的重要史籍，据考证此书北宋时已失传，司马光修《资治通鉴》时已看不到原书，可是《太平御览》引用此书达480多条。

更为人称道的是，《太平御览》引用了大量的古地理书。清代辑佚家王谟辑《汉唐地理书钞》时，利用《太平御览》颇多，曾说："太平御览书目一千六百九十种，内地理书约三百种，较诸类书尤为赅博。"它保留了汉唐间西域及海南诸国多种古地理书的片断，例如《吴时外国传》为三国孙吴时中郎康泰撰，《梁书·海南诸国传》记载：泰与宣化从事朱应通海南诸国，经历传闻百数十国，因立纪传。按孙权既定江左之后，屡耀兵海外，黄龙二年遣将军卫温诸葛直将军士万人浮海求夷洲及亶洲。康泰的书大约写于公元227年左右，但此书早已不见，只散见于诸类书中，《太平御览》引用了十九条。

评价·留给后世的宝山

《太平御览》可以说是百科全书性质的类书，被誉为北宋四大类书之一。它是一部综合性类书，门类繁多，广征博引，在类书中堪称"空

前"，被视为"类书之冠"。

《太平御览》是现存古类书中保存五代以前文献、古籍最多的一部，而且引书比较完整，多整篇整段文字。由于《太平御览》所引之书十之八九今天已经亡佚，这些古书遗文大都赖是书以传，所以它成为后世学者从事校勘和辑佚的宝山。

同时，《太平御览》也存在一些瑕疵，细检其部类，有很多重复之处。如卷35时序部及卷879咎征部都有"旱"类，卷40及卷44同一个地部内"太白山"和"岷山"重复出现；还有卷189居处部有"井"类，而卷873休征部也有"井"类。两处排"安息"，一在3516页，一在3519页，这两处的引文竟完全重复。所有这些，使编制体例造成了混乱。虽然《太平御览》存在这样的问题，但是以千卷浩瀚的卷帙，如此繁复的部类，芜杂难分，是意料中事。

《太平广记》 /古代最大的小说集

《广记》采摭宏富，用书至三百四十四种，自汉晋至五代之小说家言，本书今已散亡者，往往赖以考见，且分类纂辑，得五十五部，视每部卷帙之多寡，亦可知晋唐小说所叙，何者为多，盖不特稗说之渊海，且为文心之统计矣。

——《中国小说史略·宋之志怪及传奇文》

作者 · 十三人的心血之作

《太平广记》是一部集体修纂的大书，据《太平广记·进书表》记载，参与编纂的十三人为李昉、吕文仲、吴淑、陈鄂、赵邻几、董淳、王克贞、张泊、宋白、徐铉、汤悦、李穆、扈蒙，其中，李昉是主要修纂者。李昉（公元925—996），字明远，北宋深州饶阳（今属河北）人，官至右仆射、中书侍郎和平章事。《宋史·李昉传》称："和厚多恕，不念旧恶，在位小心循谨，无赫赫称。为文章慕白居易，尤浅近易晓。好接宾客，江南平，士大夫归朝者多从之游。"曾监修《太平御览》《太平广记》和《文苑英华》，这三部书与《册府元龟》并称北宋四大书；并参与编修《旧五代史》。

背景 · 利用修书安抚名士

宋代经过太祖太宗两代皇帝几十年的努力，统一了全国，结束了

五代十国的混乱局面。统一后，宋收集各国所收藏的图书典籍，以充实中央藏书。各国投诚的臣子中，有很多是海内名士，他们的安置是一个伤脑筋的问题。有的人对新朝不满，散布怨言。宋朝为了粉饰太平，安抚人心，将他们全都招入馆阁，给他们优厚的待遇，让他们修书。他们的成就就是著名的宋代四大书：李昉主编的《文苑英华》《太平广记》《太平御览》和杨亿编辑的类书《册府元龟》。《太平御览》的编纂始于宋太宗太平兴国二年（公元977年），完成于太平兴国八年（公元984年），开始叫《太平总类》，因太宗每天阅览，改题为《太平御览》。全书共1000卷，分55部，编撰时广采各种书籍1600多种。《文苑英华》是一部诗文总集，全书共1000卷，分赋、诗等38类，收集起自南朝梁末、下至晚唐五代的作家2200人，诗文作品约两万篇。《册府元龟》的编纂始于1005年，成于1013年，书中收载了自上古至五代的史籍，引文大多是整章整节的，历史文献价值较高。

内容·广泛搜集各种小说

　　《太平广记》是宋初官修的一部小说集。北宋李昉等人奉宋太宗之命编纂，因为成书于太平兴国年间，因此取名《太平广记》。

　　《太平广记》也是中国最大的小说集。《太平广记》搜集了自汉至宋初的各种小说、笔记、野史等500多种，共500卷，另有目录10卷，全书按题材分92大类，150多小类，如"神仙""女仙""鬼""精怪""狐""感应""谶应""名贤""廉俭""气义""知人""精察""俊辩""幼敏""豪侠""贡举""职官""将帅""骁勇""器量""博物""文章""儒行""方士""异人""异僧""释证""卜筮""定数""伎巧""博戏""器玩""交友""奢侈""诡诈""褊急""诙谐""嘲诮""无

赖""嗤鄙""酷暴""幻术""梦""巫""妇人""妖妄"等，保存了大量的古小说资料。其中以"神仙"55卷、"女仙"15卷这一类收集的资料最多。从这里也可以看出《太平广记》的编纂宗旨。

《太平广记》实际引用的书籍共475种。这些书籍大都已散佚、残缺或经窜改，后人只有通过《太平广记》才可以窥见它们的本来面目。今天我们还能看见的唐代传奇小说，大部分保存在《太平广记》中。书中最

太平广记图册

值得重视的是杂传记九卷，《李娃传》《柳氏传》《无双传》《霍小玉传》《莺莺传》等传奇名篇仅见于本书。还有收入器玩类的《古镜记》，收入鬼类的《李章武传》，收入神魂类的《离魂记》，收入龙类的《柳毅传》，收入狐类的《任氏传》，收入昆虫类的《南柯太守传》等，也都是现存最早的本子。由于《太平广记》保存了大量的古代小说，又采用分类编纂的方法，给后来研究小说带来很大的方便。鲁迅辑录《古小说钩沉》《唐宋传奇集》就利用了此书。

《太平广记》对后来的文学艺术的影响十分深远。宋代以后，话本、曲艺、戏剧的编者，都从《太平广记》里选取素材，把许多著名故

事改编成新的故事。例如关于张生、崔莺莺故事的《西厢记》，有各种不同的剧本，这个故事差不多已经家喻户晓了，它的素材源头《莺莺传》正是保存在《太平广记》里。

评价·稀奇故事应有尽有

说起电影，很多人喜欢看恐怖片或者神鬼片，或许平淡的生活需要一些神奇怪异的刺激。在古代，大概人们也是有这种心理的，于是志怪类的小说在古代很流行。今日的人们在看多了电影中的恐怖与神怪之后，或者可以打开《太平广记》，感觉一下古人的心境。看《太平广记》，正如鲁迅先生所说，它把精怪、和尚、道士，一类一类分得很清楚，我们要看哪一类的故事，按着目录一查，便能找到一大堆，各式各样稀奇古怪的事情尽在眼前，这样就省去了我们很多的找寻时间。

《太平广记》辑录的资料范围很广，可以透过故事看到古人关于人事、鬼神的观念。那些故事或者劝善惩恶，或者褒奖忠义，或者针砭奸邪，或者宣扬因果报应，或者评人论事，或者描述鬼怪，都如镜子一样，能映出古人的生活和想法。善读书的人能读出故事以外的东西。

《容斋随笔》 / 南宋笔记体的代表

　　洪迈幼而强记，博极群书，然从二兄试博学宏词科独被黜，年五十始中第，为敕令所删定官。父皓曾忤秦桧，憾并及迈，遂出添差敕授福州，累迁吏部郎兼礼部；尝接伴金使，颇折之，旋为报聘使，以争朝见礼不屈，几被抑留，还朝又以使金辱命论罢，寻起知泉州，又历知吉州，赣州，婺州，建宁及绍兴府，淳熙二年以端明殿学士致仕卒，年八十（一○九六——一一七五），谥文敏，有传在《宋史》。

　　　　　　　　　　——《中国小说史略·宋之志怪及传奇文》

作者·经历波折的通儒

　　洪迈（1123—1202），字景庐，别号野处。饶州鄱阳（江西波阳）人，洪皓第三子，南宋著名文学家。洪皓使金，遭金人扣留，洪迈时年仅7岁，随兄洪适、洪遵攻读。他天资聪颖，"博极载籍，虽稗官虞初，释老傍行，靡不涉猎"。10岁时，随兄适避乱，往返于秀（今浙江嘉兴）、饶二州之间。绍兴十五年（1145年），洪迈中进士，因受秦桧排挤，出为福州教授。其时洪皓已自金返国，正出知饶州。洪迈便不赴福州任而至饶州侍奉父母，至绍兴十九年（1149年）才赴任。二十八年（1158年）归葬父后，召为起居舍人、秘书省校书郎，兼国史馆编修官、吏部员外郎。三十一年，授枢密院检校诸房文字。三十二年春，洪

迈以翰林学名义充贺金国主登位使。金大都督怀中提议将洪迈扣留，因左丞相张浩而罢。洪迈回朝后，殿中御史张震弹劾洪迈"使金辱命"。乾道二年（1166年），知吉州（今江西吉安），后改知赣州（今江西赣州）。洪

文苑图卷　五代　佚名

文苑，是文人荟萃之所。此图描绘文人聚会于古松下构思创作诗文的情景。图中文士四人，两坐两站，前侧一小童正在研墨。画中人物的神情和性格刻画入微，点景松树、石座、石案虽在画面占很少的位置，但穿插巧妙，成为画面不可缺少的部分。如弯曲有势、婀娜多姿的古松，石案、石座下茸茸的细草，构成了一个优美、宁静的创作环境。该画线条圆润流畅，构图严谨。

迈到任，重视教育，建学馆，造浮桥，便利人民。后又徙知建宁府（今福建建瓯）。淳熙十一年（1184年）知婺州（今浙江金华）。在婺州大兴水利，共修公私塘堰及湖泊837所。后孝宗召对，洪迈对淮东抗金边备提出很好的建议，得到孝宗嘉许，提举佑神观兼侍讲，同修国史。迈入史馆后预修《四朝帝纪》，又进敷文阁直学士，直学士院，深得孝宗信任。淳熙十三年（1186年）拜翰林学士。光宗绍熙元年焕章阁学士，知绍兴府。二年上章告老，进龙图阁学士。嘉泰二年（1202年）以端明殿学士致仕。洪迈学识渊博，一生涉猎典籍颇多，被称为博洽通儒。撰著除《容斋随笔》外，还有志怪小说集《夷坚志》，并编有《万首唐人绝句》等。

背景·内乱外忧的南宋

宋朝是中国封建社会的繁荣时期，专制主义中央集权得到进一步的巩固和加强，经济空前繁荣，中外经济文化交流更趋频繁，从而促使科

学文化事业的长足发展。北宋布衣毕昇发明了活字印刷术，对于文化的传播、普及和提高，都起了很大的促进作用，有力地推动了社会经济文化的发展。但是当时的南宋，内乱外忧，时时同金国有战争，一直处于议战议和的状态。

内容·40年的读书笔记

《容斋随笔》始撰于隆兴元年（1163年），既是读书心得，又是典故考证的书，不仅涉及了宋以前的一些史实、政治经济制度、典章典故，也对宋代典章制度、历史人物、历史事件进行了评论和综述。可以说此书是南宋笔记体的代表。《容斋随笔》分《随笔》《续笔》《三笔》《四笔》《五笔》，共5集74卷，是一部著名的笔记体学术著述。

《容斋随笔》是洪迈近40年的读书笔记，读书凡意有所得，即随笔记录下来：自经史典故、诸子百家之言，以及诗词文翰、医卜星历之类，无所不载；历史、文学、哲学、艺术各门类知识，无所不备。而多所辨证，资料丰富，考据精确，议论高简，是这部书的最大特色。如《随笔》卷三"唐人诰命"、卷九"老人推恩"、卷十"唐书判"，《续笔》卷十"唐诸生束"、卷十一"唐人避讳"、卷十六"唐朝士俸微"等，记载唐代风俗习惯、典章制度，多史传不载的材料。《随笔》卷四"野史不可信"、卷六"杜悰"、卷八"谈丛失实""韩文公佚事"等，指出新旧《唐书》《资治通鉴》以及魏泰《东轩录》、沈括《梦溪笔谈》等书记载失实之处，并提供了一些重要资料。书中对李白、杜甫、白居易、韩愈、柳宗元等人的诗文亦多所论述。书中有关诗歌部分，后人曾辑为《容斋诗话》传世。这部书为明清时代讲求训诂、论析经史的学术笔记著述提供了范例，影响深远。

此书虽涉及内容广泛，然其最重要的价值和贡献，则是对历代典籍

的重评、辨伪与订误，并考证了前朝的一些史实，如政治制度、事件、年代、人物等等，提出了许多颇有见地的观点，更正了许多流传已久的谬误，不仅在中国历史文献上有着重要的地位和影响，而且对于中国文化的发展亦意义重大。

《容斋随笔》初刊于南宋嘉定初年，明清时亦有多种刻本。其中清康熙年间洪氏刊本，刻印最为精美，内容完整无讹，堪称善本。

评价·南宋首部此为首

《四库全书总目提要》评价《容斋随笔》："南宋说部当以此为首"。历史学家一致认为《容斋随笔》与沈括的《梦溪笔谈》、王应麟的《困学纪闻》，是宋代三大最有学术价值的笔记。

明代河南巡按、监察御史李翰说：洪迈聚天下之书而遍阅之，搜悉异闻，考核经史，捃拾典故，值言之最者必札之，遇事之奇者必摘之，虽诗词、文翰、历谶、卜医，钩纂不遗，从而评之。""此书可以劝人为善，可以戒人为恶；可使人欣喜，可使人惊愕；可以增广见闻，可以澄清谬误；可以消除怀疑，明确事理；对于世俗教化颇有裨益"。

诚如李翰所言，《容斋随笔》包含的内容丰富，有经史典故、诸子百家之言，以及诗词文翰、医卜星历之类，涵盖历史、文学、哲学、艺术各门类知识。因此阅读的难度较大，可以在阅读时作相应的读书笔记，按各个门类记述，从而概括出在各个方面的洪迈的思想。也可以参阅其他史书进行考证阅读。

《三国演义》/最杰出的长篇历史小说

> 至于写人，亦颇有失，以致欲显刘备之长厚而似伪，状诸葛之多智而近妖；惟于关羽，特多好语，义勇之概，时时如见矣。
>
> ——《中国小说史略·元明传来之讲史》

作者·元末明初第一才子

《三国演义》作者罗贯中（约1330—约1400），名本，字贯中，号湖海散人。杭州人，祖籍太原。元末明初小说家、戏曲家。《录鬼簿续编》记载罗贯中"与人寡合"，"遭时多故"，流浪江湖。罗贯中生当元末社会动乱，有自己的政治理想，不苟同流俗，东奔西走，参加了反元的起义，明朝建立之后，即不再从事政治，而"传神稗史"，专心致力于小说创作。相传他写有巨著《十七史演义》，现存署名由他编著的小说有《三国志通俗演义》《隋唐两朝志传》《残唐五代史演传》《三遂平妖传》等。罗贯中有着多方面的艺术才能，《录鬼簿续编》说他"乐府隐语，极为清新"，著录他创作的杂剧三种：《赵太祖龙虎风云会》《忠正孝子连环谏》《三平章死哭蜚虎子》。他所有的著作以《三国演义》最著名，被后人称为"第一才子书"，是我国历史小说的开山之作，也是我国长篇历史小说最杰出的巨著。

背景 · 三国故事早有雏形

演义是一种以一定的历史事件为背景，以史书及传说的材料为基础，增添一些细节，用章回体写成的小说。它要求所写的故事和人物生动形象，细节往往虚构，但基本情节不能违背史实。

三国故事很早就流传于民间。据杜宝《大业拾遗录》记载，隋炀帝观赏水上杂戏，便有曹操谯水击蛟、刘备檀溪跃马等节目。刘知几《史通·采撰》记载，唐初时有些三国故事已"得之于道路，传之于众口"。李商隐《骄儿》诗说："或谑张飞胡，或笑邓艾吃。"可见到了晚唐，三国故事已经普及到小儿都知道的程度。宋代通过艺人的表演说唱，三国故事更为流行。根据《东京梦华录》载，北宋时已出现了"说三分"的专家霍四究，同时皮影戏、傀儡戏、南戏、院本也有搬演三国故事的。这时的三国故事已有明显的尊刘贬曹倾向。苏轼《东坡志林》记载："王彭尝云：涂巷中小儿薄劣，其家所厌苦，辄与钱，令聚坐听古话。至说三国事，闻刘玄德败，频蹙眉，有出涕者；闻曹操败，即喜唱快。"宋元时代三国故事更是经常地被搬上舞台。《宋史·范纯礼传》及南宋姜白石《观灯口号》等诗歌中都有演出三国戏的记载。金元演出的三国剧目至少有《三战吕布》《赤壁鏖兵》《隔江斗智》等三十多种，在这些剧本中，继续表现出"尊刘贬曹"的倾向。三国故事流传的历史如此长久，以三国故事为题材的平话小说，可能很早就产生了。现存早期的三国讲史话本，有元至治年间所刊《三国志评话》，其故事已粗具《三国演义》的规模，不仅拥刘反曹的倾向极为鲜明，而且刘、关、张等人都富有草莽英雄气息，张飞的形象最活跃、最有生气，诸葛亮的神机妙算也写得很突出，但情节颇与史实相违，民间传说色彩较浓；叙事简略，文笔粗糙，人名地名多有谬误，显然没有经过文人的修

饰。与此同时，戏剧舞台上也大量搬演三国故事，现存剧目即有四十多种、桃园结义、过五关斩六将、三顾茅庐、赤壁之战、单刀会、白帝城托孤等重要情节都已具备。此后罗贯中"据正史，采小说，证文辞，通好尚"，创作出杰出的历史小说《三国志通俗演义》。它是文人素养与民间文艺的结合。他充分运用《三国志》和裴松之注等史籍所提供的材料，重要历史事件都与史实相符；又大量采录话本、戏剧、民间传说的内容，在细节处多有虚构，形成"七分实事，三分虚假"的面目。

内容·复杂精彩的三国争斗

《三国演义》的故事从东汉灵帝建宁二年（公元169年）起，到晋武帝太康元年（公元280年）止，叙写了百年左右的时间里发生的事件，中间着重写了历时约半个世纪的魏、蜀、吴三国的兴亡盛衰过程。第一回到第三十三回，写东汉末年黄巾起义和曹操平定北方的过程；第三十四回到第五十回，集中写赤壁之战以及战后天下三分的局势；第五十一回到第一百一十五回，重点写刘备集团活动，以及刘备死后诸葛亮治理蜀国、南征北伐等事情；第一百一十六回到第一百二十回，写晋朝统一全国。全部故事的基本轮廓和基本线索，主要人物的主要活动，大体上同历史记载相去不远，但是三国历史只是一个框架，作品的细节部分则主要是虚构的。著名的情节有："三英战吕布""连环计""吕布辕门射戟""夏侯拔矢啖睛""关公过五关斩六将""煮酒论英雄""关云长挂印封金""刘备三顾茅庐""官渡之战""刘备跃马过檀溪""隆中对""诸葛亮火烧新野""张飞大闹长坂桥""赵子龙单骑救主""群英会蒋干中计""诸葛亮舌战群儒""孔明借箭""华容道关羽义释曹操""孔明三气周瑜""关云长单刀赴会""关云长刮骨疗毒""关云长败走麦城""刘备遗诏托孤""七擒孟获""孔明挥泪斩马谡""木

牛流马"等。

《三国演义》在曹操、刘备、孙权三个政治势力中，把曹操与刘备作为主要对立面，而把刘备集团放在中心地位。孙权更多是作为刘备对抗曹操的联合力量出现的。小说刻画了很多生动的人物形象。曹操在《三国演义》里是一个极端利己的典型。把曹操本来诡诈、残暴的特点夸大，成功地刻画了曹操诡谲多变、心狠手毒的形象。小说中有他的一句名言："宁教我负天下人，休教天下人负我。"罗贯中也写了曹操的"雄才大略"，在与董卓、袁绍等人的对比中描写他的政治远见与政治气度。同曹操相反，对刘备则在政治与道德上都加以美化。刘备有一句话："吾宁死，不为不仁不义之事。"刘备是一位理想仁君的形象。诸葛亮是《三国演义》中又一个重要人物。刘备对诸葛亮自称"如鱼得水"，不仅言听计从，而且付托军国大事，诸葛亮为报答刘备三顾茅庐的知遇之恩，"鞠躬尽瘁，死而后已"。他足智多谋，高瞻远瞩，沉着机警，料事如神，是理想的贤臣。小说中的另一个重要人物是关羽。《三国演义》描写刘备同关羽、张飞的关系，着重表现他们的"义"。关羽勇武刚强，"义重如山"。刘、关、张"桃园结义"已经成为古往今来人们讲求朋友信义的楷模。民众看重"义"，因此，把关羽推崇到了很高的地位，直到现在，关帝庙依然遍布全国各地。

评价·粗中有细的鸿篇巨制

《三国演义》塑造了大量性格鲜明的英雄人物形象。在塑造人物的时候，作者喜欢采用类型化的写法，即从人物的各种复杂性格中，舍弃次要方面，而集中笔墨突出、渲染一个方面的特点，把这一特点发展到极端。比如曹操的形象就是一个典型。一方面，他的身上集中了狡猾诡诈、阴险毒辣、两面三刀、假仁假义、损人利己、专横残暴等"奸"

的特征，不但用残暴的手段消灭异己，而且善于用狡诈的方法来开脱自己的罪责，奸诈和残忍令人发指；但另一方面，他身上又充分地体现了"雄"的特点：志存高远、心怀天下，富有长远发展的政治手段和谋略，能够以本集团的长远利益为出发点，而不计较一时的成败得失，因此才能在群雄并起的时代，最终兼并其他诸侯，成就一番大事业。残暴狡诈和雄才大略紧密结合，显示了这个千古奸雄的独特性格。

《三国演义》的艺术成就，在中国"演义"体小说中是最为突出的。作者成功地把历史因素与艺术因素结合起来，把历史人物和艺术典型统一起来，使这部"七分事实、三分虚构"的小说，在艺术上成为不朽杰作。全书叙述了将近一个世纪的历史，几百位人物，尽管头绪纷繁，但作者依然能组织得法，详略得当，做到脉络清晰，主次分明。作者既善于把一些简单的小事件写得波澜起伏、错落有致；也善于把一些错综复杂的大事件写得脉络分明、有条不紊。作者还善于使实写、虚写、详写、略写、明写、暗写、正写、侧写各尽其妙，在叙事时又能兼用顺叙、倒叙、插叙、补叙等不同方法。这样，既避免了行文的冗长和

三顾茅庐　年画

繁复，又使故事参差错落、浓淡适宜。

《三国演义》的艺术结构，既宏伟壮阔，又不失严密和精巧。全书时间漫长，人物众多，事件复杂，头绪纷繁。但作者以蜀汉为中心，抓住三国矛盾斗争的主线，井然有序地展开故事情节，既曲折变化，又前后贯串，宾主照应，脉络分明，较少琐碎支离的情况，构成了一个基本完美的艺术整体。这在艺术上是很高超的。

《三国演义》善于通过错综复杂的故事情节，巧妙地表现政治事件，尤其善于描写战争。作者总是围绕战争双方的人物，写出战争的各个方面，双方的战略、战术，使大小战役各具特色。精彩的有：官渡之战、赤壁之战、七擒孟获、六出祁山等。其中赤壁之战最为精彩。《三国演义》用长达八回的篇幅，把赤壁之战故事渲染得波澜壮阔，淋漓尽致。写双方备战，作者紧紧抓住曹军不习水战的问题，写周瑜和曹操之间来回隔江斗智，曹操两次派蒋干过江以及遣蔡中、蔡和诈降，都被周瑜识破，并巧妙地利用。但是周瑜这些妙计每次都不出孔明的意料。周瑜忌妒孔明，想用断粮道、造箭杀孔明，计谋也被孔明识破。这样作者便很自然地写出孔明的才能、气度处处高过周瑜。作者善于在紧张的气氛中点染抒情的笔调，孔明饮酒借箭，庞统挑灯夜读，曹操横槊赋诗等插曲使人物的形象更为真实生动。叙述战争时还善于运用实写和虚写结合的手法，对战争的胜利者，往往不惜详尽描写，如上引的"关云长温酒斩华雄"一段就是典型的虚实相生的写法。

《三国演义》吸收了传记文学的语言风格，并使之通俗化，"文不甚深，言不甚俗"，雅俗共赏，具有简洁、明快而又生动的特色。叙述描写不以细腻见长，而以粗笔勾勒为精；还有许多生动片段，也写得粗中有细。

《水浒传》 /第一部成熟的长篇白话小说

"侠"字渐消,强盗起了,但也是侠之流,他们的旗帜是"替天行道"。他们所反对的是奸臣,不是天子,他们所打劫的是平民,不是将相。李逵劫法场时,抡起板斧来排头砍去,而所砍的是看客。一部《水浒》,说得很分明:因为不反对天子,所以大军一到,便受招安,替国家打别的强盗——不"替天行道"的强盗去了。终于是奴才。

——鲁迅《三闲集·流氓的变迁》

作者 · 生平不详的施耐庵

《水浒传》的作者,明代有多种记载,大致有三种说法:施耐庵、罗贯中,以及施、罗合作。郎瑛《七修类稿》中说:"《三国》《宋江》二书,乃杭人罗本贯中所编。予意旧必有本,故曰编。《宋江》又曰钱塘施耐庵底本。"高儒《百川书志》中说:"《忠义水浒传》一百卷。钱塘施耐庵的本,罗贯中编次。"李贽《忠义水浒传叙》中提到作者时,说是"施、罗

施耐庵像

二公"。这是认为施、罗合作的。此外，田汝成《西湖游览志余》和王圻《稗史汇编》都记载罗贯中作。而胡应麟《少室山房笔丛》则说是"武林施某所编"，"世传施号耐庵"。

现在学术界大都认为施耐庵作，也有少数人认为施、罗合作。施耐庵生平不详，仅知他是元末明初人，曾在钱塘（今浙江杭州）生活。自本世纪20年代以来，江苏兴化地区陆续发现了一些有关施氏的资料，对其生平有较详细的说法，说他曾参加过张士诚的起义队伍，也是罗贯中的老师，然而可疑之处颇多。但是他生活的时代较罗贯中稍早，可以肯定的是，元末如火如荼的农民大起义，他应当是见过或亲身经历过的，这对他的小说创作也许有某种影响。

背景·水浒故事日益兴盛

《水浒传》取材于北宋末年宋江起义的故事。关于宋江起义，史籍中有些零星的记载。《宋史·徽宗本纪》记载："淮南盗宋江等犯淮阳军，遣将讨捕；又犯东京、江北，入楚海州界，命知州张叔夜招降之。"《张叔夜传》说："宋江起河朔，转略十郡，官兵莫敢撄其锋。"宋代陈均《九朝编年备要》和徐梦莘的《三朝北盟会编》，也都有类似的记载。还有的记载说宋江投降后曾参与征讨方腊。宋代说书兴盛，在民间流传的宋江等36人故事，很快就成为话本的素材，南宋罗烨《醉翁谈录》记载有小说《青面兽》《花和尚》和《武行者》，都是水浒故事。宋末元初，画家龚开的《宋江三十六人赞》完整地写出了36人的姓名和绰号。宋末元初的《大宋宣和遗事》有一部分涉及水浒故事，只是内容非常简单，可能是说书人的提纲。它所记水浒故事，从杨志卖刀杀人起，经智取生辰纲，宋江杀阎婆惜，九天玄女授天书，直到受招安平方腊，顺序和现在的《水浒传》基本一致。元代出现了大量水浒

戏，至今存目的有30余种，其中完整传世的有六种：《李逵负荆》《燕青博鱼》《黄花峪》《双献功》《争报恩》《还牢末》。在这些戏里，水浒原来的人物故事日益发展丰富起来。其中有的英雄人物如李逵、宋江、燕青等已有生动的描绘。施耐庵正是在这样的背景下，综合民间流传的水浒故事，并且加上自己的修饰点染，写成了这部优秀的古典小说《水浒传》。

内容·绿林豪杰的忠义悲歌

《水浒传》全书可分前后两大部分。前七十回为前半部分，写各路英雄纷纷上梁山大聚义，打官军，聚义排座次。《水浒传》写英雄们走上造反的道路，各有不同的原因，但是在逼上梁山这一点上，许多人是共同的。如阮氏三雄的造反是由于生活不下去，他们不满官府的压榨，参加劫"生辰纲"的行动，上了梁山；解珍、解宝是由于受地主的掠夺起而反抗的；鲁智深是个军官，他好打不平，结果被逼上山落草；武松出身城市贫民，为打抱不平和报杀兄之仇，屡遭陷害，终于造反；林冲原是东京八十万禁军教头，是个有地位的人，他奉公守法，安分守己，但最终也被逼上梁山。其中精彩的故事有："鲁提辖拳打镇关西""鲁智深大闹五台山""鲁智深火烧瓦官寺""花和尚倒拔垂杨柳""林冲棒打洪教头""鲁智深大闹野猪林""林教头风雪山神庙""林冲雪夜上梁山""杨志卖刀""智取生辰纲""林冲水寨大并火""宋江怒杀阎婆惜""景阳冈武松打虎""武松怒杀西门庆""施恩再夺快活林""武松醉打蒋门神""武松血洗鸳鸯楼""梁山泊好汉劫法场""杨雄醉骂潘巧云，石秀智杀裴如海""三打祝家庄""时迁偷甲""时迁火烧翠云楼""梁山泊英雄排座次"等。

七十一回以后为后半部分。后半部分由五个小部分组成，即征辽、

平田虎、平王庆、平方腊及结局。其中平田虎、平王庆两部分是后来加的，今天有的百回本，征辽之后紧接平方腊，没有这两部分。后半部分中，梁山受朝廷招安，成为官军，南北征战，英雄们或死或伤，渐渐离散，很少有人善终。最终有以宋江、李逵服毒身亡结局。这一部分读来令人丧气，因此金圣叹"腰斩"《水浒传》时将他们都删了。

评价·人物刻画有血有肉

作为中国第一部成熟的白话长篇小说《水浒传》，在艺术上取得了很高的成就。《水浒传》的故事内容富有传奇性，情节跌宕起伏，变幻莫测，一波未平，一波又起。如"拳打镇关西""智取生辰纲""宋江杀惜""武松打虎""血溅鸳鸯楼""江州劫法场""三打祝家庄"等情节，数百年来脍炙人口。《水浒传》最精彩的是人物形象的塑造。施耐庵善于将人物置于具体环境中，紧扣人物身份、结合心理与细节描写来刻画人物各自的性格，成功地塑造了数十个性格鲜明的人物形象。

其中，宋江的形象对于理解全书思想内涵具有枢纽的作用。作为梁山起义军的领导人，宋江的性格中同时存在着革命性与妥协性、进步的一面与落后的一面。他是出身于地主阶级的知识分子，又做了个"刀笔精通、吏道纯熟"的押司，这样的阶级地位和身份，使他对包括君权、父权、法权在内的统治权威从内心里绝对遵从，形成了他性格中根深蒂固的"忠"的本质。但同时，他身上又非常富有正义感、仗义疏财、济困扶危、排难解纷，因此被人们称为"山东及时雨"，这是他身上的"义"的特征。在这种"忠"和"义"的双重主导下，宋江的性格既矛盾又统一地曲折发展着：他一边与梁山好汉有着斩不断的关系，另一方面又严守"忠"的尺度，害怕自己被扯入造反者的行列中。即使是被逼无奈上了梁山后，他也始终抱定等待朝廷赦罪招安的念头，直到

饮了朝廷的毒酒死在旦夕，还表白着自己的忠心。而他所坚持不肯放弃的"忠"，正是造成他自身以及梁山泊英雄悲剧的根源。对传统皇权的"忠"和对江湖的"义"组成了一个矛盾的宋江，这种矛盾性正是这个人物艺术魅力的体现，不过也反映出了作者历史观的局限。《水浒传》不是仅仅描写某一方面的特征，它抓住了人物性格中的矛盾冲突，使得它塑造人物的艺术性达到了同期小说艺术的最高水平。

《水浒传》的语言也独具风格。施耐庵创造性地继承和发展了"说话"的语言艺术，以北方口语、山东一带口语为基础，形成了明快、洗炼、表现力非常强的《水浒传》语言。状人叙事时，多用白描，不用长段抒写，寥寥几笔就神情毕肖。同时，《水浒传》的语言开始从《三国演义》的类型化写法摆脱出来，走向初步个性化写法，这标志着传统的写实方法在古代小说创作上的重大发展。

无论是作者的描述，还是人物的语言，都惟妙惟肖，生活气息浓厚，写景、状物、叙事、表情，都很传神。《水浒传》善于白描，简洁明快，没有冗长的叙事，也没有繁琐的景物描写，比如"武松打虎"就写得简练而传神，简洁地写老虎一扑、一掀、一剪，一只活生生的老虎便跃然纸上。

《水浒传》人物语言准确而精练，能准确地表现出人物的性格、地位以及文化教养。如粗鲁而不懂得客套的李逵第一次见宋江，就问戴宗："哥哥，这黑汉子是谁？"他刚上梁山便大发狂言："便造反怕怎地，晁盖哥哥便作大宋皇帝，宋江哥哥便作小宋皇帝……杀去东京，夺了鸟位。"寥寥数语，便描画出活脱脱一个草莽英雄的形象。

《西游记》 /最神奇绚烂的神话世界

　　承恩本善于滑稽，他讲妖怪的喜、怒、哀、乐，都近于人情，所以人都喜欢看！这是他的本领。

——《中国小说的历史的变迁·明小说之两大主潮》

作者·从小爱读奇闻逸事

　　《西游记》的作者吴承恩（约1500—约1582），字汝忠，号射阳山人，淮安山阳（今江苏淮安）人。吴家世代书香，到他父亲时败落为小商人。吴承恩自幼聪敏好学，博读群书，闻名乡里。他喜欢奇闻逸事，爱读稗官野史和唐人传奇，这对他创作《西游记》可能有很大的影响。吴承恩屡次参加科举考试，然而屡试不中，以致于"迂疏漫浪"。中年当过长兴县丞，不久，因"耻折腰"而辞官。晚年归居故乡，放浪诗酒。《西游记》就是他晚年的作品。吴承恩另外还作有传奇小说集《禹鼎志》，篇幅很短。

背景·取经故事逐渐成形

　　《西游记》的故事经历了一个漫长的演变过程。《西游记》所写的唐僧取经故事是由玄奘的经历演绎成的。唐太宗贞观元年，和尚玄奘不顾禁令，偷越国境，费时十七载，经历百余国，只身一人前往天竺（今印度）取回佛经657部。玄奘口述西行见闻，由弟子辩机写成《大唐西

域记》。他的弟子慧立、彦琮又写成《大唐大慈恩寺三藏法师传》，记述玄奘西行取经事迹。为了宣传佛教并颂扬师父的业绩，他们不免夸张其辞，并插入一些带神话色彩的故事，如狮子王劫女为子、西女国生男不举，迦湿罗国"灭坏佛法"等。此后取经故事即在社会上广泛流传，愈传愈离奇。在《独异志》《大唐新语》等唐人笔记中，取经故事已带有浓厚的神异色彩。南宋的说经话本《大唐三藏取经诗话》，开始把各种神话与取经故事串联起来，书中出现了猴行者。他原是"花果山紫云洞八万四千铜头铁额猕猴王"，化身为白衣秀士，来护送三藏。他神通广大、足智多谋，一路杀白虎精、伏九馗龙、降深沙神，使取经事业得以"功德圆满"。这是取经故事的中心人物由玄奘逐渐变为猴王的开端。猴行者的形象源于我国古代的志怪小说。《吴越春秋》《搜神记》《补江总白猿传》等书中都有白猿成精作怪的故事，而李公佐的《古岳渎经》中的淮涡水怪无支祁的"神变奋迅"和叛逆性格同取经传说中的猴王尤为接近。书中的深沙神则是《西游记》中沙僧的前身，但还没有出现猪八戒。到元代，又出现了更加完整生动的《西游记平话》，其主要情节与《西游记》已非常接近。由宋至明，取经故事也经常出现在戏曲舞台上。宋元南戏有《陈光蕊江流和尚》，金院本有《唐三藏》，元代吴昌龄有《唐三藏西天取经》杂剧，元末明初有《二郎神锁齐天大圣》杂剧和杨景贤的《西游记》杂剧。吴承恩创作《西游记》以前，取经故事已经以各种形式在社会上长期流传。吴承恩就是在前代传说和平话、戏曲的基础上，创作出这部规模宏大的神话小说《西游记》的。

内容 · 斩妖除魔的取经路

《西游记》全书一百回，大致可分为三个部分：第一部分是前七回，写孙悟空"大闹天宫"。孙悟空原是破石而生的美猴王，占领

花果山水帘洞后，海外拜师，学得七十二般变化。他不愿受冥府、天界管束，大闹"三界"，自封"齐天大圣"，与玉皇大帝分庭抗礼，搅得天昏地暗。第二部分为八至十三回，交代取经的缘由，写魏征斩龙、唐太宗入冥、观音访求高僧和唐僧出世，为取经作了铺垫。第三部分为十四至一百回，由41个小故事组成，写了孙悟空在猪八戒、沙僧的协助下保护唐僧前往西天取经，一路克服了八十一难，斩妖除怪，历尽艰险，终于取回真经，师徒四人也都修成正果。其中著名的情节有"黑风山怪窃袈裟""高老庄""黄风岭""大战流沙河""五庄观行者窃人参果""三打白骨精""红孩儿""车迟国显法""大闹金山兜洞""女儿国""火焰山""盘丝洞""大战青龙山"等。

《西游记》中的主要人物性格鲜明。唐僧恪守宗教信条，善良慈悲，胆小懦弱；孙悟空叛逆大胆，急躁敏捷，足智多谋；猪八戒粗夯莽撞，好吃懒做，嫉妒心强，好拨弄是非，但是心肠倒也不坏，某些方面还有可爱之处；沙僧则任劳任怨，忠厚勤恳。

评价·虽说妖却充满人情

《西游记》中的艺术形象，既以现实的人性为基础，又加上作为其原形的各种动物的特征，再加上浪漫的想象，写得生动活泼，令人喜爱。如孙悟空的热爱自由、不受拘束、勇于反抗等特点，体现着人性的欲求。而他的神通广大、变化无穷，则是人们自由幻想的产物；他的机灵好动、淘气捣蛋，又是猴类特征和人性的混合。猪八戒的形象也颇值得注意。他行动莽撞、贪吃好睡、懒惰笨拙等特点，既与他错投猪胎有关，又是人性的表现。自然，猪八戒也有些长处，如能吃苦，在妖魔面前从不屈服，总记得自己原是"天蓬元帅"下凡等等。但他的毛病特别

多，除了上述几项，他还贪恋女色，好占小便宜，对孙悟空心怀嫉妒，遇到困难常常动摇，老想着回高老庄当女婿，在取经的路上，还攒着一笔小小的私房钱。他在勇敢中带着怯懦，憨厚中带着奸滑。猪八戒的形象，体现了人类普遍存在的欲望和弱点。但在作者笔下，这一形象不仅不可恶，而且很有几分可爱之处。比起孙悟空的形象多有理想化成分，猪八戒的形象更具有日常生活中人物的真实性，让人觉得

《西游记》图册　清
明代吴承恩的《西游记》问世后，各种表现唐僧师徒取经故事的艺术形式相继涌现，如诗歌、绘画、书法、雕塑、建筑等，不仅有巨大的美学价值，而且在民俗学、社会学上也有不小成就。《西游记》图册由清代康熙时期的四大书法家之一的陈奕禧书写了简单的文字说明，图画生动传神，富有想象力，图文并茂，使故事情节得到更好的体现。

亲切。这一种人物形象，是过去的文学中未曾有过的，他的出现，显示出作者对于人性固有弱点的宽容和承认，也显示了中国文学中的人物类型进一步向真实、日常和复杂多样的方向发展。

　　《西游记》虽然是神话小说，但是正如鲁迅在《中国小说史略》中说的，《西游记》"讽刺揶揄则取当时世态，加以铺张描写"。《西游记》神话实际上表现了丰富的社会内容，曲折地反映出明代社会的黑暗，有很明显的现实批判意义。唐僧师徒取经路上遇到的妖魔鬼怪很多都是菩萨或天神的坐骑，当孙悟空打败妖魔、准备灭杀的时候，它们的主人往往就出来说情，将它们救走。从这里，我们可以看出明代社会有势力的宦官庇护他们的干儿子干孙子们贪赃枉法的影子。另

外，一些神圣的人物在《西游记》中形象很恶劣。如玉皇大帝是一个优柔寡断、软弱无能的形象，遇到事情拿不出什么解决的办法；而如来佛祖则贪图小利，向唐僧一行人索要贿赂，甚至把唐僧化缘用的紫金钵都要走了。这些细节描写都折射出当时当权者的所作所为，有很强的讽刺意味。

《西游记》创造了神奇绚烂的神话世界。情节生动、奇幻、曲折，具有非凡的想像力和强烈的浪漫色彩。天上地下、龙宫冥府、八十一难、七十二变、各种神魔都充满幻想色彩。他们使用的武器法宝都具有超自然的惊人威力：孙悟空的金箍棒重一万三千五百斤，缩小了却可以藏在耳朵里；"芭蕉扇"能灭火焰山上的火，缩小了就能够噙在口里。而且"一生必有一克"，任何武器法宝都有厉害的对手：孙悟空的金箍棒可以一变千条、飞蛇走蟒一般打向敌人；可是青牛怪却能用白森森的"金钢琢"一古脑儿套去。"芭蕉扇"能将人扇出八万四千里，孙悟空噙了"定风丹"，就能在漫天盖地的阴风前面巍然不动。这些宝贝五花八门，让人惊叹不已。

《西游记》的语言生动流利，尤其是人物对话，富有鲜明的个性和浓烈的生活气息，富有幽默诙谐的艺术情趣。吴承恩提炼民众生活中的口语，吸收其中的新鲜词汇，利用它富有变化的句法，熔铸成优美的文学语言。敌我交锋时，经常用韵文表明各自的身份；交手后，又用韵文渲染炽烈紧张的气氛。它汲取了民间说唱和方言口语的精华，在人物对话中，官话和淮安方言相互融汇，如"不当人子""活达""了帐""断根""囫囵吞""一骨辣"这些词语，既不难理解，又别有风趣。往往只用寥寥几笔，就能将人物写得神采焕发，写出微妙的心理活动。如猪八戒吃人参果、狮陀国三妖设谋、孙悟空以金箍棒指挥风云雷电的描写，都精彩纷呈。

《封神传》/家喻户晓的神魔小说

书之开篇诗有云，"商周演义古今传"，似志在于演史，而侈谈神怪，什九虚造，实不过假商周之争，自写幻想，较《水浒》固失之架空，方《西游》又逊其雄肆，故迄今未有以鼎足视之者也。

——《中国小说史略·明之神魔小说》

作者·钟山逸叟许仲琳编辑

《封神演义》的作者，一般认为是许仲琳。据明舒载阳刻本《封神演义》卷二题署"钟山逸叟许仲琳编辑"，此书明本只在日本内阁文库藏有一部，仅卷二有题署。卷首有邗江李云翔撰写序文，序中云：余友舒冲甫自楚中重资购有钟伯敬先生批阅《封神》

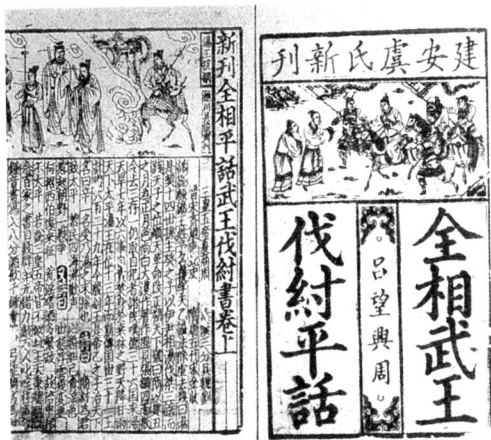

《全相武王伐纣平话》书影

一册，尚未竟其业，乃托余终其事。余不愧续貂，删其荒谬，去其鄙俚，而于每回之后，或正词，或反说，或以嘲谑之语以写其忠贞侠烈之品，奸邪顽顿之态，于世道人心不无唤醒耳。正是由此可知，此书

原本为许仲琳撰写，后经李云翔加以增删刻印。成书的年代大概在明天启年间。许仲琳号钟山逸叟，明应天府（今江苏南京）人，生平不详。

背景·从讲史话本到章回小说

我国古典长篇小说都是章回小说形式，它是宋元讲史话本渐渐发展而成的。讲史说的是历代兴亡的故事，比如《五代史平话》《宣和遗事》等。因为历史事实头绪复杂，讲史不能把一段历史有头有尾地在一两次说完，必须分若干次连续讲，每讲一次，就相当于后来的一回。在每次说书之前，都要用题目向听众揭示本次说书的主要内容，这就慢慢演变成章回小说的回目。章回小说中经常出现的"话说""看官"等字样，显示出它和话本之间有继承关系。元末明初出现了一些章回小说，如《三国志通俗演义》《残唐五代史演义》《水浒传》等。这些小说都是长期在民间流传，经说书艺人加工补充，最后由作家改写而成的。它们已经包括了作家的大量创作。它们的篇幅比讲史更长，分为若干卷若干节，每节前面有一个简洁的题目。很显然，这种小说已经主要是供读者阅览的了。明中叶以后，章回小说更加成熟，出现了《西游记》《金瓶梅》等作品。这些章回小说的故事情节更为复杂，描写也更为细腻，它们体式上保持了"讲史"的痕迹，但是内容上已经与"讲史"没有什么联系了。这时章回小说已经不再分节了，而是明确地分成多少回，回目也采用工整的对偶句。本书也是一部章回小说。

姜子牙辅佐武王伐纣的故事，很早就成为民间说书的材料，元代的《新刊全相平话武王伐纣书》，已包含不少神怪故事。明代后期，许仲琳将它改编成《封神演义》。

内容 · 武王伐纣，群神相斗

《封神演义》全书一百回，写武王灭商的故事。大致可以分为两部分：前三十回重点写商纣王的荒淫暴虐，后七十回写武王伐纣。演义叙述纣王进香，题诗亵渎神明，于是女娲命令三个妖怪迷惑纣王，帮助周国兴起。纣王、妲己荒淫暴虐，作恶多端。姜子牙晚年遇文王，帮助文王武王谋划伐纣。武王起兵反商，商周之战过程曲折，其间神怪迭出，各有匡助。神仙们也分成两派，阐教支持武王，有道、释两家；截教支持纣王。双方各逞法术，互有死伤，截教最终失败。诸侯孟津会盟，牧野大战，纣王自焚，商朝覆灭，周武王分封列国，姜子牙将双方战死的重要人物一一封神。其中著名的情节有"哪吒闹海""姜子牙七死三难""十绝阵""诛仙阵"等。

《封神演义》的作者信仰的是神道。不论人事还是国家兴衰成败都是劫数。劫数在天，即使是神魔鬼怪亦不能逃脱劫数的安排。"成汤气数已尽，周室当兴"，每个参加商周之争的人不过是"完天地之劫数，

《洪锦伐岐》年画

成气运之迁移"而已。作者是个正统思想很重的人，从书中的一些描写看，他认为商是正统，反商就是叛乱。比如两军对阵，交手之前都有一番辩论，这时纣王的将官都是理直气壮，而周的将官往往有理亏之嫌。作者通过设炮烙、剖孕妇、敲骨髓等情节，描写纣王的残暴不仁，从而为武王反商寻找道义上的借口。作者把武王伐纣写成"以臣伐君""以下伐上"，是"灭独夫"之举，姜子牙则以"天下者，非一人之天下，乃天下人之天下也"的主张，号召诸侯"吊民伐罪"，突出了双方的正义与非正义的道义对立。哪吒剔骨还父、黄飞虎反商归周等情节也强调了"父逼子反""君逼臣反"不得不反的寓意。这些内容显然一方面是维护君主的神圣地位的忠君思想，一方面也说出了民众希望君主施仁政的愿望。作者还宣扬"青竹蛇儿口，黄蜂尾上针，两般由自可，最毒妇人心"的"女祸"思想，这是很消极的。

评价·想象奇幻，无限浪漫

这部小说最能吸引人的地方，是它奇特的想象。它发挥神话传说善于想象夸张的特长，赋予各类人物以奇特的形貌，其中的人物，如杨任手掌内生出眼睛，雷震子胁下长有肉翅，哪吒有三头六臂；仙术道法也神奇莫测，如土行孙等的土遁、水遁之法，陆压的躬身杀人之术，还有的或者有千里眼，或者有顺风耳，或者有七十二变，又各有各的法宝相助，显得光怪陆离，幻奇无比，从中可以感受到浪漫色彩。小说在人物描绘上有一定成就，如妲己的阴险残忍，杨戬的机谋果敢，闻仲的耿直愚忠，申公豹的恶意挑拨等，都写出了一定的性格。但总观全书，人物大都是概念化的，他们在天数的绝对支配之下，大部分缺乏鲜明的性格特征。此外，在故事情节上，许多场面显得呆板，后七十回中每次破阵斗法的描写，显得千篇一律。这是本书的一些不足之处。

《三宝太监西洋记》 / 有意模仿两部名著

《三宝太监西洋记》，是明万历间的书，现在少见；这书所叙的是永乐中太监郑和服外夷三十九国，使之朝贡的事情。书中说郑和到西洋去，是碧峰长老助他的，用法术降服外夷，收了全功。在这书中，虽然所说的是国与国之战，但中国近于神，而外夷却居于魔的地位，所以仍然是神魔小说之流。

——《中国小说的历史的变迁·明小说之两大主潮》

作者 · 擅长写通俗小说

罗懋登，明代小说家，字登之，号二南里人，约明神宗万历中前后在世，主要活动在万历年间。关于罗懋登的籍贯，根据现有的资料，尚无定论，有的研究者认为罗懋登是江苏省南京人，也有人认为他是陕西南部人。

他善长写戏曲与通俗小说，著有《三宝太监下西洋记通俗演义》二十卷一百回。他曾注释过邱浚的《投笔记》，又曾为高明的《琵琶记》、施惠的《拜月亭》及《西厢记》作过音释。写过传奇《观世音修行香山记》，宣传因果报应轮回的佛教思想。

背景 · 倭寇入侵，思古励民

明朝万历年间，我国长期处在外国入侵的局面。1513年，葡萄牙

人扩张东来，打破了亚洲原有的格局，对明朝建立的朝贡体系形成了冲击。一方面进行通商活动，一方面进行着海盗活动，不仅如此，还侵占了我国福建沿海的一些岛屿。1592年，日本大野心家丰臣秀吉远征朝鲜，发动了侵朝战争。此后，倭寇又长驱直入明王朝，到1563年，江苏、浙江、福建的许多地方受到倭寇的烧杀抢掠，甚至还打到南京城下、苏州、扬州一带。而此时，明朝的军事力量已经腐化，不堪一击，人民负担沉重。

在这样的情况下，文人回想起下西洋的盛况，产生了"兴抚髀之思"。罗懋登自叙说："今者东事倥偬，何如西戎即叙；不得比西戎即叙，何可令王、郑二公见，当事者尚兴抚髀之思乎！"大约也是眼见当时国事危急，而当局的人又多是柔弱无能，于是"摅怀旧之蓄念，发思古之幽情"，创造了《三宝太监西洋记》，想以此书，激励统治者和民众——抗倭救国，同时也是对时下社会的一种讽喻。

内容·神魔化郑和下西洋

《三宝太监西洋记》描写明代永乐年间太监郑和挂印，招兵西征，七次奉使"西洋"（指今加里曼丹至非洲之间的海域），共平服39国的故事。本书虽然取材于史事，但不是历史演义小说，小说着意描绘的乃是降妖伏魔，故属神魔小说。

《西洋记》在写作上有意模仿《三国演义》和《西游记》，兼具"演义体"和"游记体"两种文体特征。《西洋记》将历史上郑和的七下西洋合并为一次，以史实为依据，比较详细地记述了远航的过程和异国的风土人情。书中所写郑和的经历、事件多有所本，如郑和粉碎旧港海盗首领陈祖义的阴谋、击退锡兰山国王亚烈若奈儿派去劫夺宝船的军队、帮助苏门答剌的新国王巩固政权等，都符合史实，具有"演义体"

的纪实性特征。

虽带有"演义体"的性质，但文章的主体结构却是神魔斗法，作者无意于再现郑和下西洋这段历史的本来面貌，而意在"通过神魔斗法，彰显佛教"，这明显受到了《西游记》的影响。

《西洋记》的另一个鲜明特点是内容庞杂。随着郑和的行踪，小说给读者展示了一个又一个海外国家，而且对所见所闻一一加以记述，主要有：对异域物产的介绍，如哑翁酒、神鹿、鹤顶鸟、火鸡、金银香、竹鸡、臭果等；对于异国住宅的介绍，如满剌伽，"住的房屋，都是些楼阁重重，上面又不铺板，只用椰子木劈成片条儿，稀稀的摆着，黄藤缚着，就像个羊棚一般。一层又一层，直到上面；大凡客来，连床就榻，盘膝而坐，饮食卧起，俱在上面；就是厨灶厕屋，也在上面"（第五十回）；还有对于人们生存方式的介绍，如灵山"居民稀少，结网为业"（第三十二回），旧港"田土甚肥，倍于他壤"（第四十五回），东西竺"田土硗薄，不宜耕种……煮海味盐"（第五十回），龙牙加貌"田禾勤熟，又且煮海为盐，酿秫为酒"（第五十回），剌哇"堆石为城，叠石为屋"（第七十二回）等。此外，书中还充满了大量对于异域风土人情、地理知识的描写，可以说《西洋记》将晚明时期国人对"西洋"的认识进行了全方位的描述。

另外，《西洋记》的故事情节也多取自明代笔记小说和通俗文艺。《西洋记》在结构上受《西游记》的影响最大，如全书前十五回碧峰长老出生、出家、降魔、斗法的情节，酷似孙悟空出世、学艺、闹龙宫、斗天兵天将；内容上主要袭用了历史演义中的故事，如东周列国故事（甘罗十二为丞相、田单火牛之计等）、三国故事（诸葛亮祭沪水、水淹七军、七擒七纵、赤壁之战等）、杨家将故事（商降招亲、王明扮番卒等）、水浒故事（浪里白条张顺）、封神故事（姜子牙封

神）等。此外，《西洋记》还套用了若干宗教故事，搬用了大量传统故事及民间传说。

评价·画虎不成反类犬

《三宝太监西洋记》取材于明初郑和下西洋的历史史实，但却没有按照历史演义的思路进行写作，反而把这一真实的历史事件神魔化，成为继《西游记》和《封神演义》之后明代神魔小说的又一代表作。鲁迅先生曾评价到"侈谈怪异，专尚荒唐，颇与序言之慷慨不相应。所叙战事，杂窃《西游记》《封神榜》，而文词不工，更增枝蔓。"

《西洋记》有着独特的创作方式，小说采取虚实结合的创作方式，模仿《三国演义》和《西游记》，叙事体例上兼具"演义体"和"游记体"两种文体。《西洋记》模仿《西游记》，但它缺乏《西游记》中挥洒自如的主体精神；仿照《三国演义》，但又缺乏《三国演义》等历史小说的厚重感，缺乏演义体小说中因关注历史兴亡、朝代更迭所激发的对于命运的慨叹。

但作为一部主要由作家个人创作的通俗小说，《西洋记》既尊重历史又不拘泥于历史，它一方面用写实的手法描述了异国风情，一方面又充分发挥想象，用夸张的手法描写了法力的神异，满足了人们对于神魔题材的喜爱。正如陈大康所说："罗懋登采用这样的手法并不足为奇，他编撰《三宝太监西洋记通俗演义》之时，世上还只有较少的通俗小说在流传，而且它们成书的方式又多为据某种旧本作简单的缀连辑补，罗懋登遍取诸种，杂糅成书的手法与其相比还算显得较为高明"。因此，它对于考察中国古典长篇小说的演进轨迹，有着十分重要的意义。

《金瓶梅》/最有名的世情书

诸"世情书"中，《金瓶梅》最有名。作者之于世情，盖诚极洞达，凡所形容，或条畅，或曲折，或刻露而尽相，或幽伏而含讥，或一时并写两面，使之相形，变幻之情，随在显见，同时说部，无以上之，故世以为非王世贞不能作。

——《中国小说史略·明之人情小说》

作者·兰陵笑笑生为何许人？

《金瓶梅》作者署名兰陵笑笑生。兰陵笑笑生到底是何许人？三百多年来众说纷纭，直到现在还没有定论。据考查，涉及的作者竟有十二位之多，连李笠翁、徐渭、李卓吾等都被列为考疑的对象，但说法最多的不外兰陵笑笑生与王世贞两人。有人论定为兰陵笑笑生，仅仅因为兰陵笑笑生是山东人，与小说中之方言有诸多相同。很显然，这个根据是远远不足以说明问题的。

据《野获编》记载，《金瓶梅》的作者是王世贞。王世贞（1526—1590），明文学家。字元美，号凤洲、州山人，太仓（今属江苏）人。嘉靖进士，官至南京刑部尚书。与李攀龙同为"后七子"领袖，主张"文必秦汉，诗必盛唐"，倡导诗文复古风气，在文学史上很有影响。据说，他作《金瓶梅》乃出于为父报仇。王世贞是出名的大孝子，其父被奸相严嵩所害，传说严嵩好读奇书，王世贞于是著《金瓶梅》，在书

角蘸以砒霜毒液，然后将书卖给严嵩，严嵩读完此书，遂毒发而死。这个故事很有传奇色彩，但依然没有确证，仅仅是传说而已。

背景·颓然自放的明末时代

明代从正德年间开始，整个社会即呈现出末世的征兆。嘉靖、隆庆之后，整个社会奢靡淫纵，拟饰娼妓之风气更为猖獗。宪宗成化年间，大臣竟献"秋石方"以媚上。上行下效，举世若狂，纵谈服食采战，闹帏亵事，全无羞耻感。街市上公然出售春宫画和淫具。"男风"时尚亦于此时兴盛。

晚明及清初的文献史料记载，文人士大夫的"名士风流"俯拾皆是：王世贞作诗赞"鞋杯"；李开先宿妓染疥；袁中道津津乐道于自己的流连"游冶之场，倡家桃李之蹊"；钱谦益与柳如是"兰汤共浴"，一时也传为佳话；冯梦龙沉湎秦楼楚馆，为品评金陵妓女的《金陵百媚》一书撰写书评，其《情史》颇多对妓女浓情的歌颂。它们传达了一个普遍的价值虚无主义的信念。

但是，我们应该知道，晚明文人颓然自放，浪荡风月场，表现的只是表面的放荡。表面的玩世不恭掩饰不住内心的苦闷，传统的价值观念已经幻灭，他们把人生的寄寓从原先的仕途转向了市井曲巷的声色犬马；而摆脱了名缰利索的束缚，又使他们在做人为文上失落了可以凭依的准则。于是，他们的作品在涉及两性关系时，展现出了旷古的自主意识。历代人做得说不得的事，晚明文人做了也说了，而且更为狂放。正是在这样的社会风气和文化氛围中，产生了《金瓶梅》等世情小说。

内容·从武松杀嫂细细说起

《金瓶梅》成书于明朝万历年间（1573—1620），是我国第一部文

人独创的长篇小说，又是我国第一部家庭生活题材的长篇小说，有"第一才子书"之称，清代被列为禁书。世传的版本有两个系统：《金瓶梅词话》和《金瓶梅》。《金瓶梅》是《金瓶梅词话》的改编本。书中除西门庆外，还着重写了潘金莲、李瓶儿和春梅，《金瓶梅》的书名，就是从这三个人名字中各取一字联缀而成的。其情节梗概如下：

山东阳谷县人武植，人称大郎，因饥荒，搬到清河县，卖炊饼度日。邻居张大户的妻子余氏厌恶使女潘金莲妖艳，把她嫁与武大。

一日大郎遇见失散的兄弟武松。原来武松在景阳冈打死猛虎，在清河县做了巡捕都头。潘金莲见武松体格雄壮，备酒招待武松，想撩逗他，可是却被武松严厉训斥了一番，讨了一个没趣。不久因本县知县到任一年有余，捞到许多金银，派武松送到东京亲眷处。

潘金莲由邻居媒婆王婆牵线与西门庆勾搭上了。西门庆是清河县一个财主，在县城开着个生药铺，是个浮浪子弟。武大得知奸情，便去捉奸，被西门庆一脚踢伤，后又被潘金莲毒死。西门庆买通仵作，将武大火化，不留痕迹。武松回县后，到县里告状。因上下官吏都与西门庆有来往，不允拿西门庆审问。

武松只好亲自找西门庆报仇。找到狮子楼，西门庆跳窗逃走，武松打死在场的李外传。西门庆买通官吏，把武松刺配两千里充军。西门庆见已无事，就娶潘金莲来家做了第五房妻妾。娶潘金莲之前还娶了富孀孟玉楼，为第三房妾。第四房妾叫孙雪娥。吴月娘为了拉拢潘金莲，让自己的丫头春梅服侍潘金莲。潘金莲为了收服她，又让西门庆收用了她。

西门庆有个结义兄弟名叫花子虚。西门庆勾搭上了花子虚的妻子李瓶儿，借官司侵吞了花子虚的财产，把他气成重病，不久死去。

当时西门庆的亲家因事被参劾，要发边充军。女婿陈经济带了财物和西门大姐来投西门庆。西门庆派家人进京找蔡京的儿子蔡攸打通关

节。李瓶儿见西门庆家中出事，便招赘了医生蒋竹山。西门庆祸事已脱，逼打了蒋竹山，娶李瓶儿做第六房妾。西门庆又勾搭家人来旺的妻子宋蕙莲。来旺乘醉怒骂西门庆，西门庆与潘金莲设计诬陷来旺，买通夏提刑，将来旺递解原籍为民。宋蕙莲悲痛万分，上吊自尽。

《金瓶梅》插图　王婆子贪嘴说风情

蔡太师生日，西门庆奉送重礼。蔡太师大喜，送了西门庆山东提刑所理刑副千户的五品官职。正好李瓶儿又生了一个儿子，便取名叫官哥儿。第二年蔡京生日，西门庆又亲自进京拜寿，拜蔡京为干爹，以父子相称。

西门庆有了官衔，朝中又有了大靠山，更加贪赃枉法，大胆妄为。又曾伙同夏提刑，庇护见财起意、杀死主人的苗青。

西门庆家中妻妾之间成天争宠斗强，通奸卖俏。李瓶儿生官哥儿后，潘金莲心怀妒忌，常在家内挑拨是非。潘金莲特地养了一只猫，把官哥儿惊吓成病而亡。李瓶儿痛不欲生，加上潘金莲常在那边百般称快的暗骂，痛上加气，得了重病，不久病亡。

李瓶儿死后不久，西门庆又奸了奶妈如意儿，又与王招宣家的私通。后来酒醉多服了胡僧给他的淫药，贪欲得病，33岁纵欲而亡。当天吴月娘生子，取名孝哥儿。李娇儿乘乱偷去5锭元宝，随后嫁人去了。潘金莲与春梅一起同陈经济通奸。月娘先将春梅卖给周守备做二房，又叫王婆领潘金莲出去嫁人，随后又将女婿陈经济赶了出去。

陈经济往东京去取银子要娶潘金莲。这时武松遇赦回清河县，依旧在县里当都头。他假说要娶潘金莲，趁机杀了潘金莲和王婆，祭了武大

的灵牌，便投十字坡张青夫妇去了。

不久孟玉楼改嫁给本县知县儿子李衙内。孙雪娥被月娘卖给周守备。春梅本来就与孙雪娥作对，便将孙打下厨房做厨娘。陈经济从东京回来结交上了无赖铁指甲杨先彦，娶了娼妓冯金宝，把妻子西门大姐逼死。做生意的本金又被铁指甲骗走，一贫如洗，乞食街头，后到晏公庙做道士，却又偷老道士的钱去嫖妓，被抓到守备府，在周守备公堂上被春梅认出，认为姑表兄弟。春梅为了与陈经济姘居，借故将孙雪娥卖给了私娼家。后来陈经济被孙雪娥的姘头张胜所杀，孙雪娥也自缢身亡。不久，周守备升任统制，与金国兵马作战，中箭身亡。春梅在家纵欲无度，29岁身死。

兵荒马乱中，吴月娘带孝哥儿往济南府投奔云离守，想为孝哥儿成亲。在城郊遇见雪洞老和尚普静。月娘此时已经感悟，遂让孝哥儿随雪洞老和尚为徒，取法名明悟。

评价 · 不可零星看《金瓶梅》

读《金瓶梅》，我们最应该注重的是它的世情描写。它描写了朝廷、官场、市井，各行各业，各种人物，各种场景。作者对于他所描绘的世态人情，都持一种冷眼观世的态度。这些描述，在他的笔下那样详细无遗、毫发毕现，总给人一种极端冷静的感觉，嘲讽的味道。

我们也应该注意他所刻画的女性的形象与性格。《金瓶梅》中刻画了十余位性格鲜明的女性形象，她们虽然或淫荡，或狠毒，或滑黠，然而实际上都是弱者，甚至只是男人的玩物，她们的命运的悲苦也正源于此。

正如张竹坡《批评第一才子书读法》中所说："《金瓶梅》不可零星看，如零星便只看其淫处也。故必尽数日之间，一气看完，方知作者起伏层次，贯通气脉，为一线穿下来也。"

《三言》/荟萃中国白话小说

《喻世》《醒世》《警世》"三言"，极摹世态人情之歧，备写悲欢离合之致。

——《中国小说史略·明之拟宋市人小说及后来选本》

作者·五十七岁的老贡生

"三言"的编者冯梦龙是明代著名的通俗文学家、戏曲家，字犹龙，又字子犹，别号龙子犹、墨憨斋主人、顾曲散人、词奴等，长洲（今江苏苏州）人。冯梦龙出生于书香门第，与兄梦桂、弟梦熊兄弟三人并称"吴下三冯"。冯梦龙很有才情，博学多识，为人旷达，不拘一格。但他自从少年中秀才之后，多次参加科举考试不中，落魄奔走，曾经坐馆教书。五十七岁时才选为贡生，崇祯年间做过几年福建寿宁知县。清兵渡江后，他辗转浙闽之间，刊行《中兴伟略》等书，宣传抗清。南明政权覆亡后，忧愤而死。

冯梦龙一生主要从事通俗文学的整理与创作，成就卓著。他曾改编长篇小说《三遂平妖传》《新列国志》；推动书商刻印《金瓶梅词话》；刊行民间歌曲集《挂枝儿》《山歌》；编印《笑府》《古今谈概》《情史类略》；编辑有散曲集《太霞新奏》；也写作传奇剧本，并刻印了《墨憨斋传奇定本》十种；他最重要的成就，是编著"三言"。

背景 · 聚在瓦舍里听话本

话本原来是说书艺人的底本，是伴随着民间说书技艺而发展起来的。说书这一民间技艺中唐就已经产生了。段成式《酉阳杂俎》中有"市人小说"的记载，而且流传下来《庐山远公话》《韩擒虎话本》和《叶净能话》等唐话本。上世纪初，敦煌藏经洞发现一批中古史料，其中也有唐代的话本。尽管唐话本还很粗糙，情节还不够集中，语言还不够通俗，但无疑是宋元话本的先驱。

话本直到宋元时代才渐趋成熟。在宋代汴京、杭州等工商业繁盛的都市里，市民阶层兴盛，各种瓦肆技艺应运而生("瓦肆"也就是"瓦子"或"瓦舍"，取易聚易散的意思)，各种民间技艺有了固定的演出地点。《东京梦华录》记载，北宋汴京城"街南桑家瓦子，近北则中瓦，次里瓦，其中大小勾栏五十余座。内中瓦子莲花棚、牡丹棚，里瓦子夜叉棚、象棚最大，可容纳数千人"。《武林旧事》也记载南宋杭州演出的技艺有五十多种，瓦子二十三处。在这些瓦肆技艺中，说书有四种：小说、讲史、讲经、合生或说诨话。其中以小说、讲史两家最为重要。"小说"原名银字儿，最初也用乐器伴奏，后来逐渐减少了音乐歌唱的成分。宋代说话艺人还有书会、"雄辩社"等组织，用来出版书籍、切磋技艺。

话本在体裁上很多地方残留着说唱的遗迹。说话人在讲正文之前，为了延迟正文开讲时间，等候听众，并且稳定早到听众的情绪，往往吟诵几首诗词或讲一两个小故事，这就是"入话"。这些诗词、小故事大都和正文意思相关，可以互相引发。说话人为渲染故事场景或人物风貌，往往在话本中穿插骈文或诗词。话本结尾也常用诗句总结全篇，劝戒听众。说话人为吸引听众再来听讲，往往选择故事引人入胜处突然中止，这是后来章回小说分回的起源。

内容·在儒雅和情俗之间

"三言"指《喻世明言》《醒世恒言》《警世通言》，其中所录话本和拟话本有一部分是宋、元、明人的旧作，有一部分是冯梦龙自己创作的。现分别介绍如下：

《喻世明言》原名《古今小说》。本书所收话本，多数为宋、元旧作，少数为明人拟作。《史弘肇龙虎君臣会》《宋四公大闹禁魂张》等是宋、元旧作，《蒋兴哥重会珍珠衫》《沈小霞相会出师表》等是明人拟作。还有一些作品可能是明人改编宋、元旧作而成的，如《新桥市韩五卖春情》《闹阴司司马貌断狱》等。这些小说中，以描写市井民众的作品最引人注目，比如《宋四公大闹禁魂张》写东京开当铺的张富爱财如命，欺凌一个乞讨为生的穷苦人，引起"小番子闲汉"宋四公的不平，夜间即去偷取张富的财宝，终致张富破产自杀。《沈小官一鸟害七命》，写一个机户的儿子爱鸟被杀的"公案"故事。

《警世通言》收作品四十篇，其中宋、元旧作占了将近一半，如《陈可常端阳仙化》《崔待诏生死冤家》等，但它们多少都经过冯梦龙的整理、加工。其中《老门生三世报恩》《宋小官团圆破毡笠》《玉堂春落难逢夫》《唐解元一笑姻缘》《赵春儿重旺曹家庄》《杜十娘怒沉百宝箱》《王娇鸾百年长恨》等篇，大概是冯梦龙作的。爱情描写在《警世通言》中占有相当大的比例，比如《小夫人金钱赠年少》与《白娘子永镇雷峰塔》都是通过爱情悲剧表现妇女不顾礼教，对于自由幸福的大胆追求。《警世通言》中描写的妓女命运往往很悲惨，《杜十娘怒沉百宝箱》中，杜十娘见李布政公子李甲"忠厚老诚"，决计以身相许，共谋跳出火坑。但是她的妓女身份却不能被官宦人家接受，她终于被李甲出卖，于是愤而投江。《警世通

言》中描写爱情的较好作品还有《乐小舍弃生觅偶》《宋小官团圆破毡笠》等。

《醒世恒言》的纂辑时间晚于《喻世明言》与《警世通言》，其中所收的宋、元旧作也比前"二言"少一些，只占六分之一左右。可以确定为宋、元旧作的有《小水湾天狐贻书》《勘皮靴单证二郎神》《闹樊楼多情周胜仙》《金海陵纵欲亡身》《郑节使立功神臂弓》《十五贯戏言成巧祸》等篇。冯梦龙纂辑宋元旧作时，已经作了一些整理加工。《大树坡义虎送亲》《陈多寿生死夫妻》《佛印师四调琴娘》《赫大卿遗恨鸳鸯绦》《白玉娘忍苦成夫》《张廷秀逃生救父》《隋炀帝逸游召谴》《吴衙内邻舟赴约》《卢太学诗酒傲王侯》《李公穷邸遇侠客》《黄秀才徼灵玉马坠》等篇，可能就是出自冯梦龙的手笔。在《醒世恒言》的明人拟作中，关于爱情、婚姻、家庭的描写占有突出的位置，比如《钱秀才错占凤凰俦》《乔太守乱点鸳鸯谱》等篇，借闹剧方式，嘲弄了扼杀青年男女幸福爱情的封建婚姻制度。

评价·有突破的文言小说

在艺术方面，"三言"中的优秀作品，故事完整，情节曲折，细节丰富，调动了多种表现手段刻画人物性格。话本小说迎合的是市民的趣味，富有世俗生活气息，语言新鲜活泼，富于生命力。文言小说的语言是一种书面语，是与生活中的口语相脱离的。活生生的、直接呈现的生活场景在文言小说中不太可能得到。文言小说是不用细致的笔触来写人物心理活动的，这既与史传传统的影响有关，也与文言讲究简洁有关。而"三言"在这方面却有突出的成绩，如《蒋兴哥重会珍珠衫》中写蒋兴哥得知妻子与人私通时，描写了他又恼又恨又悔的心理活动过程，长达五六百字。在以前的小说中，没有出现过如此细致的心理描写。

《二拍》/市井意识高度集中的杰作

因取古今来杂碎事，可新听睹，佐谈谐者，演而畅之，得如干卷。

——《中国小说史略·明之拟宋市人小说及后来选本》

作者·最后呕血而死

"二拍"的作者凌初（1580—1644）是明末小说家，字玄房，号初成，别号即空观主人，浙江乌程（今湖州）人。他和冯梦龙一样科场不利，五十五岁才以优贡得任上海县丞，六十三岁任徐州通判。明末天下大乱，他对抗农民军，最后呕血而死。凌初著作有拟话本小说集《拍案惊奇》初刻和二刻；戏曲《虬髯翁》《颠倒姻缘》《北红拂》《乔合衫襟记》和《蓦忽姻缘》等；此外还著有《圣门传诗嫡冢》《言诗翼》《诗逆》《诗经人物考》《左传合鲭》《倪思史

《初刻拍案惊奇》插图

汉异同补评》《荡栉后录》《国门集》《国门乙集》《鸡讲斋诗文》《燕筑讴》《南音之籁》《东坡禅喜集》《合评选诗》《陶韦合集》《惑溺供》和《国策概》等著作。

背景 · 开始出现拟话本

到了明代，有的文人开始采用话本的形式创作小说，这种形式的作品被称为"拟话本"。"二拍"的作者凌初是创作"拟话本"最多的作家。

话本和"拟话本"有着共同的特点，它们注重趣味性和虚构。话本主要是叙述故事，为了使故事有趣，它们设计精巧的情节，如《一窟鬼癫道人除怪》，写书生吴洪与友人夜间从郊外返归，在一处坟地里遇到了鬼，两人拼命奔逃，不料所到之处都有鬼，而且连吴洪新娶的妻子及其陪嫁等人原来也都是鬼，在当夜一起出现，两人心胆俱裂。同时，在叙述时注重诙谐，如《简帖和尚》写皇甫殿直怀疑妻子与人私通，吊打使女迎儿以逼问口供，迎儿痛得受不了，只好说他妻子在那期间是"夜夜和个人睡"，皇甫殿直以为她已招认，细问她却说那和他妻子睡的人就是她自己。这些情节具有幽默感，很吸引人。

话本小说叙事明晰，对话也较生动，其中《十五贯戏言成巧祸》《一窟鬼癫道人除怪》《崔待诏生死冤家》等作品比较有代表性，这是与文人的参与分不开的，"三言"中宋元话本里的细腻描写很可能就是明代人加工的结果。

内容 · 大胆肯定情与欲

"二拍"指的是《初刻拍案惊奇》与《二刻拍案惊奇》，这是凌初根据野史笔记、文言小说和当时社会传闻创作的两部"拟话本"小说集。

从《初刻》的序言里，可以知道是由于"肆中人"看到冯梦龙所编辑的"三言"行世很畅销，因而怂恿凌初写的。

在小说的取材上，宋元旧本已被冯梦龙"搜括殆尽"，剩下的都是

"沟中之断芜,略不足陈"的东西,所以他"取古今来杂碎事,可新听睹、佐谈谐者,演而畅之"。

"二拍"包括小说七十八篇。其中有些篇章反映了商人的经济活动,如《转运汉巧遇洞庭红》《叠居奇程客得助》,都用欢快的文笔描述商人的奇遇,流露出对冒险求财富的赞赏。

与"三言"一样,爱情与婚姻也是"二拍"中最重要的主题,但两者有不同的偏向,"三言"每每把"情"看作人伦关系的基础;而"二拍"则更多地把"情"与"欲"联系在一起,并且对女性的情欲作肯定的描述。如《闻人生野战翠浮庵》写女尼静观爱上闻人生,便假扮和尚,在夜航船上主动引诱闻人生,最后成就完美婚姻。

和"三言"一样,"二拍"在描写爱情与婚姻故事时,常常肯定妇女的权利。如《满少卿饥附饱》中作者明白地指出,男子续弦再娶、宿娼养妓,世人不以为意,而女子再嫁或稍有外情,便万口訾议,这是不公平的。

作者在两性关系上的平等意识表达得相当明确。"二拍"在肯定情与欲时,每每直露地描写性行为。比如《任君用恣乐深闺》一篇,指斥富贵之家广蓄姬妾是对女性的不公平,认为"男女大欲,彼此一般"。其见识是高明的,但故事情节的描绘,则多淫词秽语,显得过于庸俗。这样的段子"二拍"中俯拾皆是。

评价·无奇也奇的小说

"二拍"格外值得注意的是其中反映出的凌初的小说观,他反对小说的传奇性。《拍案惊奇序》说:"语有之:'少所见,多所怪。'今之人但知耳之外牛鬼蛇神之为奇,而不知耳止之内日用起居,其为谲诡幻怪非可以常理测者固多也。"他又批评当时小说"失真之病,起于好

奇。知奇之为奇，而不知无奇之所以为奇"。他的理想是写一种"无奇之奇"，如《韩秀才趁乱聘娇妻》《恶船家计赚假尸银》《懵教官爱女不受报》等篇，没有神奇鬼怪或大奸大恶之类，也没有过于巧

《二刻拍案惊奇》插图

合的事件。这就是凌初"无奇"观念的初衷。小说摆脱传奇性，这是艺术上的重要进步，因为这样小说就更贴近人们的日常生活，更有利于深入开掘人性内涵。后世《儒林外史》《红楼梦》等优秀作品，就沿袭了这一发展方向，而且获得更大的成功。

"二拍"中的故事大多写得情节生动、语言流畅。"二拍"善于组织情节，因此多数篇章有一定吸引力，如前所述，"二拍"不在情节的奇巧上下功夫，情节的生动，主要靠巧妙的叙述手法。读者细心阅读，自然会有所体会。

《聊斋志异》 *富有人情的花妖狐魅*

　　《聊斋志异》虽亦如当时同类之书，不外记神仙狐鬼精魅故事，然描写委曲，叙次井然，用传奇法，而以志怪，变幻之状，如在目前；又或易调改弦，别叙畸人异行，出于幻域，顿入人间；偶述琐闻，亦多简洁，故读者耳目，为之一新。又相传渔洋山人（王士禛）激赏其书，欲市之而不得，故声名益振，竞相传钞。

——《中国小说史略·清之拟晋唐小说及其支流》

作者·不得志的老书生

　　《聊斋志异》的作者蒲松龄（1640—1715），字留仙，又字剑臣，别号柳泉居士，世称聊斋先生，山东省淄川县人，清代杰出文学家。蒲松龄自幼聪慧好学，十九岁参加科举考试，县、府、道三考皆第一，名闻乡里，但后来却科场不利，直到七十一岁时才成岁贡生。为生活所迫，他曾给宝应县知县孙蕙做了数年幕宾，一生大部分时间在官宦人家做塾师，前后将近四十年。他一生怀才不遇，穷困潦倒，少年时起就"雅好搜神""喜人谈鬼"，并且热心地记录、加工，集成《聊斋志异》一书。

　　除《聊斋志异》外，蒲松龄还有大量诗文、戏剧、俚曲以及有关农业、医药方面的著述存世。计有文集十三卷，四百余篇；诗集六卷，一千

余首；词一卷，一百余阕；戏本三出（《考词九转货郎儿》《钟妹庆寿》《闹馆》）；俚曲14种（《墙头记》《姑妇曲》《慈悲曲》《寒森曲》《翻魇殃》《琴瑟乐》《蓬莱宴》《俊夜叉》《穷汉词》《丑俊巴》《快曲》《禳妒咒》《富贵神仙复变磨难曲》《增补幸云曲》）；以及《农桑经》《日用俗字》《省身语录》《药崇书》《伤寒药性赋》《草木传》等多种杂著，总计近二百万言。

背景·越积越多的孤愤

《聊斋志异》是一部"不平而鸣"的作品。"不平而鸣"是中国文人中一种长久流传的心态。汉代，司马迁就发过这样的见解。他在《报任安书》里，对中国古代历史上的许多士人和政治家的不平而鸣作了描述："盖西伯拘而演《周易》；仲尼厄失明，厥有《国语》；孙子膑脚，《兵法》修列；不违迁蜀，世传《吕览》；韩非囚秦，《说难》《孤愤》。《诗》三百篇，大抵圣贤发愤之所为作也。此人皆意有所郁结，不得通其道，故述往事，思来者。……以舒其愤，思垂空文以自见。"唐代古文家韩愈在他的《送孟东野序》里有一段相当精辟的话："大凡物不得其平则鸣：草木之无声，风挠之鸣。水之无声，风荡之鸣。……其于人也亦然，人声之精者为言，文辞之于言，又其精也。尤择其善鸣者而假之鸣：其在唐、虞，咎陶、禹，其善鸣者也，而假以鸣；夔弗能以文辞鸣，又自假于韶以鸣；夏之时，五子以其歌鸣；伊尹鸣殷，周公鸣周。凡载于《诗》《书》、六艺，皆鸣之善者也。"

蒲松龄早年醉心于科举，可是命途多舛，屡试不第，他一直考到五十岁，也未能金榜题名。长达30年的应举路途，换来的除了失望之外，更多的就是愤愤不平。他说："仕途黑暗，公道不彰，非袖金输璧，不能自达于圣明，真令人愤气填胸，欲望望然哭向南山而去！"又

说："集腋为裘，妄续幽冥之录；浮白载笔，仅成孤愤之书，寄托如此，亦足悲矣！"他把满腔的孤愤，倾注在一部《聊斋志异》中。

内容·说狐说鬼终说人

《聊斋志异》共16卷，计400余篇。《聊斋志异》的故事来源很广泛，有的是作者的亲身见闻，有的出自过去的题材，有的采自民间传说，有的为作者自己的虚构。有些故事，虽有摹拟的痕迹，但作者以丰富的想象和生活经验，推陈出新，充实了这些故事的内容。《聊斋志异》的作品内容主要有以下几类：

暴露现实社会的黑暗。当时社会政治腐败、官贪吏虐、豪强横行、生灵涂炭，都在《聊斋志异》内有所反映，如《促织》写成名一家为捉一只蟋蟀"以塞官责"而经历的悲欢坎坷，《席方平》则写席方平魂赴地下、代父伸冤的曲折。这些作品虽然写的是狐鬼，其实是黑暗现实的投影。《聊斋志异》有很多作品写贪官暴吏的恶行，如《梅女》中的典史为了三百钱的贿赂，便逼死人命；《书痴》中的彭城邑宰贪爱别人妻子的美貌，竟利用职权捕人入狱。

揭露科举考试的种种弊端。蒲松龄一生科举不利，非常熟悉科场的黑暗与对士人的摧残，如《素秋》《神女》等篇章写科举考试中的营私作弊；《司文郎》《于去恶》等篇章讽刺考官的不学无术。有些作品生动描写被科举考试戕害的读书人，如《叶生》中的叶生、《于去恶》中的陶圣俞和于去恶、《三生》中的兴于唐、《素秋》中的俞慎和俞士忱等人。

描写人与狐鬼的爱情。《聊斋志异》中数量最多的是人和人、人和狐鬼精灵的恋爱故事，如《娇娜》《青凤》《婴宁》《莲香》《阿宝》《巧娘》《翩翩》《鸦头》《葛巾》《香玉》等，都写得十分动人。

《香玉》中的黄生爱上了白牡丹花妖香玉，不幸花被人移走，黄生日日哭吊，结果感动了花神，使香玉复生。《青凤》写狐女青凤与耿去病相恋，两人不顾礼法与险恶，互相爱慕，终于获得幸福。有些作品写了青年男女对压抑他们爱情的人与事的反抗。如《连城》写乔生与连城相爱，因为父亲阻挠，连城含恨而死，乔生也悲痛而亡，两人在阴间相会，

《聊斋志异·促织》插图

结为夫妻。《晚霞》写龙宫中的歌伎阿端和晚霞，不顾龙宫中的王法，互相爱慕，拼死逃出龙宫，在人间做了夫妻。人们数百年来喜爱《聊斋》，有一部分原因就是里面的爱情描写。

评价 · 怪异之外见人情

《聊斋志异》能获得如此高的成就，主要源于作者高超的艺术创造力，他能够把真实的人情和幻想的场景、奇异的情节巧妙地结合起来，从中折射出人间的理想光彩。《聊斋志异》既结合了志怪和传奇两类文言小说的传统，又吸收了白话小说的某些长处，形成了独特的叙事风格。作者能以丰富的想象力建构离奇的情节，同时又善于在这种离奇的情节中进行细致的、富有生活真实感的描绘，塑造生动活泼、人情味浓厚的艺术形象，使人沉浸于小说所虚构的恍惚迷离的场

GEN LUXUN YIQI DU 42 BU BUKE-BUZHI DE GUOXUE JINGDIAN

《聊斋志异·姊妹易嫁》插图

景与气氛中。

《聊斋志异》的作品具有惊人的想象力。它说狐谈鬼，无奇不有，如书中所写红莲变成美女、裙子可作帆船、襟袖间飞出花朵、天空飘落彩船、诵诗治病等情节。写鬼写狐，不仅怪异，而且在怪异之外写出了人情味，这是《聊斋志异》较一般志怪小说高明的地方。正如鲁迅所说，"《聊斋志异》独于详尽之外，示以平常，使花妖狐魅，多具人情，和蔼可亲，忘为异类。"这些描写大大增强了故事情节的感染力。

《聊斋志异》的叙事语言是简洁优雅的文言，小说中人物的对话虽然也是文言，但比较浅显，有时还融入了白话成分，摹写人物神情声口更加逼真。作者还融会了当时的方言俗语，形成了典丽而活泼的语言风格，不管是抒情写景，还是叙事状物，都绘声绘色，惟妙惟肖。比如《刘姓》中恶霸的流氓腔调，《邵女》中媒婆的神态，《阎王》中村妇的口吻，《小翠》中姑娘们斗嘴的情致，都写得神采飞扬，如在眼前。

《阅微草堂笔记》 /有文人气的笔记体小说

惟纪昀本长文笔，多见秘书，又襟怀夷旷，故凡测鬼神之情状，发人间之幽微，托狐鬼以抒己见者，隽思妙语，时足解颐；间杂考辨，亦有灼见。叙述复雍容淡雅，天趣盎然，故后来无人能夺其席，固非仅借位高望重以传者矣。

——《中国小说史略·清之拟晋唐小说及其支流》

作者·《四库全书》总纂官

《阅微草堂笔记》的作者纪昀，字晓岚，直隶献县（今属河北）人。纪晓岚出身书香门第，父亲纪客舒是著名的考据学家。纪晓岚4岁开始读书，24岁中顺天府乡试解元，31岁中进士，点翰林。后因事发配新疆，三年后回京，受命任《四库全书》总纂官。《四库全书》的编纂历时13年才完成。《四库全书》修成后，纪晓岚官运亨通，曾五次主持都察院，三次担任礼部尚书。

背景·诗礼传家的书香门第

本书是模仿《聊斋志异》创作出来的，但是我们读起来却能感觉到两者之间的差异，这种差

纪昀像

异主要是由于蒲松龄和纪昀的身世造成的。蒲松龄参加科举考试，屡战屡败，一生落魄；纪昀则出身官宦家庭，自己也曾做到正二品的尚书，而且很受乾隆皇帝的宠爱。他的家庭背景对他创作《阅微草堂笔记》有很大的影响。纪昀从他父亲那里得到了崇实黜虚、经时济世思想的熏陶。他父亲纪客舒治学态度严谨，著有《杜律疏》。纪昀目濡耳染，倍受影响。他始终以"以实心励实行，以实学求实用"的思想作为准则。门人盛时彦在《阅微草堂笔记序》中称纪昀"天性孤直，不喜以心性空谈，标榜门户，亦不喜才人放诞，诗坛酒社，夸名士风流"。在《阅微草堂笔记》中，他对那些浮言虚饰而无实行者加以辛辣的嘲讽，对那些实事求是者加以推崇，他的崇尚实事求是、经世致用的思想观念是渊源有自的。他也从他的家族那里继承了崇尚儒学、恪守礼法的思想。自从纪昀的曾祖开始，纪氏家族就出仕朝廷，诗礼传家。这种传统使他形成了以儒家道德为轴心的思想，而对于佛、道，尽管他认为可以与儒家思想相互补充，但对它们还是持否定、贬抑态度。这一思想从他在《阅微草堂笔记》中对释道之徒的虚伪、狡诈的嬉笑怒骂及酣畅淋漓的讽刺、鞭挞中明显表现出来。鲁迅先生在《中国小说史略》中评论《阅微草堂笔记》说："不安于仅为小说，更欲有益人心。"他的学生盛时彦也有过类似的说法。正是因为纪昀家族历代官宦、诗书传家的背景，他在看问题时与蒲松龄角度就很不一样，眼光也不如蒲松龄尖刻犀利。

内容 · 晚年追寻旧闻的作品

《阅微草堂笔记》这部笔记小说集是纪昀在创作上的主要成就。这部书包括《滦阳消夏录》6卷，《如是我闻》4卷，《槐西杂志》4卷，《姑妄听之》4卷，《滦阳续录》6卷，共24卷，有笔记1200余则。

这是他晚年追寻旧闻的作品，自乾隆五十四年（1789年）至嘉庆三年（1798年）陆续写成，嘉庆五年他的学生盛时彦合刊印行，总名《阅微草堂笔记五种》，后来通称为《阅微草堂笔记》。该书的材料，一部分来自于纪昀本人的亲身经历，或者是他耳闻目睹的事情；一部分来自于他人提供或转述。小说涉及的社会生活领域，从文人学士到妓女乞丐，从三教九流到花妖狐魅，几乎无所不包。内容广博、无所不涉，是《阅微草堂笔记》的特点，这使它具有较强的知识性和趣味性。

《阅微草堂笔记》在思想倾向上具有"正统"的立场。纪昀自序说："缅昔作者如王仲任、应仲远引经据古，博辨宏通，陶渊明、刘敬叔、刘义庆简淡数言，自然妙远，诚不敢妄拟前修，然大旨期不乖于风教。"盛时彦《序》说本书"大旨要归于醇正，欲使人知所劝惩"。虽然如此，纪昀毕竟是一位博达的学者，他的思想有一定的包容性，在"理"与"欲"之间，他反对不近人情的顽固与偏执，每每讥刺"道学家"的苛刻、虚伪。他写的鬼神故事大都反映了人情世态，如《如是我闻》卷三中写一个因私情怀孕的女子向郎中买堕胎药，没有买到，后来孩子生下来，被杀死，她自己也被逼着悬梁自尽。这个女子变成鬼之后，向阎罗状告郎中杀人，说他本来可以"破一无知之血块，而全一待尽之命"，结果"欲全一命，反戕两命"，阎罗也指责郎中不应该"固执一理"。《滦阳消夏录》卷四中写两个"以道学自任"的私塾教师讲学，高谈性理，"严词正色"，忽然有纸片吹落，掉在台阶下面，学生拾起一看，原来是两位教师商量夺取寡妇田产的信札。这一类故事揭露出道学家的虚伪，反映出纪昀的胸襟。他有时借狐鬼抒发自己的感想，往往机智有趣，颇值一读。

评价·简淡数言，自然妙远

与《聊斋志异》的名篇相比，《阅微草堂笔记》在艺术上又自成一格。《聊斋志异》效法唐人传奇，铺陈描绘，有浓厚的浪漫风格；《阅微草堂笔记》效法六朝志怪，"尚质黜华，叙述简古"，往往表现出严谨的手法，其中优秀的篇章继承了六朝简古的神韵，读后余味悠长。本书语言质朴、简明、精炼、传神，也与六朝作家"简淡数言，自然

妙远"的风格相似。如《柳青》中写柳青相貌，只用"颇有姿"三字，没有正面的描写，而是从主人一再追求这个侧面烘托，使人想象她的美貌。写柳青两次拒绝嫁人，也不正面描写具体的情态，只用两个"誓死不肯"，略繁就简，在词语重复中强化了柳青爱情的忠贞与态度的坚决。本书在谋篇布局方面也颇具匠心，最突出的是善于应用"空白"艺术。还是用《柳青》作例子，作者按时间顺序写柳青一生，笔墨集中在柳青与益寿的婚姻曲折上，对次要情节则一笔带过，作"空白"处理。作者没有详写主人如何用富贵引诱柳青，而只是写柳青被主人"遣之"时，送还"主人数年私给"，"纤毫不缺"，从这个细节可以推想出主人的所作所为。这种稍加点染的笔法收到了"简淡数笔，自然妙远"的艺术效果。从这些地方，《阅微草堂笔记》的艺术成就可见一斑。

《纪文达公集》书影

《儒林外史》 /古代讽刺小说的奠基之作

迨吴敬梓《儒林外史》出，乃秉持公心，指摘时弊，机锋所向，尤在士林；其文又感而能谐，婉而多讽：于是说部中乃始有足称讽刺之书。

——《中国小说史略·清之讽刺小说》

作者 · 皇帝来时他企脚高卧

吴敬梓（1701—1754），字敏轩，一字文木，安徽全椒县人，他出身在大官僚地主家庭。曾祖吴国对是顺治年间的探花，祖辈也多显达。从父亲吴霖起开始，家道逐渐走向衰落。吴霖起是康熙年间拔贡，做过江苏赣榆县教谕。为人方正恬淡，不慕名利，对吴敬梓的思想有一定影响。

吴敬梓年幼聪颖，才识过人，少时曾随父宦游大江南北。二十三岁时，父亲去世。他不善治生，又慷慨好施，挥霍无度，被族人看作败家子。三十三岁迁居南京，家境已很困难，但仍爱好宾客交游，"四方文酒之士，推为盟主"。

吴敬梓早年也熟中科举，曾考取秀才，但后来由于科举的不得意，同时在和那批官僚、绅士、名流、清客的长期周旋中，也逐渐看透了他们卑污的灵魂，特别是由富到贫的生活变化，使他饱尝了世态炎凉，对现实有比较清醒的认识，从而厌弃功名富贵。

三十六岁时，安徽巡抚赵国麟荐举他应博学鸿词考试，他以病辞，

从此也不再应科举考试。当时，吴敬梓的生计主要靠卖书和朋友的接济过活。在冬夜无火御寒时，往往邀朋友绕城堞数十里而归，谓之"暖足"。在经历了这段艰苦生活之后，他一面更加鄙视那形形色色名场中的人物，一面向往儒家的礼治。

四十岁时，为了倡捐修复泰伯祠，甚至卖掉最后一点财产——全椒老屋。吴敬梓怀着愤世嫉俗心情创作的《儒林外史》大约完成于五十岁以前。吴敬梓晚年爱好治经，著有《诗说》七卷（已佚）。五十一岁时，乾隆南巡，别人夹道拜迎，他却"企脚高卧向栩床"，表示了一种鄙薄的态度。五十四岁时，在扬州结束了他穷愁潦倒的一生。作品还有《文木山房集》十二卷，今存四卷。

背景·科举盛行，八股取士

在清朝政权渐趋稳固时期，随着王朝在军事、政治上的步步成功，文化统治越来越成为一种工具，而且其毒害随着历史的推进也愈来愈深。科举制度被默认为当时整个社会的制度之本，也是当时读书人读书的最大动力，是他们谋求一官半职的途径。文士们醉心举业，八股文之外，百不经意。

生活在当时那个时代的吴敬梓，十分憎恶当时士子热衷科举，以及由此而形成的社会风气，把希望寄于落拓不得意的文士和自食其力的劳动人民。为了讽刺封建社会末期的社会现象，同时揭露八股取士科举制度的腐朽和教条思想，他创作出了这部集思想性和讽刺性于一身的《儒林外史》。

内容·细画18世纪士林百态

《儒林外史》是我国清代一部伟大的现实主义的长篇讽刺小说，大

约在1750年前后，作者50岁时成书，先后用了尽20年。全书故事情节虽没有一个主干，可是有一个中心贯穿其间，那就是反映科举制度和封建礼教的毒害，讽刺因热衷功名富贵而造成的极端虚伪、恶劣的社会风习。全书56章，

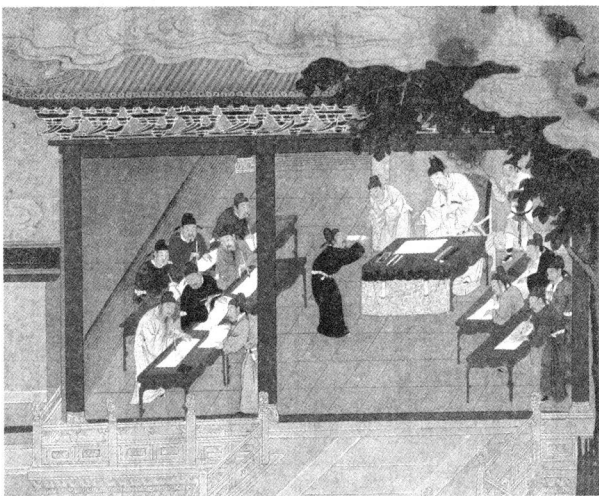

科举考试图　宋

科举考试自隋唐以来，就成为文人通往仕途的必经之路。随着社会的发展，到明清两代，科举逐渐成为戕害知识分子的利器。这幅科举考试图表现的是皇帝亲自主持殿试的情形。

由许多个生动的故事联起来，这些故事都是以真人真事为原型塑造的。其主要情节可以概括如下：

明宪宗成化末年，山东兖州府汶上县有一位教书先生，名叫周进，他为了能够出人头地，荣耀乡里，屡次参加科举考试，可是六十多岁了，却连秀才也未考上。一天，他与姐夫来到省城，走进了贡院。他触景生情，悲痛不已，一头撞在了号板上不省人事，被救醒后，满地打滚，哭得口中鲜血直流。几个商人见他很是可怜，于是凑了二百两银子替他捐了个监生。不久，周进凭着监生的资格竟考中了举人。顷刻之间，不是亲的也来认亲，不是朋友的也来认作朋友，连他教过书的学堂居然也供奉起了"周太老爷"的"长生牌"。过了几年，他又中了进士，升为御史，被指派为广东学道。在广州，周进发现了范进。为了照顾这个五十四岁的老童生，他把范进的卷子反复看了三遍，于是将范进取为秀才。过后不久，范进又去应考，中了举人。

当时，范进因为和周进当初相似的境遇，在家里备受冷眼，妻子

对他呼西唤东，老丈人对他更是百般呵斥。当范进一家正在为揭不开锅，等着卖鸡换米而发愁时，传来范进中举的喜报，范进从集上被找了回来，知道喜讯后，他高兴得发了疯。他的老丈人胡屠户给了他一耳光，才打醒了他，治好了这场疯病。转眼工夫，范进时来运转，不仅有了钱、米、房子，而且奴仆、丫环也有了。范进母亲欢喜得一下子接不上气，竟一命归了西天。后来，范进入京拜见周进，由周进荐引而中了进士，被任为山东学道。范进虽然凭着八股文发达了，但他所熟知的不过是四书五经，当别人提起北宋文豪苏轼的时候，他却以为是明朝的秀才，闹出了天大的笑话。

科举制度不仅培养了一批庸才，同时也豢养了一批贪官污吏。进士王惠被任命为南昌知府，他上任的第一件事，不是询问当地的治安，不是询问黎民生计，不是询问案件冤情，而是查询地方人情，了解当地有什么特产，各种案件中有什么地方可以通融；接着定做了一把头号的库戥，将衙门中的六房书办统统传齐，问明了各项差事的余利，让大家将钱财归公。从此，衙门内整天是一片戥子声、算盘声、板子声。衙役和百姓一个个被打得魂飞魄散，睡梦中都战战兢兢。

高要县知县汤奉，为了表示自己为政清廉，对朝廷各项法令严加执行。朝廷有禁杀耕牛的禁令，汤奉不问因由，竟然将做牛肉生意的回民老师父活活枷死，闹得群众义愤填膺，鸣锣罢市。事发后，按察司不仅没有处罚汤奉，反而将受害的回民问成"奸发挟制官府，依律枷责"之罪。如此"清廉"的知县，一年下来居然也搜刮了八千两银子。

官吏们贪赃枉法，而在八股科举之下，土豪劣绅也恣意横行。举人出身的张静斋，是南海一霸，他勾通官府，巧取豪夺。为了霸占寺庙的田产，他唆使七八个流氓，诬陷和尚与妇女通奸，让和尚不明不白地吃

了官司。

　　高要县的监生严致和是一个把钱财看作是一切的财主，家财万贯。他病得饮食不进，卧床不起，奄奄一息，还念念不忘田里要收早稻，打发管庄的仆人下乡，又不放心，心里只是急躁。他吝啬成性，家中米烂粮仓，牛马成行，可在平时猪肉也舍不得买一斤，临死时还因为灯盏里多点了一根灯草，迟迟不肯断气。他的哥哥贡生严致中更是横行乡里的恶棍，他强圈了邻居王小二的猪，别人来讨，他竟行凶，打断了王小二哥哥的腿。他四处讹诈，本来没有借给别人银子，却硬要人家偿付利息；他把云片糕说成是贵重药物，恐吓船家，赖掉了几文船钱。严监生死后，他以哥哥的身份，逼着弟媳过继他的二儿子为儿子，谋夺兄弟家产，还声称这是"礼义名分，我们乡绅人家，这些大礼，却是差错不得的"。

　　科举制度造就了一批社会蛀虫，同时也毒害着整个社会。温州府的乐清县有一农家子弟叫匡超人，他本来朴实敦厚。为了赡养父母，他外出做小买卖，流落杭州。后来遇上了选印八股文的马二先生。马二先生赠给他十两银子，劝他读书上进。匡超人回家后，一面做小买卖，一面用功读八股文，很快他就得到了李知县的赏识，被提拔考上了秀才。为追求更高的功名利禄，他更加刻苦学写八股文。不料知县出了事，为避免被牵累，他逃到杭州。在这里，他结识了冒充名士的头巾店老板景兰江和衙门里当吏员的潘三爷，学会了代人应考、包揽讼词的本领。又因马二先生的关系，他成了八股文的"选家"，并吹嘘印出了九十五本八股文选本，人人争着购买，五省读书的人，家家都在书案上供着"先儒匡子之神位"。不久，那个曾提拔过他的李知县被平了反，升为京官，匡超人也就跟着去了京城。为了巴结权贵，他抛妻弃子去做了恩师的外甥女婿，他的妻子在贫困潦倒中死在家乡。这时，帮助过他的潘三爷入了狱，匡超人怕影响自己的名声和前程，竟同潘三爷断绝了关系，甚至

看也不肯去看一下。对曾经帮助过他的马二先生他不仅不感恩图报，还妄加诽谤嘲笑，完全堕落成了出卖灵魂的衣冠禽兽。

科举制度不仅使人堕落，同时也是封建礼教的帮凶。年过六十的徽州府穷秀才王玉辉，年年科举，屡试不中，但他却恪守礼教纲常。他的三女婿死了，女儿要殉夫，公婆不肯。他反而劝亲家让女儿殉节。但事过之后，当他女儿的灵牌被送入烈女祠公祭的时候，他突然感到了伤心。回家看见老妻悲痛，他也心上不忍，离家外出散心。一路上，他悲悼女儿，凄凄惶惶，到了苏州虎丘，见船上一个身穿白衣的少妇，竟一下想起了穿着孝服殉夫的女儿，心里哽咽，热泪直滚下来。

凡此种种，从明朝成化年间以来形成的风气，到了万历年间则愈演愈烈。科场得意，被认为才能出众；科场失意的，任你有李白、杜甫的文才，颜渊、曾参的品行，都被看成愚笨无能。大户人家讲的是升官发财，贫贱儒生研究的是逢迎拍马。儒林堕落了，社会更加腐败。看来，要寻找不受科举八股影响的"奇人"，只能抛开儒林，放眼于市井小民之中了。

哪知市井中间，真的出了几个奇人。一个是会写字的，这人姓季，名遐年，自小无家无业，总在些寺院里安身。他的字写得最好，却又不肯学古人的法帖，只是按自己创出来的格调，由着笔性写了去。又一个是卖火纸筒子的，这人姓王，名太，他自小儿最喜下围棋。他无以为生，每日到虎踞夫一带卖火纸筒过活。像他们这样淡泊功名利禄的隐士在市井中还有，只不过在那些达官贵人看来，追求功名利禄才是正道。

评价·一部勇敢的人性历史

中国古代小说多以传奇故事为题材，可以说都是"传奇型"的。到了明代中叶，从《金瓶梅》开始，才以凡人为主角，描写世俗生活。而

真正完成这种转变的，则是《儒林外史》。它既没有惊心动魄的传奇色彩，也没有情意绵绵的动人故事，而是当时随处可见的日常生活和人的精神世界。全书写了二百七十多人，除士林中各色人物外，还把高人隐士、医卜星相、娼妓狎客、吏役里胥等三教九流的人物推上舞台，从而展示了一幅幅社会风俗画。

"十载寒窗无人问，一举成名天下知"，这是形容中国读书人生涯最常用的一句话。在科举取士的时代里，只有进业中举，才能够步入升官发财的坦途。于是天下的读书人莫不终其一生，埋头于八股文章，什么进德修业的理想，都在追求名利的欲望之下丧失殆尽了。《儒林外史》就是暴露知识分子的丑陋面貌和官场黑暗、社会炎凉的一部讽刺小说。一个务农的子弟，终生以孝道奉养双亲，终日待人以礼，夜夜苦读诗书，有朝一日获得提拔高中状元，从此便改变了一生的命运。

这种例子，是戏曲小说中最常见的故事背景，也是《儒林外史》所描述的典型之一。中国有一句传统俗语叫"万般皆下品，唯有读书高"，这句话表现的是过去的读书人在社会上的崇高地位。读书人也就是高居士农工商之首的儒士，而这也正是清代讽刺小说《儒林外史》当中的主角。在中国传统观念里，一个读书人最高的理想应该是救国救民，为天下苍生尽一己之力，所以政治舞台才是他们发挥才能的地方。然而在明清两代，想要登上仕途只有一个途径，那就是要通过科举考试。但是当科举制度过于僵化，不仅命题范围狭小，而且讲究所谓八股格律，使得科举成为文字的游戏时，就已难选拔社会所需要的人才，而考生专就应试的科目用功，也难培养真正的能力。虽然八股取士的弊病如此大，但是当时的读书人几乎统统陷入科举的泥淖里面了！《儒林外史》所描写的，正是在这个时代悲剧中载沉载浮的读书人。作者吴敬梓以婉曲讽刺的手法，写出正史所不及记载的、另一面更真实的人性历史。

《红楼梦》/百科全书式的长篇小说

全书所写，虽不外悲喜之情，聚散之迹，而人物事故，则摆脱旧套，与在先之人情小说甚不同。……盖叙述皆存本真，闻见悉所亲历，正因写实，转成新鲜。……

——《中国小说史略·清之人情小说》

作者·风光时家里住过康熙

《红楼梦》的作者曹雪芹（1715—1763），字梦阮，"雪芹"是他的别号，又号芹圃、芹溪。他出生在官宦世家。曹家的先世原是汉族人，后为满洲正白旗"包衣"人。清初时他的高祖父曹振彦随清兵入关，立有军功，家族开始发达起来。曾祖父曹玺曾任江宁织造，曾祖母做过康熙帝玄烨的保姆，祖父曹寅做过玄烨的伴读和御前侍卫，后继任江宁织造，兼任两淮巡盐监察御史，此后曹雪芹的伯父与父亲相继袭任此职，祖孙三代四人担任此职前后达60余年。康熙六下江南，其中四次由曹寅负责接驾，并住在曹家。曹雪芹就是在这种繁盛荣华的家境中度过了他的少年时代。雍正初年，曹家备受打击。父亲被以"苛索繁费，苦累驿站""织造款项，亏空甚多"等罪名革职，家产被抄没，全家迁回北京。乾隆初年，曹家彻底败落，子弟们沦落到社会底层。曹雪芹曾在一所宗族学堂"右翼宗学"里当过掌管文墨的杂差，境遇潦倒，生活困顿，晚年流落到北京西郊的一个小山村。

曹雪芹性格傲岸，愤世嫉俗，豪放不羁，酷爱喝酒，才气纵横，善于谈吐。他是一位诗人，也是一位画家，喜欢画突兀奇峭的石头。他最重要的作品当然是《红楼梦》。

背景·红楼梦的来源之谜

《红楼梦》又名《金陵十二钗》《石头记》，整个故事是以南京为背景。学者们历来对《红楼梦》的故事来源有很多种猜测，现简要介绍几种：

有人认为《红楼梦》写的是纳兰容若的故事。这个说法相信的人很多。陈康祺《燕下乡脞录》中说："小说《红楼梦》一书，即记故相明珠家事，金钗十二，皆纳兰侍御所奉为上客者也，宝钗影高澹人；妙玉即影西溟先生：'妙'为'少女'，'姜'亦妇人之美称；'如玉''如英'，义可通假。"侍御指的是明珠的儿子纳兰性德，字容若。纳兰容若是清初著名的词人，才华横溢，词作缠绵凄婉，至今为人喜爱。

有人认为是写顺治皇帝与董鄂妃的故事。王梦阮、沈瓶庵合著的《红楼梦索隐》中说："盖尝闻之京师故老云，是书全为清世祖与董鄂妃而作，兼及当时诸名王奇女也。"又说董鄂妃就是明末秦淮名妓董小宛，清兵下江南，带回北京，得到清世祖宠爱，不久夭亡，世祖哀痛不已，于是往五台山出家为僧。

有人认为写的是康熙朝的政治状态。蔡元培的《石头记索隐》说："《石头记》者，清康熙朝政治小说也。作者持民族主义甚挚，书中本事，在吊明之亡，揭清之失，而尤于汉族名士仕清者寓痛惜之意。"认为，"红"影射"朱"字；"石头"指金陵；"贾"意在指责伪朝；"金陵十二钗"暗指清初江南的名士：林黛玉影射朱彝尊，王熙凤影射余国柱，史湘云影射陈维崧，宝钗、妙玉也各有所指。

还有人认为本书是作者自叙。胡适经过考证后认同这种观点。曹雪芹的家世与书中描写的内容很相似，这种说法也很有说服力。

内容·一处凄恻的爱情悲剧

《红楼梦》写的是贾宝玉与林黛玉之间的爱情悲剧，同时写了贾、王、史、薛四大家族的兴衰。贾宝玉前生是女娲补天时剩下的一块顽石，曾化作神瑛侍者，用水浇灌一株绛珠草，使其脱去草木之质，幻化为女形。绛珠仙子为了报答神瑛侍者的浇灌之恩，在神瑛侍者投胎下凡时也往生人间，要还他一生的眼泪。林黛玉因为母亲亡故，被外祖家收留。与表兄贾宝玉从小生活在一起，渐渐产生爱情。这是本书故事的前世因缘。宝黛故事凄恻动人，读者可以从容细心体会，这里不多叙说，只简要介绍一下主要的几个人物。

大观园图

贾宝玉、林黛玉、薛宝钗是本书的主要人物。贾宝玉是荣国府嫡派子孙，他出身不凡，又聪明灵秀。他因自己生为男子而感到遗憾，他觉得只有和纯洁美丽的少女们在一起才惬意。他憎恶和蔑视男性，亲近和尊重女性。他说"女儿是水做的骨肉，男子是泥做的骨肉。我见了女儿便清爽，见了男子便觉浊臭逼人"。他企求过随心所欲、听其自然的生活，即在大观园女儿国中斗草簪花、低吟浅唱、自由自在地生活。"我此时若果有造化，趁着你们都在眼前，我就死了，再能够你们哭我的眼泪，流成大河，把我的尸首漂起来，送到那鸦雀不到的幽僻去处，随风化了，自此再不托生为人，这就是我死的得时了。"贾宝玉对个性自由的追求集中表现在爱情婚姻方面。他爱林黛玉，因为林黛玉的身世处境和内心品格集中了所有女孩子的一切能使他感动的美好。他对待身边的女孩子们的态度也是同情和亲爱。他爱林黛玉，但遇着温柔丰韵的薛宝钗和飘逸洒脱的史湘云，却又不能不眩目动情。

林黛玉出身在一个已衰微的家庭。她父亲是科甲出身，官做到巡盐御史。林黛玉没有兄弟姐妹，母亲的早逝使她从小失去母爱。她保持着纯真的天性，爱自己之所爱，憎自己之所憎，我行我素，很少顾及后果得失。因父母相继去世，她不得不依傍外祖母家生活。林黛玉的羸弱的身体、孤傲的脾性以及自定终身的越轨行为，贾母是不会喜欢的。贾母要给贾宝玉说亲，曾托过清虚观的张道士，后来又留意打量过薛宝琴，她就是没有选择林黛

林黛玉像

玉的意思。最后，林黛玉的幻想破灭了，眼泪流尽了，怀抱纯洁的爱离开了尘世，实现了她的誓言："质本洁来还洁去，不教污淖陷渠沟。"

薛宝钗出身在一个富商家庭。薛家是商人与贵族的结合，既有注重实利的商人市侩习气，又有崇奉礼教的倾向。薛宝钗幼年丧父，兄长薛蟠是个没有出息的酒色之徒。出身于这样一个家庭，薛宝钗有着与林黛玉截然不同的性格。她们同样都博览诗书，才思敏捷，但林黛玉一心追求美好丰富的精神生活，薛宝钗却牢牢把握着现实的利益。"好风凭借力，送我上青云"，薛宝钗孜孜以求的是富贵荣华。薛宝钗也深爱着贾宝玉。她在初次和贾宝玉单独相处时，热衷于贾宝玉脖子上的"通灵宝玉"，又急切地让贾宝玉认识自己项上的金锁。搬进大观园后，她还常常到贾宝玉的怡红院玩到深夜；她去探视被贾政打伤的贾宝玉时压抑不住内心的爱怜之情。

《红楼梦》是一部百科全书式的长篇小说，它在描写宝黛爱情的同时，也描写了广阔的社会生活，上至皇妃国公，下至贩夫走卒，都有生动的描画。它对贵族家庭的饮食起居各方面的生活细节都进行了真切细致的描写，比如园林建筑、家具器皿、服饰摆设、车轿排场等等。它还表现了作者对烹调、医药、诗词、小说、绘画、建筑、戏曲等等各种文化艺术的丰富知识和精到见解。《红楼梦》的博大精深在世界文学史上

跟鲁迅一起读42部不可不知的国学经典

GEN LUXUN YIQI DU 42 BU BUKE-BUZHI DE GUOXUE JINGDIAN

是罕见的，因此很早就有人研究它。现在，研究《红楼梦》已经成为一门独立的学问——"红学"。可见《红楼梦》的魅力之大、影响之深。

《红楼梦》在艺术上取得了巨大的成就，它塑造出成群的有血有肉的个性化人物形象。例如贾宝玉、林黛玉、薛宝钗、王熙凤就成为千古不朽的典型形象。作者对人物独特的性格反复皴染，给人以深刻的印象。贾宝玉的叛逆性格以各种"似傻如狂""行为乖张"的形式表现出来，作者总是通过日常的生活细节，惟妙惟肖地写出了他对黛玉、宝钗、晴雯、袭人、平儿等不同类型女性所持有的不同感情和态度，着力刻画了他"爱博而心劳"的性格特征。

曹雪芹善于将相近人物进行复杂性格之间的全面对照，使他们的个性在对比中凸显出来。如薛宝钗和林黛玉两个人，都是美丽多才的少女，但一个"行为豁达，随分从时"，有时则矫揉造作；一个"孤高自许""目无下尘"，不免尖酸任性。一个倾向理智，喜怒不形于色，"任是无情也动人"；一个执着于感情，宁愿为纯洁的爱情付出全部的生命。一个城府很深，顺从环境，既会对上迎奉，又会对下安抚；一个我行我素，以感情的追求作为人生的目标。这样两个难以调和的性格在对比中就鲜明地呈现出其独特性。

《红楼梦》一改过去古代小说中人物类型化、绝对化的描写，写出了人物性格的丰富性。比如作者把王熙凤放在广阔

《红楼梦》插画

的社会生活中，从各个侧面去描写，构成了她性格的丰富性、完整性，达到了典型化的高度。作者一方面写出了这位管家奶奶治家的才干，她似乎是支撑这座将要倾塌的大厦的顶梁柱；另一方面她舞弊营私，真正是蚀空贾府内部的大蛀虫。她的阴险毒辣令人胆寒，而幽默诙谐、机智灵巧又让人叹服。这是一个充满活力，既使人觉得可憎可恨，又让人感到可亲可近的人物形象。

评价·古典小说最高艺术成就

《红楼梦》代表了我国古典小说最高的艺术成就，在人物描绘、情节安排、细节描写等方面都非常出色，堪称一绝，其中的美妙难以用语言传达，读者当在细细品味中体悟《红楼梦》的博大精深。这里只拈出其中的一个特色稍作讲解：

《红楼梦》很大的一个特点就是好用谶语。在第五回中，警幻仙子给宝玉看的金陵十二钗画册上的题诗和十二支《红楼梦》曲子分别暗示了每一位佳丽的身世，如【终身误】曲"都道是金玉良姻，俺只念木石前盟。空对着，山中高士晶莹雪；终不忘，世外仙姝寂寞林。叹人间，美中不足今方信。纵然是齐眉举案，到底意难平。"就暗示了宝黛爱情的悲剧结局。作者善用"谐音寓意"的手法，他把贾家四姐妹命名为元春、迎春、探春、惜春，这是谐"原应叹息"的音；在贾宝玉神游太虚幻境时，警幻仙姑让他饮的茶"千红一窟"，是"千红一哭"的谐音，又让他饮的酒"万艳同杯"，这酒名是"万艳同悲"的谐音，这样的手法几乎贯穿了全书。小说的行文中也往往暗示以后的情节，这为索隐派的红学家提供了很多考证的蛛丝马迹，寻找和思索这些谶语也许是一件很有意思的事情，有心的读者可以试试。

《镜花缘》 /炫耀学问的经典之作

其于社会制度，亦有不平，每设事端，以寓理想；惜为时势所限，仍多迁拘，例如君子国民情，甚受作者叹羡，然因让而争，矫伪已甚，生息此土，则亦劳矣，不如作诙谐观，反有启颜之效也。

——《中国小说史略·清之以小说见才学者》

作者·晚年作小说打发时光

《镜花缘》的作者李汝珍（约1763—约1830），字松石，直隶大兴（今属北京市）人。曾经在河南做过县丞。乾隆四十七年，他的兄长到江苏海州做官，他跟随前往，此后一生大多数时间在海州生活。在海州，他拜凌廷堪为师。他博学多才，读书不屑于章句之学，不屑作八股文，而对杂学特别感兴趣，如壬遁、星卜、象纬、书法、弈道之类，无不通达。晚年贫困潦倒，作小说打发时光。他的著作有《镜花缘》《李氏音鉴》《受子谱》。

背景·追求博学之风盛行

《镜花缘》是清代以小说炫耀学问的一派中最突出的作品。清代小说中出现这一派，与清代的学术风气有关。自从汉武帝独尊儒术以来，中国学术基本上一直以经学一统天下。自汉唐以至宋明，文字音韵、训

诂考证、金石考古、算学历法等学术门类渐渐萌生和兴起。顾炎武之后，乾嘉学者对各门学问进行了专门而精深的研究。梁启超在《中国近三百年学术史》中认为，乾嘉诸儒所做的工作约有十三个方面：一、经书的笺释；二、史料之搜补鉴别；三、辨伪书；四、辑佚书；五、校勘；六、文字训诂；七、音韵；八、算学；九、

镜花缘图册　清　孙继芳

地理；十、金石；十一、方志之编纂；十二、类书之编纂；十三、丛书之校刻。上列分类大致可以看出乾嘉学术的规模和气象。乾嘉学者中有专攻一门之士，也不乏博学通儒。据江藩《国朝汉学师承记》记载，吴派学术的先导者惠士奇"博通六艺、九经、诸子及《史》《汉》《三国志》，皆能颂"。吴派中坚惠栋"自经史、诸子、百家、杂说及释道二藏，靡不穿穴。……乾隆十五年，诏举经明行修之士，两江总督尹文端公继善、黄文襄公廷桂交章论荐，有'博通经史，学有渊源'之语"。皖派的代表人物戴震，更是精研经学、史学、小学、音韵、训诂，其多闻博学之名饮誉学界。皖派的分支扬州派的学者治学惟是为求，不守门户，其学术范围更为广博，江藩称其代表人物汪中"博综群籍，谙究儒墨，经耳无遗，触目成诵，遂为通人焉"。可见，乾嘉学者在学术气象上弘扬了广博的学风。李汝珍受当时风气的影响，也力求博学，从《镜花缘》中，我们可以看到他对音韵学、中医学，水利的研究。

内容 · 一百位花神落人间

《镜花缘》是李汝珍晚年的作品，一百回。前五十回写秀才唐敖和林之洋、多九公三人出海游历各国，以及唐小山寻找父亲的故事：严冬时节，女皇武则天乘醉下诏，要百花齐放，当时百花仙子不在洞府，众花神不敢违抗，只得按期开放。因此，百花仙子同九十九位花神被罚，贬到人间。百花仙子托生为秀才唐敖的女儿唐小山。唐敖仕途不顺，产生隐遁的想法，抛妻别子，跟随妻兄林之洋到海外经商游览。他们路经几十个国家，见识了许多奇风异俗、奇人异事、野草仙花、野岛怪兽，并且结识了由花仙转世的十几名秀外慧中的妙龄女子。唐小山跟着林之洋寻父，直到小蓬莱山。依父亲的意见改名唐闺臣，上船回国应考。后五十回着重表现众女子的才华：武则天开科考试，录取一百名才女。她们多次举行庆贺宴会，并表演了书、画、琴、棋、赋诗、音韵、医卜、算法、灯谜、酒令以及双陆、马吊、射鹄、蹴球、斗草、投壶等种种技艺，尽欢而散。唐闺臣第二次去小蓬莱寻父。最后则写到徐敬业、骆宾王等人的儿子，起兵讨伐武则天，在仙人的帮助下，他们打败了武氏军队设下的酒、色、财、气四大迷魂阵，使得中宗继位。

李汝珍在《镜花缘》中有意显示自己的博学多识，比如他对中医医理的阐释有相当高的水平，他对小儿惊风的医理作如下分析："小儿惊风，其症不一，并非一概而论，岂可冒昧乱投治惊之药？必须细细查他是因何而起。如因热起则清其热；因寒起则去其寒；因风起则疏其风；因痰起则化其痰；因食起则消其食。如此用药，不须治惊，其惊自愈，这叫做'釜底抽薪'。再以足尾俱全的活蝎一个，用鲜薄荷叶四片裹定，火上炙焦，同研为末，白汤（米汤）调下，最治惊风抽掣等症。盖蝎产于东方，色青属木，乃是厥阴经之要药。凡小儿抽掣，莫不因染他

疾引起风木所致，故用活蝎以治风，风息则惊止，如无活蝎，或以腌蝎泡去咸味也可，但不如活蝎有力。"从中可见辨证清楚，用药细腻，辨证与辨病有机地结合而选药极为恰切。他在《镜花缘》中记录的药方，至今还有人抄出来治病，据说很有效，可见他确实精通医道，而且是用心在结纂这部小说。

评价·竭力卖弄学问之作

本书凭借高超的想象力，根据我国古代神话资料《山海经》中提供的线索，加以发挥补充，描写了君子国、大人国、两面国、黑齿国、白民国、淑士国、无肠国、毛民国、翼民国等地的奇闻异事、风土人情，令人目不暇接，忍俊不禁，读来仿佛置身于一个神奇的海外神话世界。

李汝珍在本书中炫耀他的博学。比如第九十六回粉牌上列举了五十余种酒，大致都是清朝中期的名酒：山西汾酒、江南沛酒、真定煮酒、潮洲濑酒、湖南衡酒、饶州米酒、徽州甲酒、陕西权酒、湖南浔酒、巴县咋酒、贵州苗酒、广西瑶酒、甘肃乾酒、浙江绍兴酒、镇江百花酒、扬州木瓜酒、无锡惠泉酒、苏州福贞酒、杭州三白酒、直隶东路酒、卫辉明流酒、和州苦露酒、大名滴溜酒、济宁金波酒、云南包裹酒、四川路江酒、湖南砂仁酒、冀州衡水酒、海宁香雪酒、淮安延寿酒、乍浦郁金酒、福建院香酒、海州辣黄酒、栾城羊羔酒、河南柿子酒、泰州枯陈酒、茂州锅疤酒、山西潞安酒、芜湖五毒酒、成都薛涛酒、山阳陈坛酒、清河双辣酒、高邮苼酒、绍兴女儿酒、琉球白酌酒、楚雄府滴酒、贵筑县夹酒、南通州雪酒、嘉兴十月白酒、盐城草艳浆酒、山东谷子酒、广东瓮头春酒、琉球蜜林酊酒、长沙洞庭春色酒、太平府延年益寿酒。这本书囊括了李汝珍的毕生所学，一片苦心，值得珍视，但是将学问写在小说里，写太多了自然会招致反感。这也是本书的一个瑕疵。

《三侠五义》 /武侠小说开山鼻祖

《三侠五义》为市井细民写心，乃似较有《水浒》余韵，然亦仅其外貌，而非精神。

——《中国小说史略·清之侠义小说及公案》

作者·受欢迎的说唱艺人

石玉昆（约1810—1871），字振之，号问竹主人，天津人，是清朝十九世纪著名评话家、小说家。幼年时，石玉昆在礼王府内书房当差，伺候礼亲王昭梿。昭梿雅好诗书，结交文士，石玉昆耳濡目染，颇受影响，编有《龙图公案》《忠烈侠义传》。《龙图公案》为五鼠闹东京的故事，别出心裁，改编成侠义英雄白玉堂等人辅佐包拯为民申冤办案，并且平定藩王作乱的故事。其中人物描写细腻，情节曲折，富有生活气息。《忠烈侠义传》原稿有三千余篇，其后经人编为小说，成《三侠五义》一百二十回，《小五义》一百二十四回，《续小五义传》一百二十四回，先后出世。

石玉昆不仅在编纂上有一定的成就，而且还是一个著名的说书艺人。他以自弹自唱西城子弟书（即西调）著称于世，曾说唱《封神榜》《西游记》《鼎峙春秋》《龙图公案》（《包公案》）等传奇小说，很受市民欢迎。除了在说唱艺术上比较纯熟之外，在音乐上也有独创，以巧腔著名，被誉为"石派书""石韵书"。

背景 · 内忧外患的时代

清王朝后期，政治日益黑暗，封建制度逐渐显示出了不适应时代要求的落没趋势，整个统治阶级奢侈腐化，官僚贪赃枉法、聚敛私财、欺压民众。除了内忧还有外患，鸦片战争前后，清政府面对来自外部侵略者软弱无能。中央集权的能力弱化，无法正常而有效的对国家进行管理，于是社会秩序空前混乱。政府面对这种局面，无力解决，就必然会寻求民间力量作为辅助，寄希望于本领高强的绿林好汉。

在这期间，人们对于惩暴护民、伸张正义的清官与铲霸诛恶、扶危济困的侠客的憧憬和向往，成为民众的重要心态。体现在文学上，通俗小说的发展出现了一个重要的文学现象和思潮，"侠义小说"与"公案小说"合流。侠义公案小说则将这种心态纳入封建纲常名教所允许的范围之内，由清官统率侠客，既在一定程度上符合了民众的心愿，又颇适应鼓吹休明、弘扬圣德的需要。在这个阶段，出现了《三侠五义》《儿女英雄传》《荡寇志》《施公案》等一系列的侠义公案小说。

《三侠五义》小说的题材，早在宋元时期就已出现。宋元以来，不断有以包公为题材的文学作品出现，如宋元话本《合同文字记》，元杂剧《抱妆盒》《盆儿鬼》《陈州粜米》等。明末出现的《龙图公案》，是有关包公审案断狱的短篇故事集。这些作品，其中不少是民间传说，掺杂不少冥灵迷信荒诞不经的内容。《三侠五义》就是以这些作品及民间传说为基础，并加以虚构，且少量沿袭了些荒诞迷信编著而成。

内容 · 侠义和公案的产儿

《三侠五义》原名《侠义忠烈传》，是中国古典文学中最著名的以包公为主角的长篇公案和侠义小说。小说前70回主要以包公断案的故

事为主线，陆续引入三侠（南侠展昭、北侠欧阳春、双侠丁兆兰、丁兆蕙，近代学者俞樾以此四人再加上小侠艾虎、黑妖狐智化、小诸葛沈仲元为七侠），以及五鼠（钻天鼠卢方、彻地鼠韩彰、穿山鼠徐庆、翻江鼠蒋平、锦毛鼠白玉堂）等人的活动。他们原来都是江湖豪杰，为包公的忠义所感化，成为他辅佐朝廷、为民除害的帮手。后50回写侠士们协助颜查散等清官，剪除了襄阳王赵珏的党羽马强、邬泽、钟雄等，挫败了赵珏反叛朝廷的阴谋。环绕着这两大情节，书中穿插了若干个清官、侠士为民伸冤、除暴安良以及侠士之间往来纠葛的小故事。

"三侠"中最先出场的是南侠展昭，他不仅是这部长篇章回小说第一部分的中心，也是全书的线索人物。《三侠五义》以"狸猫换太子"开篇，明确交代时代背景：北宋仁宗年间，以包公赶考遇难引出展昭，并介绍他的来历、出身及其"南侠"之称号，再以南侠的活动为线索，导出五义。自第三回"英雄初救难"至第五十七回"包相保贤豪"，南侠是当之无愧的主角。而到此，全书的第一部分也就结束了。

第二部分自第五十八回"九如遇恩星"开始，以五义中的彻地鼠韩彰、翻江鼠蒋平及丁兆兰等人的活动为过渡，自此至七十八回"玉堂拜双侠"为止，故事的主人公为北侠欧阳春，并在其间通过北侠的活动引出黑妖狐智化来。

智化登场比较晚。他是在第七十二回"学艺招贤馆"中与其弟子艾虎同时亮相的。与南北二侠不同的是，他不是作为"游侠"露面的，当时他的身份是"无处可去"，因而在马强处"暂且栖身"的豪杰。但是，在七十八回北侠随白玉堂赴京打官司之后，直到一百二十回全书结束，智化是故事的灵魂人物。

《三侠五义》虽然是以三侠作为其主人公来进行故事铺陈的，但五义的作用也不容忽视。他们的活动，始终与三侠的行动这条主干相辅

相成。正因为有五义穿插其中，小说才能首尾连贯，不至脱节。并且，作者借助他们的行动，明确写出的"侠"与"义"的不同。"侠"是指依仗一己之力以助被欺凌者的人，其行为带有很强的"独行"意味；"义"则指仗义之士，且包含"聚啸""结义"之意。所以，作者在写到五义时，更多地刻画了他们彼此间的感情，陷空岛结拜、卢方寻找义弟、蒋平寻韩彰等情节，无不突出了五义之间的深情厚谊。

《三侠五义》的结构是"侠义公案小说模式"，鲁迅先生曾说："凡此流小说，虽意在叙勇侠之士，游行村市，安良除暴，为国立功，而必以一名臣大吏为中枢，总领一切豪俊。"在书中，这个"总领豪俊"的名臣，就是包公。在以展昭为主角的第一部分中，穿插了大量"包公断案"的情节，作者这样安排，一方面是为了给展昭投靠朝廷做铺垫：为了报答包相提携之恩，也是为了全包拯的这份朋友之谊；另一方面，作者也想借此展现出他所认定的"公正廉明"的标准：不为权势所屈，不为富贵所动，决不跟奸臣同流合污，一心为民做主。

小说把侠客义士的除暴安良行为，与保护官府大臣、为国立功结合起来，南侠、五鼠均被授皇家护卫，表现了宣扬忠义和维护封建统治秩序的思想。但是，侠客义士依附统治阶级中的正面人物，与邪恶势力对立，仗义除暴，为民申冤，反映了人民群众的愿望。小说揭露和抨击了太师庞吉恃宠结党营私，诬陷忠良；庞昱荼毒百姓，抢掠民间妇女；苗秀父子鱼肉乡里，重利盘剥；葛登云、马刚肆虐逞凶，为害地方等，在一定程度上暴露了封建统治的黑暗，表现了人民群众的斗争精神。小说中穿插了大量侠客活动，既有路见不平、拔刀相助的正义行为，也表现出他们忠心为统治阶级服务的本质。它的出现，表明近代传统的公案小说与侠义小说的完全合流。

《三侠五义》将原有的短篇串连为长篇，在情节上有所发展，特别是小

说增加了大量勇侠之士游行村市除暴安良、为国立功的故事,如南侠展昭为包公站在金龙寺杀凶僧,天昌镇拿刺客,在庞吉花园破妖魔等。

小说的传奇色彩浓厚,人物形象描写得更加鲜明。包拯的形象更为饱满,是一个秉公执法、刚正不阿、断案如神、善于平反冤案的清官。他不畏权贵,和奸臣庞氏父子进行了坚决的斗争;又广招贤才,将三侠五义等人推荐给朝廷,使他们得到重用。他既能忠心报国,又能为民除害,是百姓拥戴的包青天。

还有一个重要的人物形象是锦毛鼠白玉堂。他身怀绝技、行侠仗义,但心胸狭窄、阴冷狠毒。因南侠展昭的"御猫"封号有欺鼠之嫌,他就找展昭比武斗艺,并为此大闹东京,引出一系列纠葛,最后因失印负气,孤身探铜网阵而死。从13回到105回,作者用许多笔墨表现他见义勇为、工于心计、少年气盛、敢于冒险等性格特点,并将心胸开阔、待人宽厚的南侠展昭和他对比出现,使一个充满矛盾、有着鲜明个性的侠客形象展现在读者眼前。此外,小说还刻画了一系列各具特色的人物形象。如忠厚仁慈的卢方、含而不露的欧阳春、足智多谋的蒋平、憨厚耿直的徐庆等,其他如奴仆、丫环等,也都写得栩栩如生。

评介·武侠的开山之作

《三侠五义》及其续书绘声状物,保留了宋元以来说话艺术的明快、生动、口语化的特点,刻画人物、描写环境能与情节的发展密切结合。特别是对侠客义士的描绘,各具特色,多有性格,富于世俗生活气息。鲁迅说此书"而独于写草野豪杰,辄奕奕有神,间或衬以世态,杂以诙谐,亦每令莽夫分外生色"。

在情节安排上,《三侠五义》由相对独立的一个个故事交叉组成,若干个小故事又构成一个大情节,一环紧扣一环,即错落有致、枝节横

生，又清晰连贯、首尾完整。小说还以第三人称的铺叙为主，又时时以说书人口吻点拨几句，或状物叙事，或剖情析理，使读者印象深刻。

《三侠五义》作为中国最早出现的具有真正意义的武侠作品，对中国近代评书、武侠小说乃至文学艺术影响深远，称得上是武侠小说的开山鼻祖，由此掀起了各类武侠题材文学作品的高潮。《三侠五义》有关武功技击（如点穴、暗器、剑诀、刀法、轻功提纵术等）、江湖勾当（如闷香、百宝囊、千里火、夜行衣靠、人皮面具等）以及机关埋伏（如八卦连环堡）种种名目之演述，均对以后武侠小说的内容素材有决定性的影响。此后武侠公案、短打评书盛极一时，例如《五女七贞》《永庆升平》，民国《三侠剑》《雍正剑侠图》等纷纷问世，清末民初也有大量知识分子投身武侠小说创作，写了很多脍炙人口的佳作，比如王度庐的《卧虎藏龙》，还珠楼主的《蜀山奇侠传》，一直到港台的金庸、古龙的武侠小说都在它的影响之下。

这部作品也有一些缺点，首先是作者对封建社会的道德、秩序表示了衷心的拥护，特别是对等级观念更是无条件地遵守；男女之间，男高女下；君臣之间，君尊臣卑；主仆之间，主贵仆贱；官民之间，官大民小。就是侠客，作者也只让他们在一定范围内进行活动而不敢稍有逾越。无论颜查散或施俊，都是谨守礼教、恪遵古训的君子；无论柳金蝉或金牡丹，都是久处深闺奉行三从四德的淑女。即使婚事难成，也只能安分守己地静候家长裁决。可见作者的思想深处，对三纲五常的教条是丝毫不敢背叛的。

作者虽歌颂封建道德，但在五伦中却特别突出地描写了朋友的义气。作者的世界观虽不免带有浓厚的宿命论色彩，但全书始终贯穿了"善人必获福报，恶人总有祸临，邪者定遭凶殃，正者终逢吉庇"的福善祸淫的精神，这就使广大善良而正直的人民大众得到了心理上的满足。因此它正如鲁迅先生所说，是一部"为市井细民写心"的书。

《官场现形记》 /大胆揭露晚清官场

官场伎俩，本小异大同，汇为长编，即千篇一律。特缘时势要求，得此为快，故《官场现形记》乃骤享大名；而袭用"现形"名目，描写他事，如商界学界女界者亦接踵也。

——《中国小说史略·清末之谴责小说》

作者 · 屡办报刊的小说家

《官场现形记》的作者李宝嘉，字伯元，别号南亭亭长，笔名游戏主人、讴歌变俗人、二春居士等。江苏武进（今属江苏常州市）人。李宝嘉出身官宦家庭，3岁丧父，由伯父李翼清抚养教育，多才多艺，能写八股文，曾考中秀才；也擅长书画篆刻，又曾向传教士学习英文。1896年到上海，编撰《指南报》，1897年创办《游戏报》。1901年创办《世界繁华报》，"假游戏之说，以隐寓劝惩"，在谈风月的同时，也嘲笑腐败的官僚，暴露社会黑暗。1903年，主编《绣像小说》。李宝嘉痛恨清王朝的腐败与列强的侵略，在小说《活地狱》的"楔子"里说："世界昏昏成黑暗，未知何日放光明；书生一掬伤时泪，誓洒大千救众生。"李宝嘉的作品有《官场现形记》《文

李宝嘉像

明小史》《中国现在记》《活地狱》《海天鸿雪记》《南亭笔记》以及《庚子国变弹词》《爱国歌》《芋香宝印谱》等。他与吴沃尧、刘鹗、曾朴并称清末四大小说家。

背景·官场腐败由来已久

中国人习惯把政府官员结成的关系网叫官场，把担任政府官员、踏入这个关系网叫做混迹官场。官场也是一种社会关系，官吏们为了自己利益不受侵害，或者使自己利益越来越大，结成这么一个关系网。官员们或者官官相护，或者互相倾轧，巧妙地维持着微妙的关系。历朝历代，官场都很难得干净，晚清官场的腐败更是自不待言。这种腐败除了官吏的道德败坏之外，主要还是封建专制政体自身有问题，是制度的腐败。中国自从秦始皇统一天下，建立一套中央集权的官制以来，历代沿袭，只是稍加修改，并没有任何本质的变革。官员作为一个对全体人民开放但是相对独立的阶层，有它自身特殊的利益，它们处在社会的上层，享受民众的奉养，是一个既得利益阶层。又因为皇帝的地位远远超过官员，官员们与皇帝之间也有一道利益的鸿沟，皇帝考虑的是他的家族利益，而官员们考虑的则是自身阶层的利益，这两者虽然不是对立关系，但是也很微妙。历朝历代，最高统治者没有谁不希望自己的江山社稷能传之万世而不朽，为此他们必然要制定律例，惩治贪赃枉法，遏制官场恶习。但是

官员审人图 法国
这幅欧洲人的油画形象地表现了晚清下级官吏审训犯人的情形，可以说是当时官场的一个侧面反映。

跟鲁迅一起读42部不可不知的国学经典

官员们有官员们的手段，他们既要敷衍皇帝，又要保证自身阶层的利益尽量不受损害，结果使得皇帝们淳清吏治的宏伟构想无一例外地失败。腐败之所以横行而难以根除，很重要的原因就在于，人们并不觉得拉关系、讲人情在道德上有什么危险，它甚至是社会道德伦理的一部分。专门描写晚清官场的小说有李宝嘉的《官场现形记》，作者自诩熟知"官之龌龊卑鄙之要凡，昏聩糊涂之大旨"，所以能"以含蓄酝酿存其忠厚，以酣畅淋漓阐其隐微"，风行一时。《官场现形记》虽然只是一部小说，但是它揭示出官场的黑暗，可以带给我们关于社会的思索。

内容·为官场众生画丑像

《官场现形记》最初连载于《世界繁华报》，全书共六十回。本书写陕西同州府朝邑县赵温中举捐官，他的同伴钱典史捐派江西。江西代理巡抚何某，绰号"荷包"，"荷包"

官员打牌图　法国
在中国游历的欧洲传教士将晚清腐朽的官僚机构用略带幽默和嘲笑的笔触赤裸裸地表现在画面上。

平生爱钱。他的三弟绰号"三荷包"。两个"荷包"分赃不均失和，抖出许多卖官鬻爵的旧账。"三荷包"带着卖官所得的银子，买得山东胶州知州的位子。到任后，千方百计巴结山东巡抚。外国人劝巡抚做生意，候补通判陶子尧趁机大讲"整顿商务"，被巡抚派往上海购买机器。陶到上海，被骗子与妓女捉弄，狼狈不堪。幸好山东试用府经周因从中帮忙，才算了结。周因得陶谢礼，前往浙江，协助旧交浙江巡抚刘中丞办洋务。周与文案戴大理勾心斗角，互相拆台。上司委胡统领带着

周因等人前往剿捕严州一带土匪，官兵上下避匪不战，骚扰民众，却个个立功受赏。御史参劾刘中丞，两名钦差来浙江巡查。副钦差傅理堂署理浙江巡抚，外表廉明，暗地卖官。浙江粮道贾筱芝用6000两银子买得一个密保，升任河南按察使。贾的大少爷贾润孙趁黄河决口，任河工总办，赚了10万两银子，进京谋职，先后结识了钱席掌柜黄胖姑、宗室博四爷、书铺掌柜黑白果、开古董铺的刘厚守、试用知府时筱仁，通过太监黑大叔、内阁大学士华中堂等权贵，谋求放缺，因有人作梗，未能办成。

时筱仁与广西提督舒军门、户部王博高、军机徐中堂、江南记名道余小观等人交往。余小观到南京候职，结识了牙厘局总办余荩臣、学堂总办孙国英、洋务局会办潘金士、保甲局会办唐六轩、旗人乌额拉布等候补道，一起赌博、狎妓。一起鬼混的还有南京统带防管的统领羊紫辰。羊统领好色，家中已有八个姨太太。一个名叫冒得官的船哨官，为保官职，逼诱亲生女儿，给羊统领做第九个小老婆。湖广总督也是一位旗人，名叫湍多欢，原有十个姨太太，人称"制台衙门十美图"。有个属员为谋官职，又特地在上海买了两个绝色女子送他，湖北人改称为"十二金钗"。得宠的九姨太与十二姨太，先后插手卖官捞钱。经常惹乱子的唐二乱子，通过制台的十二姨太，一夜之间变成了银元局总办。连制台的女儿宝小姨也放手卖官。湍制台奉旨进京，署理直隶总督。湖北巡抚贾世文升任湖广制台。此人自称生平有两桩绝技：一是画梅花，一是写字。其实一概不通。下属想要趋奉他，便借此讨他的好。他平日号令不常，起居无节。候补知县卫瓒，藩台噶扎腾额，远方表弟萧秃子，蕲州州官区奉仁，撤任兴国州官瞿耐庵，蕲州吏目随凤占，府经申守尧，秦梅士，代理蕲州吏目钱琼光等人先后前来拜见，这些人互相牵扯，搅起许多污泥浊水。北京派署理户部尚书童子良来湖北清查财政。童钦差最厌恶的是洋人。无论什么东西，只要带一个"洋"字，他决

不肯亲近。听人说鸦片是洋烟，便摔掉烟灯、烟枪。做官要钱，专要银子，不要洋钱。出京之后，一路上捞到近100万两。安徽一个候补知府刁迈彭，得到童子良的赏识，进京引见，平空里得了一个"特旨道"，安徽人叫他"二抚台"，后来又署了芜湖关道。刁迈彭到任后，插手外路缙绅张守财家事，赚了几十万两银子。后来奉使外洋。当时有许多人与洋人打交道。江南制台文明，景慕维新，对下级傲慢粗暴，对洋人却卑躬屈膝。六合县知县梅仁诌媚洋人，得到文制台格外赞赏。枪炮制造厂总办傅博万，因为出过洋，归国后到处招摇，也得到文制台赏识。当时的吏治，已经不可收拾。

评介·大胆揭露，现形官场

《官场现形记》是我国第一部在报刊上连载、直面社会而取得轰动效应的长篇章回小说。在作者笔下，上至尚书、军机大臣，下至州县吏役佐杂，无不在为升官发财而奔走。他们一个个或钻营诈骗，或狂嫖滥赌；或吸鸦片，或玩相公；或妄断刑狱，或明码买缺。总之，整个官场上全都是见钱眼开，视钱如命，蝇营狗苟，排挤倾轧，谄媚逢迎，道德败坏之徒。用作者自己的话来说，就是"妖魔鬼怪，一齐都有"。这些国家的蛀虫、社会的败类，一方面掌握着国家的命脉，对人民百姓作威作福，极尽欺压剥削之能事；另一方面，却又在帝国主义面前奴颜婢膝，丑态百出。他们无论在什么场合，只要听到洋人或碰到洋人，马上便手忙脚乱，面容失色。如第五十三回，两江制台一听到洋人来拜，"顿时气焰矮了半截"。一听到百姓反对洋人，便马上派兵去"弹压"。作者以犀利的笔锋刻画了官场的丑态，表达了对那些崇洋媚外的帝国主义奴才的鄙视，充分展示了一个觉醒的中国人强烈的民族自尊心。作者在小说中大胆地影射当时的很多权要人士，书中故事很多都以

真人真事为蓝本，如书中的黑大叔影射李莲英，华中堂影射荣禄，周中堂影射翁同。他所揭示的，正是穷途末路的清王朝无官不贪，无吏不污的现状。而且，在清政府淫威下，他居然秉笔直刺最高统治者，借宫廷掌权太监的口吻道破天机：

佛爷早有话"通天底下一十八省，那里来的清官。但是御史不说，我也装糊涂罢了；就是御史参过，派了大臣查过，办掉几个人，还不是这么一回事。前者已去，后者又来，真正能惩一儆百吗？"

这赤裸裸的揭示，正说明了清代社会末年的官场普遍贪污，实在是在最高统治者的纵容下进行的，而腐朽的社会制度又是滋养这些贪官污吏的温床。作者以极大的注意力观察污浊的心灵世界，并将之形象地刻画出来，揭发了这个统治阶级集团道德情操的极端堕落，明示着曾经辉煌的大清帝国，实际上已经是一片废墟。

本书的写法受《儒林外史》影响很大，由一些相对独立的短篇组成，但又相互勾联。全书从西北写到东南，写到北京；从一个尚未当官的士子（赵温）和一个州县佐杂小官（钱典史）写起，写到州府长吏（黄知府、郭道台）、藩台（"荷包"）、督抚（山东巡抚，浙江巡抚刘中丞、傅理堂，湖广总督湍多欢、贾世文，江南制台文明）、钦差（童子良）、太监（黑大叔）、军机（徐大军机）、大学士（华中堂、沈中堂）等。一个个丑恶嘴脸跃然纸上。

本书笔锋犀利刚劲，深刻中有含蓄，嘲讽中有诙谐，书中许多章节，写得有声有色。如第二回、第三回，写钱典史如何巴结新贵赵温，又比如第四十六回、第四十七回写钦差大人童子良忌讳"洋"字，第五十三回写江南制台文明谄媚洋人，都活灵活现，令人发笑。

《二十年目睹之怪现状》/光怪陆离的社会众相

　　全书以自号"九死一生"者为线索，历记二十年中所遇，所见，所闻天地间惊听之事，缀为一书，始自童年，末无结束，杂集"话柄"，与《官场现形记》同。而作者经历较多，故所叙之族类亦较夥，官师士商，皆著于录，搜罗当时传说而外，亦贩旧作（如《钟馗捉鬼传》之类），以为新闻。

　　　　　　　　　　　　——《中国小说史略·清末之谴责小说》

作者·一个清醒的知识分子

　　《二十年目睹之怪现状》作者是广东佛山人吴沃尧（1866—1910），字小允，号趼人，亦作茧人，别号我佛山人、野史氏、老上海、抽筋主人等。他出身小官吏家庭，曾祖父吴荣光官至湖广总督，祖父、父亲都是小官吏。吴沃尧17岁丧父，家境窘困。1883年，18岁的吴沃尧离家来到上海，先在茶馆做伙计，后到江南制造局作抄写工作。1897年，吴沃尧开始创办小报，先后主持了《字林沪报》《采风报》《奇新报》《寓言报》等报纸。1906年，担任《月月小说》杂志总撰述。他不满意清末政治的腐败、官僚的腐朽、社会风气的堕落、帝国主义的侵略、

吴沃尧像

尤其憎恶惧洋媚外思想，在小说中一一予以揭露鞭挞。他主张要开化、要进步、要维新，力求借小说"改良社会"，"佐群治之进化"，挽救"道德沦亡"的风气。吴沃尧一生清贫，囊中常常羞涩，工作劳累，而生活困窘。吴沃尧著有《二十年目睹之怪现状》《痛史》《瞎骗奇闻》《恨海》《新石头记》《九命奇冤》《糊涂世界》《劫余灰》《上海游骖录》《发财秘诀》《近十年之怪现状》等长篇小说，《黑籍冤魂》《立宪万岁》《光绪万年》《平步青云》等短篇小说。其中以《二十年目睹之怪现状》最为著名。

背景·小说界革命带来刺激

晚清时期，在现代西方文明的压力和示范下，中国开始了现代化的进程，社会的各个方面发生了质的变化。在文学领域，由于旧的社会体制趋于松动，非官方的报刊等现代传媒在19世纪下半叶就已经出现，到了1906年，仅上海出版的报刊就达到66种，这时全国出版的报刊总数达到239种之多。这些报刊发表政论新闻，也发表诗歌和娱乐性质的文章，后来这些内容演变成副刊，最初的文学刊物就是以副刊的形式出现的。当时并称为四大文学刊物的是梁启超创办的《新小说》（1902年），李嘉宝主编的《绣像小说》（1903年），吴沃尧、周桂笙编辑的《月月小说》（1906年），吴摩西编辑的《小说林》（1907年）。1902年，梁启超提出"小说界革命"的口号，他认为小说是开启民智最有力的手段，他宣称"小说是文学之最上乘"，它与人生息息相关，"如空气，如菽麦，欲避不得避，欲屏不得屏，而日日相与呼吸之餐嚼之矣"。他还宣称，"今日欲改良群治，必自小说界革命始；欲新民，必自新小说始"。梁启超的话如平地惊雷，震撼了无数知识分子，并很快激起了强烈的社会反响。别士、楚卿、松岑、陶佑曾等人纷纷发表文章，他们赞

同梁启超的"小说界革命"观点，鼓吹"新小说"，强调小说改造社会的功用和价值。这一运动刺激了小说的发展。辛亥革命以后，报刊杂志又一次大增，仅1911年新办的报刊杂志就达500种。据统计，从晚清到1917年文学革命之前，单是以"小说"命名的文学杂志就已近30种。文学刊物的出版呈现出繁荣的局面，"小说界革命"刺激了小说的革新，这种局势为小说创作的繁荣提供了土壤，这时出现了以写作为生的文人，也就是职业作家。晚清四大谴责小说最初都是在这些文学刊物上发表的，它们的作者有的也是报人。正是这些文学杂志催生了这些小说。

内容 · 一个人眼中的怪现状

《二十年目睹之怪现状》从1903年开始在梁启超主编的《新小说》上连载。全书共108回。本书写"九死一生"从1884年中法战争以来所见所闻的各种怪现状：

我15岁那年，父亲从杭州连发四封急信，说病危，叫我到杭州去。我坐了三日航船，方才到杭州，父亲竟在一小时前咽了气。父亲大殓之后，我盘了一个店铺，账上的银洋、黄金数目可观。我托父亲的好友云岫给母亲捎回132元银洋，余下的5000银子由伯父存到钱庄里。半年后，我才知道托云岫捎的钱竟被他贪了。家里生计困难，我到南京伯父那里支取利钱，公馆的人说他下乡办案，伯母又不肯见我，只好做了大关吴继之的书启。在当书启的日子里，我见到、听到了许多事情：一个乡下人靠娼妓当上道台；年轻的候补道台为升官，让自己的妻子出卖色相，巴结臬台；候补县太爷因撤职去做贼；珠宝店的东家诈骗伙计19000两银子；落魄官员苟才为求高升，穷摆架子。伯父终于与我见面了。有一日，一个40多岁的女人求见继之。她的丈夫是个候补知县，没有升迁路子，7年没有差事，因穷困自缢身亡。家徒四壁，安葬丈夫成了难事。继

之送给她100两银子，并答应找人帮忙。

家乡来电报，称母亲病危。我急忙回故乡。原来是族中长辈修宗族祠堂摊派银两，把我诓回来的。我安抚了族中长辈，变卖了田产，与母亲、婶婶和新寡的堂姊，离家到南京定居。行程中，我遇到了远亲王伯述。他曾官至山西大同府，精明强干，关心民间疾苦。在微服私访时，遇到了也微服私访的抚台，因为眼睛近视，未认出抚台，口无遮拦地指斥抚台的弊政，得罪了对方，被撤职察看。两日后到了南京，继之已为我们租了房子，我和继之分别拜各自的母亲为干娘，继之母亲也收堂姊为干女儿。一日，听关上的多师爷说了做贼的当了臬台的事：这个臬台本是一个飞檐走壁的贼，他听了一位算命先生的话，偷了一笔钱，捐了一个知县。在任时，仍没断了偷。后来，居然做了安徽臬台。

几个月后，继之说：为了将来有一个退路，他在上海开了家商号，其中有我2000股本。他让我去上海一趟，给他买一样送礼的东西，同时去对对账。我次日便坐船去上海。一日早晨，伯父家原来的一个伙计叫黎景翼的来见我，说他弟弟亡故，无钱安葬，求我资助。我答应了他。他走后，商号里的人告诉我：黎景翼不是个好人，为了得到长辈的遗产，他逼死了自己的亲弟弟，又把他的弟妇秋菊卖给了妓院。继之来信，叫我到苏州再开一个坐庄，以便两头接货。

一年后，我又

官吏出巡图

官吏出巡，往往全副仪仗，官气十足，且美其名曰亲民、爱民、理讼。然而到了清末，官吏一出，则百姓四骇，其所行所做，无非是扰民、害民、吓民、诈民而已。所谓"匪来如梳，兵来如篦，官来如剃"，足见官吏为害之甚。

迎官图

清末官场是最为黑暗与腐败的，外崇洋人，内侮百姓，视上官如爷娘，视百姓如草芥，官做贼，贼做官，真可谓一塌糊涂。吴沃尧是深知官场的，所以在他的小说中，大小官员的一举一动，皆被刻画得入木三分。

到上海稽查，继之叫我速回南京。他得了一个新差事，要在科考之前到科场里面等待阅卷，请我给他帮忙。科考到了，我便以随从的身份入了内帘。外面早把大门封了，加上封条。傍晚时，我看见一只鸽子站在檐上，鸽子尾巴上竟缚着一张纸，拆开却是一张科考题目纸。继之大吃一惊，说是有人在作弊。他吩咐手下人把鸽子埋掉，把题目纸烧了。他说：历年科考作弊的都千奇百怪，传递文章的、换卷的、偷题目的……层出不穷。初十以后，就有卷子送了进来。我和继之从中批出了一些好卷，拿过去推荐给主考官。不久，继之拒绝新藩台仆人的索贿，得罪了上峰，被撤职。我们把两家都搬到了上海。继之的商号愈益兴旺，我替他在各处稽查，一晃几年。在南京，我遇到了苟才。他的大儿媳妇容貌很美。苟才被撤职，为了复职，苟才让儿媳给制台做姨太太，以换取制台欢心，不出十天，他得到了苏州抚台的职务，到任不几天便被革职。不久，就被他的小儿子毒死了。

又过了几年，一天，我接到了好友文述农的信，说我的叔父和婶母过世，遗下两个幼子，让我做安排。行途中，我听说我们的商号垮了。这时，又接到了伯父在宜昌病故的消息，我赶紧去安葬。到了此时，我

除了带两个小兄弟回家乡去之外，束手无策。

评价·晚清社会的一面镜子

《二十年目睹之怪现状》是一部带有自传性质的作品。作者通过主人公"九死一生"在20年中耳闻目见的怪现状，揭示了在封建社会的总崩溃时期，整个统治阶级的腐败、堕落，以及封建社会的黑暗、丑恶和必然灭亡的命运。它就像晚清社会的一面镜子，反映了清王朝在覆灭前的概况。

作者的批判，首先从对封建官僚机构开始。统治机构的每一个毛孔里，都渗透着贪污盗窃、男盗女娼的毒菌。知县做贼，按察使盗银，学政大人贩卖人口……整个上流社会，充斥着流氓、骗子、烟鬼、赌棍、讼师、泼皮、和尚、道士、婊子、狎客……为了升官发财，他们不惜出卖故交，严参僚属，冒名顶替，窜改供词，甚至把自己的女儿、媳妇、老婆去"孝敬"上司。总之，上自慈禧太后、王爷，中至尚书、总督、巡抚，下至未入流的佐杂小官，宫里的大小太监，官僚的幕客、差役、姨太太、丫环，全都置国家的危亡和人民苦难于不顾，赤裸裸地干着强盗、骗子、娼妇的勾当。

如果说作者对封建官僚机构腐败的揭露，是力图从政治的角度来展示末代封建王朝崩溃前兆的话，那么作者对于封建家庭的罪恶与道德的沦丧，则是从赖以维系一个社会存在的文化机制的角度来揭示封建大厦的必然坍塌。吏部主事符弥轩满口"孝悌忠信"，却自己成天花天酒地，让祖父到处行乞。九死一生的伯父平时道貌岸然，动辄对子侄加以训斥，可是他竟乘料理丧事之机吞没了亡弟家产。作品抹去了封建制度"天意""永恒"的神圣灵光，将它腐败不堪的丑恶面貌彻底暴露在世人面前。

在辛辣地批判现实的同时，作者也塑造了蔡侣笙、吴继之等正直、贤良而又恪守封建道德的正面人物。吴继之由地主、官僚转化为富商，是我国小说中最早出现的新型资产阶级形象。他与九死一生所经营的大宗出口贸易曾经兴旺一时，与昏庸腐败的官场群丑形成鲜明对比。然而，在当时的社会环境里，在帝国主义和封建主义的双重挤压下，他们最后还是不可避免地走向破产的命运，这种命运也正是半殖民地半封建时代的中国新兴资产阶级命定的归宿。书中的正面人物无一例外地被人欲横流的尘嚣浊浪所吞没，既真实地折射了时代的悲剧，也反映出作者改良主义理想的幻灭。

本书结构精巧，虽然转述故事较多，题材庞杂，但是却并不显得零散，虽然是单篇故事的串联，但始终以"九死一生"的见闻为线索，很有连贯性，正如《〈二十年目睹之怪现状〉评语之总评》中所说："举定一人为主，如万马千军，均归一人操纵"，又说"且开卷时几个重要人物，于篇终时皆一一回顾到，首尾联络"，独具匠心，颇见功力。

本书用第一人称叙述，这是过去的长篇小说从来没有过的，这标志着中国小说叙事角度开始向多元化转变。以前中国的小说都是全知全能的叙事角度创作的，作家对于他所描写的每一个人物都无所不晓，他知道每一个人物的心理，可以随意点染，随时引出另一个人物。本书则有所不同，作者用第一人称展开叙述，总是从自己这个角度来描写别的人物的言语与行动，而很少写到眼睛所看不到的心理活动。虽然这种手法在他这里还不成熟，但是也是一个全新的尝试，读者不妨将它和别的作品比较起来阅读。

《老残游记》/首部批判清官暴政之作

　　其书即借铁英号老残者之游行，而历记其言论闻见，叙景状物，时有可观，作者信仰，并见于内，而攻击官吏之处亦多。

　　　　　　　　　　　　　——《中国小说史略·清末之谴责小说》

作者·博学多才，履历丰富

　　《老残游记》的作者刘鹗（1857—1909），字铁云，别号洪都百炼生，江苏丹徒（今镇江市）人。刘鹗出身官僚家庭，自小聪敏，四岁开始识字。刘鹗不喜欢科举文字，却爱结交三教九流的朋友，涉猎了治河、天算、乐律、词章、医学、儒经、佛典、诸子百家、基督教等各方面的知识。刘鹗20岁时，在扬州碰到了太谷学派的第二代传人李光。太谷学派自称直接继承孔孟心法，主张

刘鹗像

以教养二途救国救民。刘鹗钦佩李光的学说，拜他为师。这期间，刘鹗在淮安开过烟草店，在上海办过印书局，都先后亏本，也曾正式挂牌行医。刘鹗34岁时，赴郑州协助总督吴大治理黄河，测绘出"豫、直、鲁三省黄河图"，撰写了《历代黄河变迁图考》《治河五说》《治河续二说》《勾股天玄草》《弧角三术》等著作。此后，他又曾经开工厂、办商场，不幸都以失败告终。1900年义和团起事，八国联军侵入北京，刘

鹗向联军购得太仓储粟，设平粜局赈济北京饥困。1908年，清廷以"私售仓粟"的罪把他充军新疆。1909年，因中风逝世于乌鲁木齐。刘鹗也是著名的学者，他编辑出版的《铁云藏龟》是我国第一部著录甲骨文资料的书，对甲骨学的发展有很大贡献。

背景 · 内忧外患，风雨飘摇

鸦片战争前后，长期闭关的国门被外国侵略者用鸦片和坚船利炮强行打开，一时间"海警飙忽，军问沓至"，中国社会出现了数千年未有的危机，整个社会以及思想文化界处于"万马齐喑"的状况，社会危机日益积重难返。鸦片战争前后的社会情景，正如时人所论析："今日之时势，观其外犹一浑全之器也，而内之空虚无一足以自固。"清朝社会已是百孔千疮，穷途末路。清朝统治阶层到嘉庆、道光时期，已经完全腐化败坏。当时皇宫"一日之餐，费至十余万"，"三年清知县，十万雪花银"则是官场的真实写照。当时卖官鬻爵公行，贪污贿赂成风。政府的统治已经连维持政治秩序的能力也没有了，社会矛盾迅速激化。小农经济日益破产，大批农民丧失赖以生存的土地，酿成彼伏此起的农民起义。就在农民起义不断爆发之际，西方殖民势力又不断入侵。这些现象表明，当时的中国已处于内忧外患的夹击之中，整个社会已是风雨飘摇。

内容 · 游方郎中的传奇经历

《老残游记》是刘鹗晚年撰写的长篇小说。从1903年开始，先在上海商务印书馆的半月刊《绣像小说》上连载，后来在《天津日日新闻报》上继续连载。本书写江湖医生老残在山东一带游历过程中的所见所闻所为。

老残姓铁名英，读过几句诗书，做不通八股文章，没中过秀才，也

没人要他教书,拜了一个道士为师,也摇起串铃,靠替人治病糊口,奔走江湖近20年。山东博兴县有个姓黄的大户,得了一种浑身溃烂的奇病,无人能医。老残用古药方治好了黄大户的病。黄家感激不尽,设宴招待三天。老残和黄大户告

《老残游记》书影

辞,前往济南大明湖去看风景。到了大明湖,听说有位说鼓书的白妞很不寻常。于是老残来到明湖居,听了白妞的鼓书,大饱耳福,颇有"三月不绝"的感觉。接着他又游览了济南的四大名泉:趵突泉、金钱泉、黑虎泉、珍珠泉。在衙门机要幕宾的江苏人高绍殷之妾得了喉蛾,已滴水不进,经老残医治,三四天就好了。从此,找老残看病的人越来越多。

有一天,老残在饭馆听人议论玉贤办强盗案办得好,受到巡抚赏识,保荐他为知府。老残想实地考察玉贤的"政绩"。可是山东省巡抚把老残看作是奇才,授予官职。老残无奈,只好半夜离开济南,赶往曹州。一路上听说了不少玉贤"政绩"。如于家屯的财主于朝栋家父子三人被栽赃,被关进站笼,全站死了。于朝栋的二儿媳妇就在府衙门口自尽了。

一桩冤案,屈死四人。最后强盗倒是抓住了,但是给于家移赃的三个案犯却被玉贤放了!老残气愤酷吏加衔晋升,决心为民伸冤,打算去省城。路上滞留在齐河县的一个旅店里,刚巧遇上好友监察御使黄人瑞。经黄人瑞撮合,老残用几百两银子,从火坑中救出了妓女翠环,纳为妾。

老残听黄人瑞说，眼下齐河县有个清廉得格登登的县官名叫刚弼，实际上这个人也和玉贤一样，刚愎自用，主观断案，百姓有冤无处申。齐河县东北齐东镇的贾老翁，生有二男一女。大儿子30岁刚过就病死了，儿媳妇心情悲痛，就常回娘家去住。有一天贾魏氏回娘家，这边贾家13口人却平白无故猝然死去。贾老翁新过继的儿子贾干告到官府，说吃了魏家送来的月饼中毒而死。刚弼把魏家父女二人关入大牢，动刑逼供，贾魏氏不忍心看父亲受屈而死，就屈打成招。刚弼为此很是得意，准备了结此案。但衙内一些人都觉得这样办案不妥，不满意"瘟刚"的一意孤行。黄人瑞向老残请教办法。老残火速写信给山东巡抚，结果一封信救活了两条性命。贾家13口人死因不明，还是疑案，老残决心搞明真相。他东奔西走，几经周折，才侦知原来是贾老翁的女儿贾探春的情夫吴二浪子干的，他用的是一种香草"千日醉"，其实这不是毒药，千日之内若寻来另一种药草"还魂香"，这些人仍能复活。老残让官府押吴二浪子入监牢，然后亲自往泰山找道士青龙子，寻"还魂香"。寻来"还魂香"立即救活贾家13口人。贾、魏两家都很感激老残，招来戏班子、大摆宴席款待老残。老残没有久留，带着翠环离开齐河县，回江南老家去了。

评价 · 叙景状物，时有可观

作品的主人公老残——一个摇串铃走四方的游方郎中，实际上是作者的自况。老残给自己取号"补残"，是因为他希望自己能像传说中唐代的神僧懒残一样，能够推演社会治乱，预测国家兴亡。小说以老残的行踪为线索，展示了他在中国北方土地上所见、所闻、所思、所感。而所有这些，都是围绕"补残"这一深刻的寓意来进行的。

作者对于"补残"的追问与探索，主要从两条线索来进行。一方

面，它立足现实，以老残为主线，描写玉贤、刚弼、庄宫保等所谓"清官"的本质。小说破天荒地把"清官"之恶揭示在众人的面前，骇人耳目，掀动人心，为众多读者激赏。除以上主线外，小说在第八至第十一回中，撇开主线人物老残，插入申子平夜访桃花山的故事。作者煞费苦心地把桃花山描绘成一个"桃花源"——这里风景如画，环境幽美，人们过着无拘无束、安逸闲适的生活。他们精通物理，洞察世运，超尘脱俗，逍遥自在，在这里自由地宣讲教义，纵论时局。

刘鹗生在乱世，亲眼目睹国事的糜烂不堪，再加上自己一生事业上的失败，《老残游记》事实上也是刘鹗个人情感的寄托。他在书中说："吾人生今之时，有身世之感情，有国家之感情，有社会之感情，有宗教之感情，其感情愈深者，其哭泣愈痛，此洪都百炼生所以有老残游记之作也。棋局已残，吾人将老，欲不哭泣也得乎？"由此可知，《老残游记》为当时中国社会之缩影，也是作者寄托自己理想与思考的著作。这番感情，读者需认真体会。本书的独特之处是揭露了"清官"的暴政，作者说："赃官可恨，人人知之。清官尤可恨，人多不知。盖赃官自知有病，不敢公然为非，清官则自以为不要钱，何所不可？刚愎自用，小则杀人，大则误国，吾人亲目所见，不知凡几矣。……历来小说皆揭赃官之恶，有揭清官之恶者，自《老残游记》始。"刘鹗笔下那些清官，其实是一些急于升官的人，他们杀人邀功，用人血染红顶子。玉贤署理曹州府不到一年，衙门前12个站笼内便站死了2000多人。本书在这方面的描写，与为清官大唱赞歌的传统相悖，揭示出清廉面纱掩盖下的罪恶，眼光犀利，观点深刻，触及到了国家政治制度的根源，足以发人深省。

本书中所写的人物和事件有些是影射真人真事的。刘鹗说："野史者，补正史之缺也。名可托诸子虚，事须征诸实在。"如姚云松影射姚

松云，玉贤影射毓贤，张宫保影射张曜，史钧甫影射施少卿，王子谨影射王子展，刚弼影射刚毅，申东造影射杜秉国，柳小惠影射杨少和等，都能一一指实。有的完全是实录。如黑妞、白妞是当时真实的艺人。白妞又名小玉，在明湖居说书，人称"红妆柳敬亭"。

《老残游记》是晚清小说中艺术成就比较高的。《老残游记》在小说中掺入散文和诗的艺术笔法，使得小说读来文笔清丽潇洒，意境深邃高远，大大地开拓了小说的审美空间。本书在语言运用方面更是艺高一筹。比如在写景方面，能做到自然逼真，书中描写千佛山的景色，描写桃花山的月夜，都显得清新明朗。在写明湖居王小玉唱大鼓时，作者更是运用烘托手法，辅以一连串生动贴切的比喻，将她的高超技艺绘声绘色地描摹出来，给人以身临其境的感觉。这一段美文和其他很多文段一样，是脍炙人口的优美散文，甚至被选进中学语文教材。

审案图
图中所表现的是清末官员在光天化日之下审理案件，以示天日昭昭不可欺。然而吏狠官毒，百姓仍生活在有天无日的世界中。